Big Data Revolution:
How Data Science Changes the World

# 大數據時代

趙國棟 易歡歡 糜萬軍 鄂維南 著

五南圖書出版公司 印行

## 大數據總統歐巴馬

2012 年 8 月份，美國總統大選正進行的如火如荼。一次，歐巴馬總統的數據資料團隊要求他前往一家名為 Reddit 新聞網站去接受訪問。對許多人來講，Reddit 是一個陌生的名字，總統的幕僚們對它也不甚瞭解。但是他的數據資料團隊卻給了他一個非常簡單的答案：「因為我們需要動員的一些人，經常會在 Reddit 上。」

雖然這僅僅是選戰過程中一件毫不起眼的資料決策案例。事實上，歐巴馬的數據資料團隊非常神秘、低調，其觸角又無處不在，幾乎左右了整個大選，他們被內部人士戲稱為「核編碼」。他們創建了單一的巨大系統，可以將從民調專家、籌款人、選戰一線員工、消費者資料庫、以及「游離州」民主黨主要選民檔案的社會化媒體聯絡人與手機聯絡人那裡得到的所有資料都整合到一塊。這個組合起來的巨大資料庫令歐巴馬的數據資料團隊工作極富成效，令人驚歎[1]。在這個組合的資料庫中，每個選民甚至被精確地劃分為 1000 多個特點，通過建模和演算法分析，系統能為每個選民找出一個最能說服他的理由；每晚進行 6.6 萬次類比選舉，在個體水準上，計算出歐巴馬在任何一個「游離州」的勝率。事實上不僅如此：

他們建立的模型能夠預測誰會線上捐款。

他們用來網上籌款的郵件，也充分利用了資料蒐集和分析。

他們借助模型幫助歐巴馬募集到創紀錄的 10 億美元。

---

[1] 英文原文參見 CNN 網站 http://edition.cnn.com/2012/11/07/tech/web/obama-campaign-tech-team。

他們幫助優化電視精準投放廣告的模式。

他們創造出了「游離州」選民的精細模型。

他們計算出第一夫人所發送的拉票郵件在春天最受歡迎。

他們利用資料來詳細分析關鍵州的選民。深入分析各個族群的選民在任何時刻的趨勢。在總統候選人的第一次辯論之後，他們分析出哪些選民倒戈，哪些沒有。

他們利用熟人效應，開發 Facebook App 拉票。

他們為競選團隊購買的廣告提供決策參考。

他們通過一些複雜的模型來精準定位不同選民，他們購買了一些冷門節目的廣告時段，而沒有採用購買本地新聞時段廣告的傳統做法。廣告效益卻相比 2008 年提高了 14%。

他們導致經驗主義的競選專家的功用急劇下降，能夠分析大數據的量化分析專家和程式工程師的地位卻大幅提升。

他們讓政客們 ( 尤其是對手 ) 知道政治領域的大數據時代已經到來。

# 前言 / FOREWORD

　　星羅密布的人造衛星和數以萬計的各種感測器，源源不斷地偵測、創建和傳輸大量的數據資料。人們的喜怒哀樂、吃穿住行等人性化的表徵和行為都在虛擬的網路空間中再現和昇華。人類全面進入了數據時代。資料的影響已經滲入到了產業、科研、教育、家庭和社會等各個層面。可以說，缺乏數據資料資源，無以談產業；缺乏數據資料思維，無以言未來。

　　儘管大數據已經成了一個熱門話題，但目前大數據方面的文獻大多聚焦在它的資料容量，資料多樣性以及訪問速度上，也就是所謂的三個「V」。本書則穿透資料爆炸的表象，聚焦於探討大數據對於產業變革、科學研究的巨大影響。大數據正以前所未有的速度，顛覆人們探索世界的方法，驅動產業間的融合與分立。因此當務之急是，怎麼認知大數據？如何讓大數據更好地應用到科學研究中去？如何讓大數據確實幫助公司突破增長的瓶頸？本書力圖系統性、全面性地闡述大數據社會、經濟、科學研究等方面的影響，或許可以幫助大家釐清一些認知誤解，有助於大數據在各行各業落地生根。

　　本書分為三大部分：第一部分闡述大數據時代產業趨勢的問題；第二部分重點在於資料科學；第三部分概覽世界主要國家、經濟體在大數據方面的政策和措施，海外巨頭以及新興公司在大數據領域的實踐。

　　「資料成為資產」是最核心的產業趨勢。正如本書概述所提到的：「當寫完這些案例，回頭審視產業的起起伏伏，發現產業興衰的決定性因素，已經不是一城一池的爭奪。土地、人力、技術、資本這些傳統的生產要素，甚至需要追隨「資料資產」，重新進行優化配

置。」那些擁有優質數據資料資產的公司，挾天子以令諸侯，不斷地攻伐、侵襲其他產業的傳統領地。產業融合大幕隨之拉開，天平卻向這些新興的公司傾斜。由此筆者也得出第一個公司價值的判斷標準：「大數據時代公司的價值，與其數位資產的規模、活性成正比，與其解釋、運用資料的能力成正比。」

本書第一部分用四章的篇幅來描述「資料資產」，提出資料資產的評估模型，並以此為基礎來判斷符合哪些條件才是優質的資料資產，才具備產業跨界攻伐的潛力。圍繞資料資產的運用，衍生出不同的商業模式，通過大量的學術研討和商業案例，來闡釋這些商業模式的合理性、顛覆性。第四章和第五章則分別描述已被顛覆的媒體行業和正受到衝擊的金融行業。

具體進入資訊產業內部，當下另一個重要的趨勢是「行業垂直整合」。那些越是靠近產業鏈末端，越是靠近最終消費者的公司，將在產業鏈中擁有越來越大的發言權。這一趨勢對我國資訊產業而言，意義尤其重大：它是大數據時代，我國資訊產業實現彎道超車的契機。影響這個趨勢的關鍵因素包括開放原始碼軟體的興盛、軟硬一體化重新被重視、應用為王、極簡主義盛行等。洞悉行業垂直整合趨勢，將對一、二級市場的投資判斷，有重要的參考意義。本書第六章將重點談論這部分內容。

資料網路化是筆者提出的另一個主要思想，也是蒐集資料資產、發揮大數據商業價值的最佳實踐。多種形態的設備、軟體都會具備網路的功能，網路成為普遍的功能存在於各種設備、各種軟體之中。筆者系統地考察了蘋果、Google等引領世界潮流的公司商業模式，也遍訪國內傳統的IT公司，提出「終端」+「應用」+「平台」以及「資料」四位一體的資料網路化模式，重點揭示該模式的特徵與實踐，批判「工業時代的標準化思維」。靈活利用資料網路化，傳統企

業會取得意料之外的高速增長，也是創業型公司從零開始積累資料資產的正途。這個話題的初步探討參見第七章。

本書第二部分圍繞「資料科學」展開。大數據給科學和教育事業的發展提供了前所未有的機會，同時也提出了前所未有的挑戰。它不僅將給現有的科學研究和教學體制帶來大幅度的革命，也會給科學與產業之間的關係、科學與社會之間的關係帶來大幅度的變革。資訊時代，萬物數位化。許多學科早已和資訊科技深度融合，形成新的研究領域，譬如：生物資訊學、天體資訊學、數位地球、計算社會學等。「用數據來研究科學」已經是科學研究的主要手段之一。另一方面，大量的、非結構化的資料，同樣需要科學的手段，來去蕪存菁，即「科學的研究數據」。另外，產業界在生產經營中積累豐富的資料，學術界則有待於實踐檢驗的模型和演算法。「資料科學」為學術界和產業界的緊密銜接提供了樞紐和橋樑，成為促進產、學、研深度融合的重要契機。

本書前兩部分偏重構建大數據相關理論和趨勢，第三部分則全景掃視各國政府、各大經濟體、各行業領導者和典型的新興公司在大數據方面的具體實踐。如果沒有第三部分，前兩部分就像自說自話，成了無源之水。在各國政府的大數據行動中，美國的動向無疑最值得關注。第十一章主要描述美國政府的開放策略。大家從中可以看到，美國政府是如何利用資料技術來促使政府變得更加透明和高效率。讀完這一章，大家也會很容易理解歐巴馬政府《大數據研究與發展計劃》的初衷。第十二章闡述了大型公司如何利用大數據技術相互攻伐，第十三章則重點放在有哪些值得關注的新興企業，對於專注於早期投資的機構而言，這章具備十分重要的參考意義。

本書系統地總結了筆者多年的工作心得、行業感悟。本書思想來自於產業界、學術界、政府人士的反復溝通和碰撞，成書之際，謹在

此對他們表示深深地感謝。

作者

2013年1月於北京

# 目　錄

## 第三章　資料成為資產 ━━━━━━━━━━ 54

大數據時代公司的價值與其資料資產的規模、活性成正比；與其解釋、運用資料的能力成正比。

## 第四章　大數據顛覆媒體行業 ━━━━━━━ 83

傳統平面媒體業正在經歷歷史上最嚴重的倒閉浪潮，取而代之的是新興的網路媒體公司。以 Google 為代表，他們以資料資產為中心，創造了迄今為止最完美的商業模式之一。

## 第五章　大數據衝擊金融行業 ━━━━━━━ 116

比爾·蓋茲曾說：「傳統銀行若不能對電子化作出改變，將成為 21 世紀將滅絕的恐龍」，從小額信貸、群眾募資、網路金融等新興的金融服務模式來看，金融業不得不經歷痛苦的轉變過程。

# 第六章　大數據加劇產業的垂直整合趨勢 ― 128

大數據時代，消費者真正登上了舞臺中央。哪些越靠近最終消費者或用戶的公司，在產業鏈上就擁有越來越大的發言權。產業生態將圍繞消費者重構。

# 第七章　全面網路化是發揮大數據價值的最佳模式

147

那些僅僅擁有產品，無法形成終端、平台、應用、資料一體化的公司，將難逃被顛覆的命運。網路化成為累積資料資產、發揮資料資產價值的最佳模式，也是構成大數據思維的重要組成部分。

# 第八章　大數據掀起的企業組織變革 ―― 176

大數據首先是一種思維方式，必須融入到企業的每一個毛細管中。運用大數據思維必將審視企業與客戶的關係，企業的戰略、組織、文化都將因大數據而徹底改變。

# 第二部分　資料科學

## 第九章　資料科學 —————— 200

大數據在科學領域的表現是資料科學的興起，資料科學未來將逐漸達到與其他自然科學分庭抗禮的地位。

## 第十章　資料技術：當前進展及關鍵問題 —— 213

欲工其事必先利其器。促進大數據在各行各業落地的重要因素，除了建立大數據思維以外，必須掌握新興的處理技術。需要重新審視企業的軟體開放原始碼策略、資料處理技術、人才培育計劃。

# 第三部分　全景掃描

## 第十一章　國家選擇 ━━━━━━━━━━

開放、共用是大數據時代的核心精神。但是於政府而言，大數據是把雙刃劍，它既能促進政府開放、透明，又能幫助加強集中管控。選擇考驗智慧！

## 第十二章　巨頭碰撞 ━━━━━━━━━━

新興的產業巨頭憑藉獨一無二的資料資產，正在重新定義產業生態和競爭格局，老牌科技公司淪為看客，圍觀的傳統產業逐一被顛覆。

## 第十三章　創新兇猛 ━━━━━━━━━━

新興的大數據公司如雨後春筍，觀察他們的成長，我們才深深體會到產業的脈動、變化的節奏和演變的方向。毫無疑問，他們正在重新定義未來。

# 第 1 章

# 大數據概述

大數據是「在多樣的或者大量的資料中快速獲取資訊的能力」。

資訊科技經過 60 餘年的發展，資料 ( 資訊 ) 早已滲透到國家治理、國民經濟運行的各種方面。經濟活動中很大一部分都與資料的創造、傳輸和使用有關。2012 年 3 月，歐巴馬公佈了美國《大數據研究和發展計劃》[1]，標榜著大數據已經成為國家戰略。

國家競爭力將部分表現為一國擁有資料的規模、活性以及解釋、運用資料的能力。國家數位主權[2]表現為對資料的佔有和控制。數位主權將是繼邊防、海防、空防之後，另一個大國博弈的戰場。沒有資料安全，也就沒有國家安全。華為、中興開拓美國市場受挫，就是非常明顯和清晰的信號。美國政府對自家資料安全的重視程度，已經到了不能讓任何外國資訊基礎設施產品供應商染指的地步。華為此前一直希望通過競標和併購等方式進入北美市場，多年來未能如願。2008 年，華為與貝恩資本聯合競購 3COM 公司，卻因美國政府阻撓未能成行；2011 年，華為被迫接受美國外國投資委員會的建議，撤消收購 3Leaf 公司特殊資產的申請；同樣是在 2011 年，美國商務部阻止華為參與國家應急網路專案招標。

再看美國國防部訂立的幾個大數據項目[3]：多尺度異常檢測 (ADAMS) 專案，解決大規模資料集的異常檢測和特徵識別的問題；網路內部威脅 (CINDER) 計劃，旨在開發新的方法來檢測軍事電腦網路與網路間諜活動，

---

[1] 《大數據研究和發展計劃》原文網址：http://www.whitehouse.gov/blog/2012/03/29/big-data- big-deal。

[2] 通過搜尋引擎，並未發現其他文獻強調「數位主權」。之所以採用「數位主權」，而非「資料主權」，主要因為構成資訊科技的基礎是「0」、「1」兩個二進位的數位。所有的資料在本質上都是「0」、「1」的排列組合。

[3] 原文參見 http://www.whitehouse.gov/sites/default/files/microsites/ostp/big_data _fact_sheet_ final_1.pdf。

提高對網路威脅檢測的準確性和速度；Insight 計劃，主要解決目前情報、監視和偵察系統的不足，進行網路威脅的自動識別和非常規的戰爭行為。其他部門包括：國土安全部、能源部、衛生和人類服務部、國家航太總局、美國國家科學基金會、美國國家安全局、美國地質調查局紛紛推出大數據項目。歐巴馬指出：「通過提高我們從大型複雜的資料集中提取知識和觀點的能力，加快科學與工程前進步伐，改變教學研究，加強國家安全。」

產業層面，大數據技術雖然發源於資訊科技，但其影響已經遠遠超出資訊行業。資料已經存在於全球經濟中的每一個部門，就如固定資產和人力資本等生產要素一樣，如果少了它，許多現代經濟活動根本就不會發生。筆者觀察到一些新興的網路公司，利用新技術大規模地蒐集資料，預判客戶行為，然後在不同的行業縱橫捭闔。它們劍鋒所指，現代服務業無不受其鋒芒所迫，隨波逐流或奮起反擊。但缺少資料資產、缺少強大的資料分析能力，這類公司無疑處在被顛覆的邊緣。筆者看到傳統行業的公司，數十年如一日堅持積累當時被視作「廢料」的資料數據，現在回頭審視這些數位化的資產，居然一躍成為人類的寶庫。憑藉獨一無二的「資料資產」，這些公司想要進入相關行業，易如反掌。

當筆者回頭審視產業的起起伏伏時，就會發現決定產業興衰的根本性因素已經不是一城一地的爭奪了。土地、人力、技術、資本這些傳統的生產要素，甚至需要追隨「資料資產」重新進行優化配置。封建時代，往往是裂土封王，權貴都是大地主；工業革命後，製造業鉅子成為偶像；資本市場化後，受到追捧的是擁有大量資本的投資家。但是在大數據時代，「資料資產」成為最重要的生產要素，擁有大量資料資產的人，才能成為美國總統的座上賓[4]。

產業的分分合合，一直是資本市場非常喜歡的故事。不管是分拆也好，整合也罷，資本市場都有錢賺。以往產業的整合基本是圍繞產業鏈展開，不是向上游擴展，就是向下游兼併。但是在大數據時代，人們看到的商業圖景是圍繞「資料資產」拉開產業併購的大幕。Google 所有的收購或者推出的新產品，都是為了增加資料資產的「維度」和「活性」[5]。所有

[4] 美國總統歐巴馬於 2011 年 2 月 17 日與多名科技界領袖共進晚餐。主要有蘋果公司創始人史蒂夫·賈伯斯，與 Facebook 的創始人馬克·祖克柏。
[5] 維度、活性等概念將在資料資產章節詳細說明，是資料資產評估模型的一部分。

觀察公司發展、產業未來的機構或者個人，如果忽略「資料資產」，或者對「資料資產」認知不足，必將導致錯誤的判斷。大數據將是決定產業未來的戰略性資產。未來產業間的整合併購，將會在很大程度上圍繞「資料資產」展開爭奪。

　　企業家、投資人、諮詢顧問、分析師，必須要從戰略層面思考大數據對產業、公司的影響。2012 年初，筆者曾經和恒安國際的董事會交流大數據對製造業的影響。會上許連捷總裁說：「在大數據時代我們蒐集資料，研究消費者行為，推出新的產品，改善供應鏈，降低庫存。總而言之，就是把大數據融入到經營中去。也許有可能把庫存降到近乎『0』的水準。」所以，我們談大數據，首先是思維方式的問題，要建立全面、系統的大數據意識，其次才是落實到公司戰略。大數據對公司的影響是多方面的，涉及組織、文化、流程、技術等。第八章將專門詳細論述大數據對公司組織結構的影響，在此不贅言。

　　本書的主要內容將圍繞在大數據對產業走勢、融合、變遷的影響，在產業中的具體應用 ( 商業模式 )，以及資料科學的興起三大主題展開。本章包括大數據產生的歷史背景、激動人心的典型特徵、系統全面的認知框架等內容，最後會簡略說明推廣大數據面臨的困難和挑戰。

## 第一節　大數據產生的歷史背景

### 資訊科技進步

　　如果把資訊技術的不斷進步看成世界萬物持續數位化的過程，則會理出一條清晰的主線。資訊科技具有三個最核心和基礎的能力：資訊處理、資訊儲存和資訊傳遞，幾十年來這三個能力的飛速進步，是人類科技史上最為激動人心的故事之一。

　　1965 年，戈登‧摩爾[6](Gordon Moore) 發現晶片上可容納的電晶體數

---

[6]　戈登‧摩爾 (Gordon Moore)：1929 年出生在美國加州的舊金山，曾獲得加州大學柏克萊分校化學學士學位，並且在加州理工大學 (CIT) 獲得物理化學 (physical chemistry) 博士學位。20 世紀 50 年代中期，他和積體電路的發明者羅伯特‧諾伊斯 (Robert Noyce) 一起在威廉‧蕭克利半導體公司工作。1968 年，摩爾和諾伊斯創辦了大名鼎鼎的英特

目，每隔 18 個月左右便會增加一倍，性能也將提升一倍，即摩爾定律。在摩爾定律的指引下，資訊產業周期性地推出新的電腦，作業系統和計算能力均在不斷提高。工業界和個人都不斷地升級電腦設備，從而推動資訊產業的巨大進步。每當英特爾開發出計算能力更強的晶片，微軟公司就會適時推出功能更強大、操作更方便的作業系統，帶動客戶新一輪的升級換機熱潮。這種迴圈持續不間斷地上演了 40 餘年。這段波瀾壯闊的歷史，使資訊處理和儲存能力獲得成千上萬倍的提升。

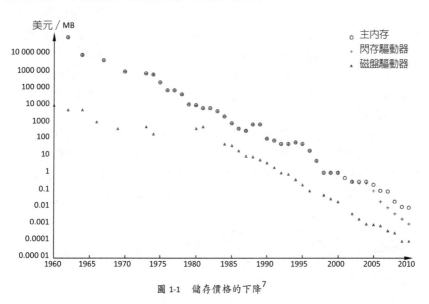

圖 1-1　儲存價格的下降[7]

　　1977 年，世界上第一條光纖通信系統在美國芝加哥市投入商用，速率為 45Mbit/s，自此，拉開了資訊傳輸能力大幅躍升的序幕。有人甚至將光纖傳輸頻寬的增長規律稱為超摩爾定律，認為頻寬的增長速度比晶片性能提升的速度還要快。

---

爾 (Intel) 公司。自 1982 年起的 10 年間，微電子技術共有 22 項重大突破，其中由 ( 英特爾 ) 公司開發的就有 16 項之多。摩爾在 1974 年至 1987 年間擔任英特爾公司的總裁和首席執行長，英特爾公司在個人電腦時代和微軟公司一道主宰了整個產業的發展。

7　來源：Plattner and Zeier,「In-Memory Data Management」, 2011, p. 15-16; * Driscoll, "Big Data Now"。

事實上，儲存的價格從 20 世紀 60 年代 1 萬美元 1MB，降到現在的 1 美分 1GB 的水平，其價差高達億倍，如圖 1-1 所示。線上即時觀看高畫質電影，在幾年前還是難以想像的，現在卻變得習以爲常了。網路的連線方式也從有線連結向高速無線連結的方式轉變。毫無疑問，網路頻寬和大規模儲存技術的高速持續發展，爲大數據時代提供了廉價的儲存和傳輸服務，如圖 1-2 所示。因而，本書假定儲存和頻寬不再是制約資料應用的因素。

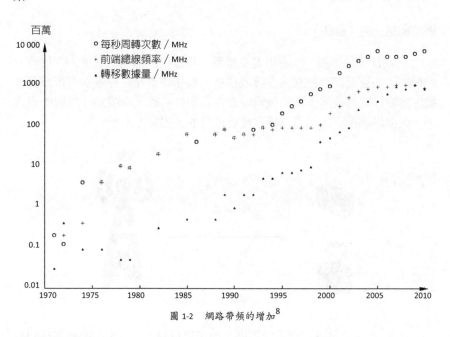

百萬

圖 1-2　網路帶頻的增加[8]

## 網際網路的誕生

網際網路的出現，在科技史上可以媲美「火」與「電」的發明。這個偉大的發明同樣是由軍事目的所驅動的。電腦在軍事方面應用得越廣泛，電腦上保存的軍事機密就越多。人們擔心如果保存重要軍事機密資料的主

---

8　來源：Plattner and Zeier, 「In-Memory Data Management」, 2011, p. 15-16; * Driscoll, "Big Data Now"

要電腦被摧毀的話，很可能就會輸掉整個戰爭，於是，推動電腦之間互相傳遞資料並互爲備份的通信機制被視爲首要研發目標。於是 1969 年，將分屬於不同大學的四台電腦互相連結起來，這就是最早的網際網路雛形。

網際網路把每個人桌面上的電腦連接起來，改變了人們的生活，成爲大家獲取各類數據資料的首要渠道。通過網際網路獲取資料的模式可以簡單地抽象爲「請求」+「回應」的模式。理解這種獲取資訊的方式，有助於理解「大數據」的價值，所以筆者還是要多花些筆墨把這個模式解釋清楚。

## 網際網路上的「腳印」

用收音機聽廣播，或者用電視機看電視節目，都是「廣播」+「接收」的模式。不管有沒有電視機在接收信號，廣播塔臺總是在發送電視節目信號。隨時打開電視機，隨時就能收看電視節目。在「廣播」+「接收」模式中，廣播塔臺是不能知道有誰在接收節目的，如圖 1-3 所示。

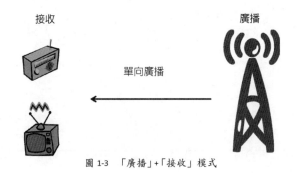

接收　　　　　　　　　　　　廣播

單向廣播

圖 1-3　「廣播」+「接收」模式

「請求」+「回應」模式則不同，如果用戶端 ( 所有接入網際網路的設備、軟體等 ) 不主動要求，伺服器端是不會發送任何資料的，如圖 1-4 所示。網際網路應用協定基本上都是這種模式。當然也有「廣播」+「接收」模式的協定，但是不常用。每一次訪問請求其實就是一次滑鼠點擊操作，伺服器的日誌中，忠實地記錄下來每個人訪問的時間、請求的命令、訪問的網址等資料。這些訪問記錄就像人們在雪地上行走留下的腳印一樣，「腳印」連成一串，構成了人們在網際網路上的「行爲軌跡」。想一想獵人是怎樣通過追蹤腳印捕獲獵物的，就會明白這些「軌跡」中所蘊含的巨大價值。所以，各類伺服器上的日誌就是一種非常重要的大數據類型。

圖 1-4　「請求」+「回應」模式，記錄用戶的請求

曾經有服飾製造的公司想要調查顧客的購買意願。需要統計顧客曾拿起了哪件衣服？試穿了哪件衣服？在專賣店逗留了多長時間？這就需要安裝攝影機，選樣本，可能花費上億的資金。若要想省錢的話，其結果可能會失去參考價值。如果在網上做同樣的事情，則成本近乎為「0」。大家可以想想，在淘寶網或者購物商城的主頁上，每一個網頁都相當於一家店鋪，打開這個網頁就等於進入了店鋪；點擊了衣服，相當於顧客拿起衣服仔細端詳；把衣服放到收藏夾，可以理解為試穿。這樣，在實體店中顧客的行為幾乎被完整地映射到網頁上了。不同的是，網際網路忠實地記錄下「顧客」在「店」裡停留的時間、關心的品類；此外，顧客和銷售員的對話、顧客與顧客之間的對話，也被忠實地記錄、保存。網路企業與那家製衣公司同樣的調查，但其成本卻近乎為「0」。

因為網路的內在機理，使網路成為大規模接近消費者、最理解消費者的工具和平台。網路沒有刪除鍵，人們在網路上的一言一行都被忠實地記錄。古代皇帝身邊總有一位兢兢業業的史官，隨身攜帶紙筆，記下皇帝的起居作息、金口玉言。網際網路就像每個人的「史官」，它從不知疲倦，事不分大小，悉心而精準地記錄著一切。事實上，這位「史官」記錄的就是大家的數位化生活，如圖 1-5 所示。

## 雲端運算與大數據

雲端運算，再一次改變了資料的儲存和訪問方式。在雲端運算出現之前，資料大多分散保存在每個人的個人電腦中、每家企業的伺服器中。雲端運算，尤其是公用雲端運算，把所有的資料集中儲存到「資料中心」，也即所謂的「雲端」，用戶通過瀏覽器或者專用應用程式來訪問。

一些大型的網站，通過提供基於「雲端」的服務，累積大量的資料，成為事實上的「資料中心」。「資料」是這些大型網站最為核心的資產。他

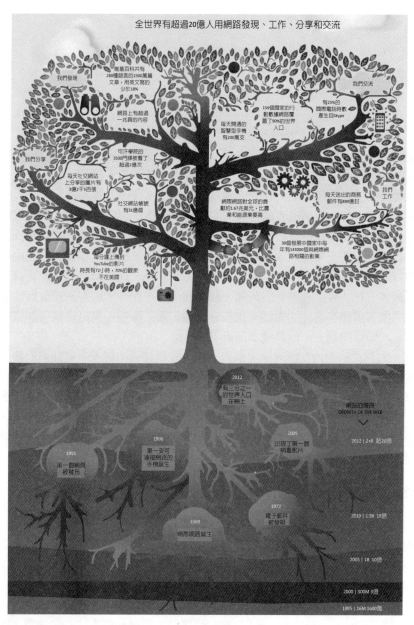

圖 1-5　網路生活 ( 來源：Google)

們不惜花費高昂的費用付出巨大的努力來保管這些資料，以便加快用戶的訪問速度。Google 公司甚至購買了單獨的水力發電站，為其龐大的資料中心提供充足的電力。根據一些公開資料顯示，Google 在全球分佈著 36 個資料中心。圖 1-6 是 Google 公司資料中心內一景，大家可以由此領略到科技之美。

圖 1-6　Google 資料中心一景 ( 來源：Google)

這幾年國內各地興起了建設雲端運算基地的風潮，客觀上為「大數據」的誕生準備了必備的儲存空間和訪問渠道。各大銀行、電信業者、大型網路公司、政府各個機關都擁有各自的「資料中心」。銀行、電信、網路公司絕大部分已經實現了全國級的資料集中工作。

雲端運算確實可以稱為一場資訊技術領域內的革命，甚至對社會也必將產生革命性的影響，但是它卻並不是一場技術革命，雲端運算在本質上是一場 IT 產品 / 服務消費方式的變革，雲端運算中的一個廣為宣傳的核心技術——虛擬化軟體，早在 20 世紀 60 年代就已經被應用在 IBM 的大型主機中了。

雲端運算是大數據誕生的前提和必要條件。沒有雲端運算，就缺少了集中採集和儲存資料的商業基礎。雲端運算為大數據提供了儲存空間和訪問渠道；大數據則是雲端運算的靈魂和必然的升級方向。

## 物聯網

物聯網是另一個資訊技術領域的熱門詞彙，究其本質是感測器技術進步的產物。遍佈大街小巷的監視攝影機，是大家可以直觀感受到的一種物聯網形態。事實上，感測器幾乎無處不在，使用它可以監測大氣的溫度、壓力、風力，監測橋梁、礦井的安全，監測飛機、汽車的行駛狀態。一架軍用戰鬥機上的感測器多達數千個。現在大家常用的智慧手機中，就包括重力感應器、加速度感應器、距離感應器、光線感應器、陀螺儀、電子羅盤、攝像頭等各類感測器。這些不同類型的感測器，無時無刻不在產生大量的資料。其中的某些資料被持續地蒐集起來，成為大數據的重要來源之一。

## 社交網路

社交網路是網際網路發展史上的又一個重要的里程碑。它把人類真實的人際關係完美地映射到網際網路空間，並借助網際網路的特性而大大昇華。廣義的看，社交網路使得網際網路甚至具備某些人類的特質，譬如「情緒」：人們分享各自的喜怒哀樂，並相互傳染傳播。社交網路為大數據帶來一種最具活力的資料類型──人們的喜好和偏愛。更重要的是，人們還知道在社交網路中，如何利用網民的關係鏈來傳播這些喜好和偏愛。這就為研究消費者行為打開了另一扇方便之門。如果深入地分析社交網路就會發現，大型的社交網路平台事實上構成了以「個人」為樞紐的不同的資料的集合。借助「分享」按鈕，人們在不同網站上的購物資訊、瀏覽的網頁都可以「分享」在社交網路上。想想前面提到的雪地上的腳印，社交網路把網民在不同網站上留下的「腳印」鏈結起來，形成完整的行為軌跡和「偏好」鏈。

圖 1-7 是 Facebook 的一個實習生把網站中人們相互聯繫的資料通過建立模型、渲染得到的一幅圖片，越是明亮的地方，人們相互交流越是活躍。現在 Facebook 是世界上最大的社交網站，每月的實際用戶數突破了10 億。

圖 1-7　反映社交網路 Facebook 上人們活躍程度的世界地圖 ( 來源：Facebook)

## 智慧型行動裝置普及

　　古人只能用「大漠孤煙直，長河落日圓」等詩詞歌賦來主觀描述他們的所見所聞，我們則可以掏出手機、照相機、攝影機，再現美麗的風景，與親朋好友分享。執著的古人迷路時索性信馬由韁不問歸路，我們則可以拿出智慧型手機使用導航軟體找到目的地。

　　智慧型行動裝置不僅僅局限於個人應用，許多行業都已經開始大規模地部署終端產品。舉一個「美麗」的例子：婚紗攝影行業。以前婚紗公司需要租用大面積的場館、位置優良租金高昂的店，攜帶大型笨重的寫真集，展示給準新娘們用以挑選照片。但是如今利用 iPad，可以做出更令人心醉神迷的實景效果，如 360° 旋轉等特效。準新娘只需要一部 iPad，就可以全面地看到最終的拍攝效果，並利用其交互特性提高底片選擇的精準度。

　　KPCB[9]( 凱鵬華盈 ) 是美國最大的風險投資基金之一，其合夥人 Mary Meeker 在 2012 年發佈的一份趨勢報告中指出，在 2010 年第二季度，智

---

9　KPCB (Kleiner Perkins Caufield & Byers) 公司成立於 1972 年，是美國最大的風險投資基金之一，主要是承擔各大名校的校產投資業務。KPCB 公司人才濟濟，在風險投資業首屈一指，在其所投資的風險企業中，有康柏公司、太陽微系統公司、蓮花公司等計算機及軟體行業的佼佼者。隨著網路的飛速發展，公司抓住這百年難見的商業機遇，將風險投資的重點放在網路產業上，先後投資美國線上、奮揚 (EXICITE)、Amazon 書店、網景、Google、Intuit 等公司。

慧型手機加平板電腦的出貨量已經超越桌上型電腦和傳統筆記型電腦 ( 參見圖 1-8)，並且預計在 2013 年第二季度，智慧型行動裝置全球保有量也將實現反超 ( 參見圖 1-9[10])。

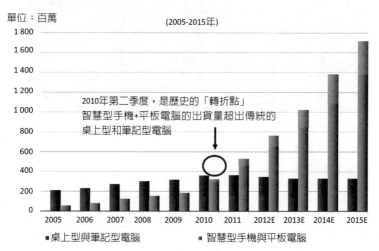

單位：百萬　　　　　　　　(2005-2015年)

圖 1-8　智慧型行動裝置與傳統桌上型和筆記型電腦的全球出貨量對比圖 ( 來源：Katy Huberty, Ehud Gelblum, Morgan Stanley Research. Data and Estimates as of 9/12.)

智慧型終端的普及給大數據帶來了豐富、鮮活的資料。蘋果公司 2012 年公佈的一組營運資料可以反映智慧型終端上人們的活躍程度。其中，iMessage 功能目前每秒為用戶傳遞 28,000 條資訊；iCloud 已經為用戶提供了總計 1 億多份的文檔；GameCenter 的帳號創建數達到了 1.6 億，當前 iOS 應用程式總數突破了 70 萬，支援 iPad 的應用程式則達到了 27.5 萬；蘋果 AppStore 的應用下載量突破了 350 億次大關，通過分成付給應用開發商的分成總額已達 65 億美元；iBooks 中的圖書總數已達 150 萬冊，下載量也超過了 4 億。

---

10　計算保有量，預計保有量，假定桌上型電腦的換機周期是 5 年，筆記型電腦的換機周期是 4 年，智慧型手機是 2 年，平板電腦是 2.5 年。

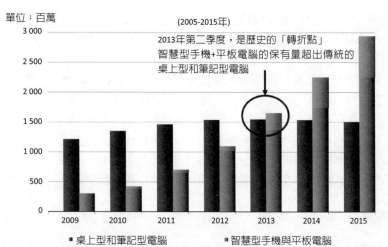

單位：百萬　　　　　　　　(2005-2015年)

2013年第二季度，是歷史的「轉折點」
智慧型手機+平板電腦的保有量超出傳統的
桌上型和筆記型電腦

圖 1-9　智慧型行動裝置與傳統桌上型、筆記型電腦的全球保有量對比圖 ( 來源：Katy Huberty, Ehud Gelblum, Morgan Stanley Research. Data and Estimates as of 9/12.)

## 第二節　大數據的定義和特徵

麥肯錫 ( 美國首屈一指的諮詢公司 ) 是研究大數據的先驅。在其報告《Big data: The next frontier for innovation, competition,and productivity》中給出的大數據定義是：大數據指的是大小超出常規的資料庫工具獲取、儲存、管理和分析能力的資料集。但它同時強調，並不是說一定要超過特定 TB 值的資料集才能算是大數據[11]。

國際資料公司 (IDC) 從大數據的四個特徵來定義，即海量的資料規模 (Volume)、快速的資料流程轉和動態的資料體系 (Velocity)、多樣的資料類型 (Variety)、巨大的資料價值 (Value)。

Amazon( 全球最大的電子商務公司 ) 的大數據科學家 John Rauser 給出了一個簡單的定義：大數據是任何超過了一台電腦處理能力的資料量。

維基百科中只有短短的一句話：「巨量資料 (big data)，或稱大數據，

---

[11] 參見麥肯錫，《Big data: The next frontier for innovation, competition, and productivity》，2011 年。

指的是所涉及的資料量規模巨大到無法通過目前主流軟體工具在合理時間內達到擷取、管理、處理並整理成為幫助企業經營決策更積極目的的資訊。」

大數據是一個寬泛的概念，見仁見智。上面幾個定義，無一例外地都突出了「大」這個字。誠然「大」是大數據的一個重要特徵，但遠遠不是全部。筆者在調研多個行業後，給出了自己的定義：大數據是「在多樣的或者大量資料中，迅速獲取資訊的能力」。前面幾個定義都是從大數據本身出發，我們的定義則更關心大數據的功用，它能幫助大家做什麼。在這個定義中，重點是「能力」。大數據的核心能力，是發現規律和預測未來。

## 發現規律，預測未來

任何行為，皆有前兆。但在現實世界中，缺少即時記錄的工具，許多行為看起來是「人似秋鴻有來信，事如春夢了無痕」。在網路世界則完全不同，是「處處行跡處處痕」。要買商品，必先瀏覽、對比、詢價；要搞活動，必先募集、討論、策劃。網路的「請求」+「回應」機制恰恰在伺服器上保留了人們大量前兆性的行為資料，把這些資料蒐集起來，進一步分析挖掘，就可以發現隱藏在大量細節背後的規律，依據規律，預測未來。蒐集分析大量各種類型的資料，並快速獲取影響未來的資訊的能力，就是大數據技術的魅力所在。

1993 年，《紐約客》刊登了一幅漫畫，標題是「網路上，沒有人知道你是一條狗」，如圖 1-10 所示。據說作者彼得·施泰納因為此漫畫的一再重印而賺取了超過 5 萬美元。當時關注網路社會學的一些專家，甚至擔憂「網路異性扮裝」而引發的社會問題。譬如，同性戀和戀童癖可能會借助網路而大行其道。

20 年後，網路發生了巨大的變化，行動網路、社交網路、電子商務大大拓展了網路的疆界和應用領域。人們在享受便利的同時，也無償貢獻了自己的「行蹤」。現在的網際網路不但知道對面是一條狗，還知道這條狗喜歡什麼食物、幾點出去散步、幾點回窩睡覺。人們不得不接受這個現實，每個人在網際網路進入到大數據時代都將是透明性存在的。

事實上，對於未來的不確定性是人類產生恐懼的根源之一，也是各類組織最為頭痛的問題。大數據技術讓人們看到了解決未來預測問題的一

絲曙光。通過利用大數據技術，可以預測自然天氣的變化，預測個體未來的行爲，甚至預測某些社會事件的發生。它會讓人們的生活更爲從容，讓決策不再盲目，讓社會更加高效的運轉。這就是大數據技術帶給人們的好處。全球複雜網路權威巴拉巴西認爲，人類行爲 93% 是可以預測的。筆者的確不知道這位老先生是怎麼計算出來 93% 這個數字的，但大數據可以預測未來是顯而易見的，這是首個使人類具備了預測短期未來的技術。

*"On the Internet, nobody knows you're a dog."*

圖 1-10　「網路上，沒有人知道你是一條狗」( 來源：www.chrisabraham.com)

任何事情的發生，都會有蛛絲馬跡的前兆表露出來。如果人們不去關心一支股票的行情走勢，就不會去買賣這支股票；如果人們從不去詢問某件商品的價格，也很難產生購買行爲；如果事先沒有聯絡溝通，人們就很難聚在一起；如果沒有悶熱的天氣，似乎就沒有清涼的大雨。關於地震前種種異象，更是被許多書籍、文章大肆渲染。

假定有一種技術可以記錄下所有這些前兆，人們就獲得了未卜先知的

能力。利用大數據技術，能夠廣泛採集各種各樣的資料類型，並進行統計分析，從而預測未來。

「過去我認為我的工作就是追捕罪犯，而現在我對這項工作有了全新的認識，我們分析犯罪資料、識別犯罪模式，並部署警力，幫助美國部分城市的重大犯罪率降低了 30%。在案發之前終結犯罪。」這是 IBM 公司的一則廣告，宣傳利用大數據構建安全的環境。

「2008 年初，阿里巴巴平台上整個買家詢盤數急劇下滑，歐美對中國採購在下滑。海關是賣了貨出去以後再獲得資料，而我們提前半年時間從詢盤上就推斷出世界貿易發生變化了。」通常而言，買家在採購商品前，會比較多家供應商的產品，反映到阿里巴巴網站統計資料中，就是點擊查詢的數量和點擊購買的數量會維持一個相對的比例。統計歷史上所有買家、賣家的詢價和成交資料，可以形成詢盤指數和成交指數，這兩個指數是強烈相關的。詢盤指數是前兆性的，前期詢盤指數活躍，就會保證後期一定的成交量。所以，當阿里巴巴當時的執行長馬雲觀察到詢盤指數異乎尋常的下降後，自然就可以推測未來成交量的萎縮。這種統計和分析，如果缺少大數據技術的支援，是難以完成的。這次事件，馬雲提前呼籲、幫助成千上萬的中小製造商準備過多糧，從而贏得了崇高的聲譽。

## 資料大爆炸

截至 2011 年，全球擁有的網際網路用戶數已達到 20 億；RFID 標籤在 2005 年的保有量僅有 13 億個，但是到 2010 年這個數字超過了 300 億；2006 年資本市場的資料比 2003 年增長了 17.5 倍；目前新浪微博每天上傳的微博數超過 1 億條；Facebook 每天處理 10TB 的資料；世界氣象中心累積了 220TB 的 Web 資料，9PB 其他類型資料。

根據國際資料公司 (IDC) 的《資料宇宙》報告顯示：2008 年全球資料量為 0.5ZB，2010 年為 1.2ZB，人類正式進入 ZB 時代。更為驚人的是，2020 年以前全球資料量仍將保持每年 40% 以上的高速增長，大約每兩年就翻一倍，這與 IT 界人盡皆知的摩爾定律極為相似，姑且可以稱之為「大數據爆炸定律」。預計 2015 年全球資料量將達到 7.9ZB，2020 年將突破 35ZB，是 2008 年的 70 倍、2011 年的 29 倍，如圖 1-11 所示。

人類社會的資料量在不斷在刷新一個個新的量級單位，已經從 TB、

PB 級別躍升至 EB、ZB 級別。然而，35ZB、8.2EB 究竟是一個什麼樣的概念呢？為此，首先瞭解下面幾組關於資料衡量單位的公式：

1B = 8 bit
1KB = 1024B ≈ 1,000 byte
1MB = 1024 KB ≈ 1,000,000 byte
1GB = 1024 MB ≈ 1,000,000,000 byte
1TB = 1024 GB ≈ 1,000,000,000,000 byte
1PB = 1024 TB ≈ 1,000,000,000,000,000 byte
1EB = 1024 PB ≈ 1,000,000,000,000,000,000 byte
1ZB = 1024 EB ≈ 1,000,000,000,000,000,000,000 byte
1YB = 1024 ZB ≈ 1,000,000,000,000,000,000,000,000 byte

一本《紅樓夢》共有 87 萬字 ( 含標點符號 )，每個中文字占兩個位元組，即 1 個中文字 =2B，由此計算 1EB 約等於 6,626 億部紅樓夢。美國國會圖書館是美國四大官方圖書館之一，也是全球最重要的圖書館之一，截至 2011 年 4 月，藏書約為 1.5 億冊，收錄資料 235TB，1EB 約等於 4,462 個美國國會圖書館的資料儲存量。

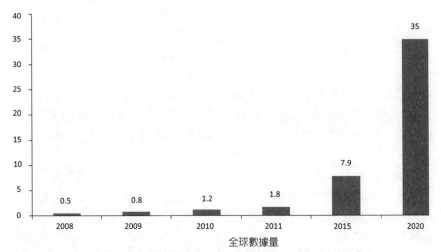

全球數據量

圖 1-11　全球資料量增長預測 ( 單位：ZB)( 來源：IDC 數位宇宙研究 )

## 資料的多樣化

電影《駭客任務》中，主人公尼奧吞下那顆藍色的小藥丸後，發現原來他生活中一切的一切，包括他的工作、朋友，高樓大廈、天空、大地，甚至喜、怒、哀、樂，都是數位化的幻像。真實的物理世界當然不像電影那樣天馬行空，但在許多領域的確朝高度數位化的方向演進。

譬如，那些高樓大廈，利用三維建模技術，形成了包含設計、施工、維護等綜合的建築資訊模型。在消費者眼中，建築資訊模型呈現出來漂亮、壯觀，讓人們不得不掏出錢來買單的特效圖；在房地產業老板眼中，建築資訊模型清楚地告訴他們整個過程應該花多少錢；在設計師眼中，這個模型就是各式各樣設計圖的綜合，他們可以方便地調整管線走向、通風的設計等；而在工人眼中，建築資訊模型就是施工圖；消防部門不用等到完工，通過建築資訊模型就能評估建築的消防效果和做人群疏散的動態類比。也就是說，建設一棟大樓所需要的各方面都可以是數位化的。

人們日常工作中接觸的文件、照片、影片，都包含大量的資料，蘊含大量的資訊。這一類資料有一個共同的特點，大小、內容、格式、用途可能都完全不一樣。以最常見的 Word 文檔為例，最簡單的 Word 文檔可能只有寥寥幾行文字，但也可以混合編輯圖片、音樂等內容，成為一份多媒體的文件，來增強文章的感染力。這類資料通常稱為非結構化資料。

與之相對應的另一類資料，就是結構化資料。這類資料大家可以簡單地理解成表格裡的資料，每一條的結構都相同。大家每月都能領到薪資單，每個薪資單結構都是一樣的，當然裡面的薪資和繳納的稅及保險不同。每個人的薪資單依序排列在一起，就形成了薪資表。利用電腦處理結構化資料的技術比較成熟，從事會計、審計等工作的人，利用 Excel 工具很容易進行加減乘除、匯總、統計之類的運算。如果進行大量的運算，一些商業資料庫軟體就會派上用場，它們專門用於儲存和處理這些結構化的資料。

但不幸的是，企業中和人們日常接觸到的資料絕大部分都是非結構化的。有的諮詢機構認為非結構化資料占企業總數據量的 80%，也有機構認為占 95%，總之，如何像處理結構化資料那樣，方便、快捷地處理非結構化資料，是資訊產業一直以來的努力方向之一。起初人們借助結構化資料處理的成果，把非結構化資料也用傳統的資料庫 ( 基於關聯式的資料庫 )

來處理。非結構化資料的一大特點就是「龍生九子，各個不同」，硬要套到一個模子裡面來，結果是費力不討好。於是，人們一度認為大量的非結構化資料是難以處理的。

幸運的是，Google 公司在為公眾提供頁面搜尋服務的同時，順便解決了大量網頁、文檔這類資料的快速訪問難題，成為大數據技術的先驅。Yahoo 公司的一個開發小組，利用 Google 的成果成功地開發出大數據處理的一套程式框架，這就是眾所周知的 Hadoop。目前，這個領域非常活躍，發展可謂日新月異。

這些公司的實踐，讓大家面對其他各類的非結構化資料處理難題重建信心，如高清圖片、影片、音樂等的處理技術都已穩定快速發展中。

## 大數據的價值特徵

7 月 21 日中國大陸北京暴雨之夜，微博成了救災的明星。一些好心人在微博上公開自己公司地址，方便大家去躲雨和休息。大家依據微博即時瞭解哪個地方出現了擁堵，哪個地方需要救援。當然，救災不力應對失當是另外一回事。短信、電話都難以描述精確的地址，尤其是當人們焦慮和著急的時候，但是一條微博中可以同時包括人物、時間、地點三個要素，打開微博附加的座標資料，就可以在地圖上迅速定位，為及時救災提供了方便。在這個例子中，人們看到融合資料數據的價值。

再如視訊監控的例子，銀行、地鐵等一些敏感的部門或者地點，監視攝影機都是 24 小時運轉，會產生大量影片資料。一般情況下，這些影片資料非常枯燥、乏味，並不會引人注目。但是如果恰巧拍到有圖謀不軌的人，那麼這一段影像對警察來講，就是非常有價值的了。然而，人們無法在事前知道哪一段會有用，只好把所有的影片資料都保存下來，甚至保存了一年的資料，只有那一秒對破案有用。但是在研究人類行為的社會學家眼中，這些影片可能就是難得的第一手資料，也許可以借此窺探人類的某些行為模式。

筆者曾經讀過一篇日本的短篇小說，其情節驚悚。一位年輕貌美卻家境困苦的女孩，有幸得到一份高薪的工作，照顧一個垂死的病人。奇怪的是，院長要求女孩必須每時每刻都穿著一件電子背心。醫院大樓空空蕩蕩，令人害怕。女孩為了養家，不得不忍受大樓裡每晚都發生的恐怖事件。

終於在一件極其駭人聽聞的事件中，女孩被活生生嚇死。這時候，大樓變得燈火通明，病人脫掉偽裝，取走女孩身上的電子背心，高價賣給神秘的買家。原來電子背心中記錄了一顆健康的心臟，在高興、害怕、驚恐，以至於驟然停止跳動的全部資料。這可能是筆者讀過的第一篇恐怖小說，至今仍記憶猶新。

現在人們獲取醫療資料，卻變得相當簡單。只要在手腕上佩戴一塊類似電子錶的儀器，就能隨時隨地把脈搏、體溫、血壓等資料，源源不斷地傳輸到醫療中心。這些資料除了可以檢測人們的健康以外，更是醫療保險公司的最愛。保險公司的精算師，根據這些資料可以開發新的保險產品，或者優化他們現有的產品組合。

從上面各種事例中，可以得出以下結論：第一，資料是無價之寶；第二，價值雖有，但卻如沙灘中的黃金；第三，資料融合的價值，要遠遠大於種類單一的資料價值。

在研究各行各業資料應用時，筆者發現很多公司坐擁金山，卻是苦苦掙扎。他們沒有認識到自身的資料中正蘊涵著業務的重生之道。最早重視資料價值的是網路公司，在大數據研究和應用方面領風氣之先。但是，大數據並非僅僅是大公司的專利，它更多的是看待世界、產業的觀念和視角。大公司自然可以合縱連橫，跨界擴張；小公司也可以靜水流深，別具風格。關鍵是你怎麼看。

多快才算快？

答案是小於 1 秒，客戶的體驗就在分秒之間。

這一條是傳統的資料應用和大數據應用最重要的區別。過去的十幾年間，金融、電信等行業都經歷了核心應用系統從散落在各城市到逐步統一到總部的過程。大量資料集中後，帶來的第一個問題就是大大延長了各類報表生成時間。業界一度質疑，快速地在海量資料中提取資訊，是否可行？

Google 公司在這方面的貢獻，無疑是開創性的。它的搜尋服務，等於向資訊業界宣佈，1 秒鐘之內就能檢索全世界的網頁，而且可以找到你想要的結果。當用 Google 搜尋關鍵字「大數據」時，提示「找到約 46,300,000 條結果 ( 用時 0.37 秒 )」。Google 等於為大數據應用確立了一個標杆。如果超過 1 秒鐘的資料應用，就會給用戶帶來不良的使用體驗。甚至在某些情況下，如果應用速度達不到「秒」級，其商業價值就會大打

折扣。下面來看一個營銷的例子。

價格越貴的東西，人們購買時就會越猶豫，反復掂量自己的錢包。相反，價格越便宜的東西，人們購買時更多根據一時的喜好，呈現衝動型購買的特徵。購物商城根據消費者購買商品的特徵，將其分為四種類型，其中衝動型購買者占 37%。衝動嘛，自然一閃即逝。所以能否在用戶衝動的瞬間及時送達精準的商品資訊，就成為了提高商品銷售的關鍵所在。幸運的是，社交網站的應用，如美國的 Facebook、中國的微博和微信，提供了偵測人們偏好和興趣的介面，使得這種精準的營銷在大數據時代成為可能。

以應急[12]為代表的一些新興產業，對時效性要求非常高。假如市區某工廠發生事故，需在第一時間做出正確判斷、評估影響範圍，第一時間到達現場、開展正確的處置方法。

O2O(Online To Offline) 應用是網際網路投資創業的一個熱門領域。當消費者在商家門口經過時，就能收到商家的促銷資訊，這種服務聽起來非常美妙。如果促銷資訊恰好是大家所需要的商品或者服務，那麼所有人都能從中受益。消費者節省了時間，商家賣出了商品，服務商獲得了酬勞。但是，如果推薦的不是消費者需要的商品，或者等消費者離開了才收到提示，就變成了令人厭煩的垃圾資訊。沒有人喜歡隨時隨地接收垃圾資訊，垃圾資訊和有價值的及時提示其實只有短短的幾秒鐘的差別。

再舉一個信用卡消費提醒的例子。當民眾刷卡消費的同時，收到銀行的提示簡訊，會感到很安全，也不會認為被打擾，因為當時正在處理跟消費支付相關的事情。如果之後才收到相同內容的簡訊，情況就不同了，也許民眾正在跟朋友聊天，也許正在寫一篇文章，這條簡訊就成了打擾民眾的垃圾資訊。客戶的體驗就在這短短的分秒之間。

---

12　應急產業一般指為預防、處置突發事件提供產品和服務而形成的活動的集合。按類別劃分，一是救援處置裝備與技術，二是監測預警診斷設備與技術，三是預防防護產品與技術，四是應急教育培訓諮詢服務等。應急產業具有多行業交叉和服務公共安全的屬性，是新興產業。發展應急產業，有利於基層的產業結構優化、社會和諧穩定、企業的市場拓展和利潤增長、公眾的安全和健康。

## 孤立的資料是沒有價值的

Facebook、微博為代表的社交網路應用，構建了普遍關聯用戶行為資料。本來大家在網路上瀏覽網頁、購買商品，遊戲休閒等等，都是互不關聯的。尤其是智慧型手機的普及，大家的網路行為更趨向於碎片化。這些碎片化資料如果沒有關聯，是難以進行分析並加以利用的。但是社交網路提供了統一的介面，讓大家無論是玩遊戲還是買商品，都能夠方便輕鬆地分享到微博上。微博扮演了用戶行為資料連接器的角色。用戶在網路上的碎片化行為，經由社交網路，就能完整地勾勒出一幅生動的網路生活圖景，真實地反映了用戶的偏好、性格、態度等等特徵，這其中蘊育了大量的商業機會。

反之，孤立的資料，其價值要遠遠小於廣泛連接的資料。然而，資料孤島現象普遍存在。個人電腦中的文件，雖然按照目錄分門別類的存放，但是之間的內容關係往往雜亂無章。企業中各部門壁壘林立，大家更傾向於盡可能地保護自己的資料。在資料孤島的影響下，難以發揮大數據中蘊藏的價值。

所以，筆者曾經和一些專家、學者交流，提到培育大數據能力的三個發展階段。第一階段，融合結構化和非結構化資料，消除資料孤島現象；第二階段，融合企業內部和外部的資料，消除資料割據現象；第三階段，建立資料驅動的新型企業，後續還將有詳細的描述。

## 活性越高價值越大

有一家公司寄給筆者資料樣本，希望幫他們評估這些資料的潛在商業價值。雖然資料量很大，但是資料更新的頻率大概是每月一次。這樣的資料類型很常見，一些支付公司蒐集的欠費記錄就屬於這種情況。

所謂活性，也就是資料更新的頻率。更新的頻率越高，資料的活性越大；更新的頻率越低，資料的活性越小。一般而言，資料活性更高的資料集，蘊含越豐富的資訊。所以，這家公司如果想在大數據領域有所作為的話就需要想辦法提高資料的活性。

## 第三節　大數據的認知框架

資本市場觀察大數據的態度是中立的，最基本的出發點是要識別哪些是真正創造價值的公司，而哪些又是「掛羊頭，賣狗肉」騙股東、股民錢的「壞人」。所以必須深入到細節、必須洞察未來趨勢、提出自己完整的理論和模型，不能人云亦云。說白了就是「練好一雙火眼金睛，給妖精們當頭一棒，讓取經人拿到真經」。

在 2011 年 9 月，筆者注意到業界在大數據領域的發展動向後，隨即開始了系統的調查研究分析，先後走訪了 IBM、甲骨文、EMC、微軟等行業巨擘，和領風氣之先的網路公司、各大諮詢機構、學校、研究所充分交流，連續發表了三篇大數據專題研究報告，持續追蹤海內外大數據領域的進展，逐步形成了相對完整的認知框架，如圖 1-12 所示。

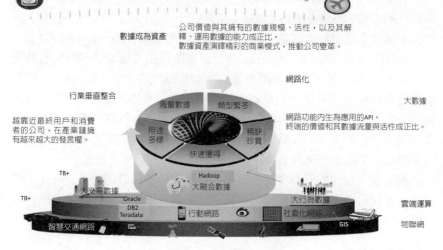

圖 1-12　大數據認知框架

　　圍繞資料和最終用戶，筆者觀察到資訊產業的發展具有三大趨勢：第一：資料成為資產；第二：行業垂直整合；第三：網路化。資料成為資產，更強調資料的戰略意義；行業垂直整合趨勢在資料運用層面，通過蒐集大量的用戶資料，更貼近用戶、更理解用戶，為其提供更適當的服務；網路化驅動大數據飛輪效應的第一步，是蒐集資料的重要渠道，沒有網路化的應用軟體和硬體設備，公司就難以獲得用戶的行為資料。三大趨勢的提出，拓展了大數據主題的研究範圍，開闢了新的視角和邏輯來觀察資訊產業內公司的成長路徑和投資價值，成為分析研究的頂層邏輯的要素之一。

## 資料成為資產

　　資料成為資產是本書的重點內容，第三、四、五章都與資料資產內容相關。資料已經成為工業化與資訊化深度融合的關鍵樞紐、推動產業融合兼併的戰略資產、各地方城市轉換發展思路的新思維、推動公司跨行業轉型的根據地、數學與工程實踐結合的最佳演練場。

　　在資訊時代，資料將成為獨立的生產要素。有人把「資料」比喻為工業時代的石油，但筆者認為「資料」和農耕時代「土地」的屬性更加接近。如果企業擁有某類相對完整、全面的資料，退可偏安一隅，進可躍馬中原。

　　Google、Facebook、Amazon 這三家網路巨頭，積累了不同的資料資產。Google 為全世界的公開網頁建立了最為龐大的索引；Facebook 擁有的社交網路積累了全世界最為龐大的人際關係資料庫；Amazon 網站上沈澱了大量的商品資訊，成為網路上最為龐大的商品資料庫。不同的資料資產，決定了它們不同的戰略選擇和商業模式。在某種程度上，它們甚至取代了 IBM、微軟等傳統的老牌巨頭，在引領產業的發展方向。

　　擁有獨一無二的資料資產的公司，將會獲得難以置信的發展速度，培育出令人歎為觀止的商業模式。事實上，它們具備了顛覆、衝擊其他行業的壓倒性優勢。

## 行業垂直整合

　　第二大趨勢是行業應用的垂直整合。如圖 1-13 所示，新興產業往往是以垂直整合的勢態開疆拓土，但產品成熟後，產業鏈上專業分工則激發出驚人的創造力，並且成本也逐漸降低，優勢逐漸轉向水平分工格局。但

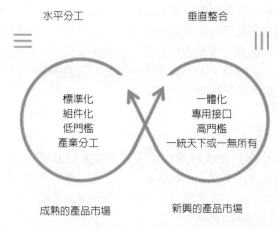

水平分工　　　　　　　　垂直整合

標準化
組件化
低門檻
產業分工

一體化
專用接口
高門檻
一統天下或一無所有

成熟的產品市場　　　　　新興的產品市場

圖 1-13　產業格局在垂直整合與水平分工之間搖擺

是當下，資訊產業中行業垂直整合趨勢明顯，是大數據效應改變產業競爭格局的一個縮影。瞭解這個趨勢，可以解釋很多公司的成長邏輯，真是「三十年河東，三十年河西」。在這個趨勢下，越靠近終端用戶的公司，在產業上擁有越大的發言權。微軟的股價十年橫盤，蘋果的股價卻一飛沖天，兩大巨頭之間的恩恩怨怨、此起彼伏是這個趨勢最好的注腳。

　　過去大家買電腦，關心的是 CPU、記憶體、作業系統等；現在入手 iPad，直覺感受是酷不酷，沒有人問 iPad 的 CPU 是幾核心的。這代表著消費者的關注重點已經轉移到產品能否滿足自身的個性化需求了。在企業級市場也一樣有相同的趨勢，不要講你的資料庫、主機又出了什麼新功能，客戶更多會問「你們能不能滿足我業務的需要？」這個趨勢的出現有兩大原因：第一，通用的平台型軟體逐漸同質化；第二，用戶對自身業務的關心超過了對計算能力的追求。

　　其實，很多人都沒有意識到軟體同質化[13]的問題。可以觀察到，幾乎每個大型的商業軟體都有對應的開放原始碼軟體，而且這些開放原始碼軟體的功能和性能也已經可以滿足大部分客戶的需求了。在第六章表 6-1 中列出開放原始碼軟體和商用軟體的對比，以及開放原始碼軟體的統計資

---

[13] 軟體同質化，是從相對宏觀的角度來審視基礎軟體的發展，更強調的是現在這個階段用戶的可替代選擇增多，對單一廠商軟體產品的依賴程度在不斷的降低。

料，此處不贅言。需要提醒的是，Google、Facebook 這種世界級的平台，其核心技術架構都是開放原始碼軟體爲主角的。開放原始碼軟體的興起和繁榮，客觀上也加劇了軟體的同質化。在這個趨勢下，擁有大量的客戶並瞭解客戶業務需求的公司，將會迎來一波大的發展機遇。行業應用垂直整合的內容將在第六章展開論述。

## 全面網路化

在講述提出網路化趨勢時，提煉了一個重要思想——全面網路化模式。大數據並非只是大型公司的遊戲，小公司、傳統企業也一樣可以搞得精彩紛呈。網路化範本爲其提供了現實可行的理論基礎；亦是目前爲止，實現大數據戰略的最佳實踐。

在全面網路化模式中，強調終端、平台、應用「三位元」加上大數據這「一體」，如圖 1-14 所示。這四個方面都可以成爲盈利的主要來源，但是，如果要取得競爭先機，則需要明確的知道，主要靠哪部分盈利？需要補貼在哪個方面？甚至在不同的發展階段，盈利的主體也不盡相同。根據公司主要盈利來源的不同，可以簡單歸類成五種模式，分別是強終端模式、強應用模式、強平台模式、強資料模式以及混合模式。

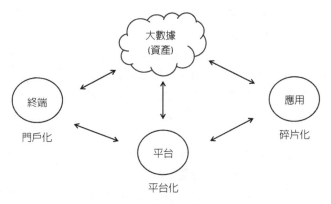

圖 1-14 「三位一體」的全面網路化模式

全面網路化模式批判工業時代的標準化思維，指出利用科技手段，碎片化應用滿足用戶個性化需求才是王道。應用的碎片化，恰恰可以解決標

準化產品和用戶個性化服務間的矛盾。全面網路化內涵非常豐富，以碎片化爲例，事實上不僅僅應用呈現碎片化趨勢，服務、內容都可以碎片化適應新型媒介需求。譬如教育，如何滿足人們利用零星時間學習知識的渴望呢？限於本書的篇幅，僅在第七章來闡釋，先給出模式框架，再通過與各行各業的深度交流，不斷地補充發展。

提醒讀者注意的是，傳統企業如果靈活運用全面網路化模式，往往能取得意料之外的高速增長。說一句很玄的話，「運用之妙，存乎一心。」

## 六種商業模式簡述

圍繞資料資產，考察不同行業的盈利方式和經營策略，歸納總結了六種商業模式。

1. 租售資料模式：簡單來說，就是出售或者出租廣泛蒐集、精心過濾、時效性強的資料。這也是資料成爲資產的最經典的詮釋。按照銷售物件的不同，又分爲兩種類型：一是作爲客戶增值服務，譬如銷售導航儀的公司，同時爲客戶提供即時交通資訊服務。廣聯達公司爲它的客戶提供包年的建築材料價格資料，僅此一項業務，年收入就超過 4 億元台幣。二是把客戶資料有償提供給第三方，典型的如：證券交易所，把股票交易行情資料授權給一些做行情軟體的公司。

2. 租售資訊模式：一般聚焦某個行業，廣泛蒐集相關資料，深度整合萃取資訊，以龐大的資料中心加上專用傳播渠道也可成爲一方霸主。資訊指的是經過加工處理承載一定行業特徵的資料集合。

3. 數位媒體模式：這個模式最熱門，因爲全球廣告市場空間是 5,000 億美元，具備培育千億級公司的土壤和成長空間。這類公司的核心資源是獲得的即時、海量、有效的資料，立身之本是大數據分析技術，盈利來源多是精準營銷和資訊聚合服務。

4. 資料使用模式：如果沒有大量的資料，缺乏有效的資料分析技術，這些公司的業務其實難以開展。譬如，阿里金融爲代表的小額信貸公司，通過線上分析小型企業的交易資料、財務資料，可以解決應提供多少貸款、多長時間可以收回等關鍵問題，把呆賬風險降到最低。

5. 資料空間營運模式：從歷史上來看，傳統的 IDC 就是這種模式，網路巨頭都在提供此類服務，但近期雲端硬碟勢頭強勁。從大數據角度來

看，各家紛紛嗅到大數據的商機，開始搶佔個人、企業的資料資源，如：Dropbox、Google 的雲端硬碟都是此類公司的代表。這類公司的發展空間在於可以成長為資料聚合平台，盈利模式將趨於多元化。

6. 大數據技術提供商：從資料量上來看，非結構化資料是結構化資料的 5 倍以上，任何種類的非結構化資料只要經過處理都可以重現現有結構化資料的輝煌。語音資料處理領域、影片資料處理領域、語義識別領域、圖像資料處理領域都可能出現大型高速成長的公司。

## 第四節　資料科學——改變探索世界的方法

深入思考大數據帶來的顛覆性影響，其根源就是越來越多的事物資料化了。圖像、聲音、人類的情緒和基因組，看起來風牛馬不相及，但是資訊科技的發展都把它們神奇地變成了「0」、「1」的不同組合，也就是「資料」。

當網頁變成資料後，Google 具備了令人豔羨的全文搜尋能力，在幾毫秒之內，就能讓人們檢索世界上幾乎所有的網頁。當方位變成資料後，每個人都能借助 GPS 快速到達目的地。當情緒變成資料後，資料科學家們甚至可以根據大家快樂與否判斷股市的漲跌。這些不同的資料可以歸結為幾類相似的數學模型，從而使得「資料科學」成為一門具備普遍適用性的學科。譬如生物資訊學、計算社會學、天體資訊學、金融學、經濟學、電子工程等學科，都依賴資料科學的發展。

事實上，資料科學還帶給人們觀察世界的新方法——從大量的資料中，揭示世界運行的規律。2008 年，《連線》雜誌主編克里斯·安德森[14]就指出「資料爆炸使所有的科學研究方法都落伍了」，用一系列的因果關係來驗證各種假設和猜想的研究範式已經不實用了，如今已經被無需理論指導的純粹的相關關係研究所取代。安德森指出：「現在已經是一個有海量資料的時代，應用資料已經取代了其他的所有學科工具。而且只要資料足夠多，就能說明問題。只要掌握了這些資料之間的相關關係，一切就都

---

[14] 克里斯·安德森 (Chris Anderson)，美國《連線》雜誌主編，喜歡從數位中發現趨勢。他是經濟學中長尾理論的發明者和闡述者。著有《長尾理論》(《The Long Tail》)、《免費：商業的未來》(《Free:The Future of a Radical Price》)。

迎刃而解。」[15]

　　安德森的觀點引起軒然大波，但是的確值得深入思考。從牛頓力學到量子力學，科學家們建構了精巧的模型，原則上來講幾乎可以解釋日常所有的自然現象。量子力學提供了研究化學、材料科學、工程科學、生命科學等幾乎所有自然和工程學科的基本原理。但是保羅‧狄拉克[16]指出，如果以量子力學的基本原理爲出發點去解決這些問題，那麼其中的數學問題太困難了。如果人們利用更爲簡單的數學模型，利用大量的資料則可以得到在工程實踐中完全可行的結果。

　　人們在研究自然語言處理方面走過的彎路，爲安德森的觀點提供了有利的證據。20 世紀 50 年代，幾乎所有的科學家都認爲如果讓電腦來充當翻譯，就必須像人一樣，讓它理解詞句的含義。於是提出人工智慧的概念，讓電腦來學習人類的各種規則。這種方法很快在 70 年代走到了盡頭。但是基於大量資料、運用概率模型的統計語言學的出現使得自然語言處理大放異彩。如果沒有這些概率統計模型，風靡一時的 Siri( 個人語音處理 ) 等應用，就不可能實現。

## 第五節　大數據面臨的挑戰和機遇

　　大數據概念剛剛提出，有人擊掌讚歎，認爲「資料人」的春天到了，也有人質疑爲炒作，認爲不過是業界和資本市場又一次發神經而已；但更多的人是茫然的，並不知道這個概念對自己意味著什麼。本節主要澄清一些概念和誤解，探討大數據落實存在的障礙。

### 缺少大數據思維和意識，沒有緊迫感

　　曾經有人問，發展大數據要採用哪些技術，有什麼產品？事實上，大數據首先是一種思維方式，其次才是判斷產業發展趨勢和選擇公司戰略，最後才談得上技術實現的問題。有四種典型的片面認識阻礙企業家完整地

---

[15]　參見《大數據時代》([ 英 ] 維克托‧邁爾‧舍恩伯格 肯尼思‧庫克耶著 ) 第 92 頁。

[16]　保羅‧狄拉克 (1902-1984) 全名 Paul Adrie Maurice Dirac，英國理論物理學家，量子力學的創始者之一。

認知大數據：第一，認定是炒作；第二，片面理解；第三，視野狹隘；第四，唯技術論。這些都是缺少大數據意識的表現。儘管還有其他各種客觀原因，但是企業家的思想認識是阻礙大數據獲得深入應用的最重要因素。

第一，認定無非是另一次炒作。這是最常見的一種誤解，其阻礙了人們去耐心認真地研究大數據的由來和機制。IT 業和資本市場的確有炒作的傳統。對「千禧蟲」連篇的報導和宣傳，除了讓 IBM 等公司大賺一筆外，結果發現問題並沒有事前描述的那麼聳人聽聞。物聯網也曾經是市場的寵兒，但現在卻已風光不在。如果因此就把大數據歸於炒作一途，肯定會與機會失之交臂。大數據與以往的技術概念有顯著的不同，最大的差異是大數據已經遠遠超越技術的概念，是網際網路、智慧型行動裝置、社交網站發展到一定階段的必然產物。以往，資訊技術總是在圍繞提升企業營運效率打轉，而大數據促使商業智慧真正走向企業的決策中樞。

第二，片面的理解。有人一聽說大數據，就說十多年前我們就有多少多少資料，以前都說海量資料如何如何。的確，海量資料是大數據的特徵之一，但海量資料並不等同於大數據。大數據更強調資料的多樣性、即時性。網路日誌、文字檔、影片、圖片等都是大數據關心和處理的物件。更重要的是，大數據技術總是要求盡可能快地發現有決策價值的資訊，所謂快的度量單位指的是不能超過 1 秒。廠商在介紹大數據概念時往往介紹三個「V」的特徵：Volume，量大，至少要到 PB 級別 (1PB=1024 TB，大約相當於地球觀測系統五年的資料 )；Velocity，即時要求高；Variety，強調資料的多樣性。還有廠商增加一個 V —— Value，意思是說大數據有價值。這些都是對的，但不免過於片面。

第三，狹隘的視野。以井窺天是難以領略大數據全部魅力的。首先它是超越行業的，一定會促使新的行業誕生，也一定會令一些行業消亡，幾乎所有行業的競爭格局都將被大數據所顛覆；其次它是超越技術的，無論是開放原始碼的 Hadoop，還是各廠商力推的新產品，都不足以反映大數據的全貌。作為投資人或者公司的決策者，如果不能確立這是行業競爭的戰略要地思維，則不足以妄談大數據。

以企業線上服務市場為例，這個看起來很光明的產業，並沒有取得引人注目的成長。筆者曾和業內人士辯論能否免費為企業提供線上服務。大多數業界人士認為企業市場與個人市場不同，企業客戶擔心免費服務的質量，不收錢人家反而不敢用。事實上，筆者曾看到已經有公司免費為企業

提供線上的企業管理服務，其盈利模式變成爲它的線上客戶提供金融貸款業務。線上業務加小額貸款服務已經成爲極具顛覆性的商業模式，這種商業模式如果進展順利，傳統的線上服務商將面臨行業性的滅頂之災。這種新模式，其核心競爭力體現在擁有大量的、眞實的客戶營運資料，借助對這些資料的蒐集分析，預測客戶的營運風險，最大限度地降低借貸違約風險。阿里巴巴公司剛剛提出的平台、資料、金融的戰略，則是大數據前景的最佳詮釋。

廣告產業將重新洗牌。大家都知道廣告預算至少有一半是會被浪費掉，可悲的是不知道浪費的是哪一半。借助大數據技術，廣告將變得及時和精準，而且能夠評估量化每個通路的廣告效果，看起來具有非常誘人的前景：廣告主大大節約資金，消費者得以避免垃圾廣告的騷擾。理論上，如果大數據技術得到充分運用，那麼我們每個人將不會再收到垃圾資訊。在日常消費中，衝動型的購買決策越來越普遍。商家必須在消費者最感興趣的時候，及時觸發刺激消費者的購買欲望。離開大數據的支援，這種精準的營銷則難以實現。

製造業將重新定義核心競爭能力。在製造業發展的不同階段，其核心競爭力是不同的。在發展初期，產品質量是非常重要的因素，就是能夠做到產品最佳化，這個階段的關鍵資源是擁有先進的生產設備。產品品質均化後，對於通路的掌握和控制成爲生命線，關鍵資源是優質經銷商隊伍。當通路成熟到一定的階段，誰能掌控終端，誰將佔據競爭優勢，關鍵資源是終端營銷團隊。考察製造業關鍵資源的遷移，筆者發現它逐漸向最終用戶端遷移。換句話說，誰能掌握最終用戶，誰就能傲視群雄。

第四，唯技術論。大數據是一種思考方式，和有沒有資料、資料量的大小、使用什麼技術，不存在嚴格的正相關。沒有最新的技術，也可以通過資料資產來獲利。即便擁有最先進的技術，缺少資料思維，沒有資料資產，往往也徒勞無功。不能單純地認爲只有那些圍繞 Hadoop( 泛指大數據技術 ) 開發的新興公司，才是大數據公司，也不能認爲沒有技術的就不是大數據公司。相反，在大數據領域，那些擁有稀缺性資料資產的公司往往可以獨領風騷。大數據既不等於資料探勘也不等於統計分析，更不等於人工智慧。但是這些技術和演算法都需要大數據的支援。使用同樣的演算法，如果利用全部的資料集，而非小樣本量，甚至可得出截然不同的結論。這就是大數據的魅力。它可以在宏觀尺度上把握潮流，也可以在微觀顆粒

上預測未來。

## 資料管理缺位元

資料割據、資料孤島和資料品質是典型的三大數據管理問題。

因為制度、地方、部門等人為因素造成資料分散的現象，稱為「資料割據」；因為技術差距、歷史遺留問題等形成的資料分散的現象，稱為「資料孤島」。資料割據現象更多存在於政府各部門、各地方之間，大型企業內部也會存在資料割據現象。

曾有家公司專門為淘寶網上的商家提供線上服務，但這些服務需要淘寶開放資料介面。早期，不使用淘寶提供的伺服器是沒有任何障礙的，但現在這項服務有 50% 的時間卻是無法連通的。我們自然無權指責淘寶的經營策略，但這種因先天優勢進而形成資料割據的局面，的確令人擔憂。

美國政府在消除資料割據方面可謂用心良苦，除了系統性地提出國家層面的資料戰略外，一些做法也值得借鑒。具體方法參見本書第三部分的詳細介紹。

面臨資料割據困境，必須以國家級別的頂層設計，由上而下地破除阻礙資料分享的藩籬，並建立資料共用、成果分享的利益分配機制，才有望從根本改善資料割據的問題。

資料品質的好壞，直接影響資料資產的價值。資料品質主要包括資料的真實性、完整性、一致性。資料品質的解決非一日之功，需要技術、制度、文化等多方面的努力。如果把資料認認真真地當成資產對待，資料品質就是需要面對的第一個問題。

## 資料資產的界定與安全

隨著數量越來越多的資料被數位化，資料在跨越組織邊界流動著，一系列政策問題將會變得越來越重要，這包括了隱私、安全、智慧財產權和責任。顯然，隨著海量資料的價值愈加明顯，隱私是個重要程度 ( 尤其是對消費者來說 ) 不斷提高的問題。個人資料 ( 如：健康和財務記錄 ) 經常能夠提供最重要的人類福利，如幫助確定最適當的醫療或者最恰當的金融產品。然而，消費者也將這些類別的資料視為最敏感的個人隱私。顯然，個人和其生活所在的社會將不得不努力在資料隱私和資料的功用之間權衡

取捨。

另一個密切相關的擔憂是資料安全，例如，如何保護競爭方面的敏感資料，或應保持隱私的其他資料。最近的例子表明，資料被盜不僅暴露消費者個人資訊和企業保密資訊，甚至還會暴露國家安全秘密。鑒於嚴重的資料被盜事件有增無減，通過技術和政策工具解決資料安全問題將成爲關鍵。

海量資料日益提升的經濟意義也昭示了一系列法律問題，即資料與許多其他資產具有根本性的差異，尤其是當資料可以與其他資產結合起來完美而輕鬆地複製，同樣一份資料可以由多個人同時使用。這些是資料與實體資產相比獨有的特徵。有關資料所附帶的智慧財產權問題不容迴避：什麼人「擁有」某份資料？某一資料集附帶著何種權利？資料的「公平使用」的定義是什麼？此外，還有與責任相關的問題：當一份不準確的資料導致負面結果時誰應負責？要充分發揮海量資料的潛力，此類法律問題需要澄清，這也許會隨著時間的推移逐步澄清。

## 缺乏大數據人才

就算政府和企業界認識到大數據可以釋放經濟的下一波增長潛力，認識到資料資產是關乎企業未來的命脈。但是如果想要成功運用大數據技術，達成企業戰略目標，最大的制約因素往往是大數據人才的匱乏。這一點已然成爲推廣利用大數據技術的最大阻力。

不過許多學校近來都在設立資料科學的專門研究機構和相關專業，未來，也許資料科學家將成爲令人稱羨與尊重的職業。

# 產業大勢

　　大勢湯湯，順昌逆亡。產業興衰的決定性因素，已經不再是一城一地的爭奪。土地、人力、技術、資本這些傳統的生產要素，甚至需要追隨「資料資產」重新進行優化配置。資料成為推動行業融合兼併、企業擴張的戰略性資產。不同產業圍繞「資料資產」展開的爭奪，將重新定義產業的生態環境和競爭格局！

# 第2章

# 大數據時代已經到來

大數據時代已經到來，且正在引發一場革命！

2011 年底，筆者發佈第一篇大數據著作的時候，用的標題是《大數據時代即將到來》。沒想到短短數年，大數據領域發生的變化波瀾壯闊，令人心馳神往。大數據已經不僅僅局限於資訊技術產業，而是事關國計民生、經濟大勢，政府、學術界、產業界、資本市場都在行動。在這裡簡單整理一下 2011 年到 2012 年的幾件大事，作為大數據時代的見證，如圖 2-1 所示。

圖 2-1　大數據時代到來的標誌性事件

麥肯錫於 2011 年 5 月發布報告《大數據：創新、競爭和生產力的下一個前沿領域》，將大數據概念從技術圈引入企業界。國金證券率先將大數據概念引入中國資本市場，令資本市場沸騰。巧合的是，美國政府在筆者的大數據研究報告發佈不久就推出了《大數據研究發展計劃》，將大數據上升至國家戰略層面。接下來，Splunk 成為在美國成功上市的首家大數

據公司，讓「資料人」一時揚眉吐氣，深感數據工作的春天到了。2012
年 11 月 17 日在北京大學召開的「資料科學與資訊產業大會」上，宣告資
料科學將在大數據時代煥發新生，代表學術界對大數據的重視達到了一個
前所未有的程度。

　　正如哈佛大學社會科學學院院長 Gary King 所說：「這是一種革命，我
們確實正在進行這場革命，龐大的新資料來源所帶來的量化轉變將在學術
界、企業界和政界中迅速蔓延開來，沒有任何領域不會受到影響。」毫無
疑問，上述的種種事件無不向世界傳遞一個資訊：大數據時代已經到來！

## 第一節　國內外產業界的先聲

　　最早將「大數據」概念帶出技術圈的機構是國際知名的顧問公司麥肯
錫。2011 年 5 月，麥肯錫發佈《大數據：創新、競爭和生產力的下一個
前沿領域》研究報告，報告指出全球資料正在呈現爆炸式增長，資料已經
滲透到每一個行業和業務職能領域，並成為重要的生產因素。大數據的使
用將成為企業成長和競爭的關鍵，人們對大數據的運用將支撐新一波的生
產力增長和消費者收益浪潮。

　　麥肯錫深入研究了美國醫療衛生、歐洲公共管理部門、美國零售業、
全球製造業和個人地理資訊五大領域，用具體量化的方式分析研究大數據
所蘊含的巨大價值。大數據的合理有效利用，為美國醫療衛生行業每年創
造價值逾 3,000 億美元，為歐洲公共管理部門每年創造價值 2,500 億歐元
( 約 3,500 億美元 )，為全球個人位置服務的服務商和最終用戶分別創造至
少 1,000 億美元的收入和 7,000 億美元的價值，幫助美國零售業獲得 60%
的淨利潤增長，幫助製造業在產品開發、組裝方面降低成本 50%。

　　通過對五大領域的重點分析，該研究提出了五種可以廣泛適用的利用
「大數據」的方法：

　　1. 創造透明度：使利益相關者更容易及時獲取大數據產生的巨大價值。

　　2. 啓用實驗來發現需求，呈現可變性，提高性能：資料驅動的組織在
已有經驗成果的基礎上做出決定，這種方法的優勢已經被證實。

　　3. 細分人群，採取靈活行動：隨著技術的進步，可以接近即時地進行
細分，並通過更精確的服務滿足客戶需求。

　　4. 使用自動化演算法代替或輔助人類決策：基於大數據的深入分析可

以大幅降低決策風險，提高決策水準。

5. 創新商業、產品和服務大數據使各類企業擁有了改善和創新現有產品和服務的機會，甚至建立全新的商業模式。

此外，麥肯錫在報告中也指出了在挖據大數據潛能時所面臨的各種挑戰，包括隱私、安全、人才、技術等。

麥肯錫的報告充分肯定了大數據蘊藏的巨大價值，並試圖幫助不同地域、不同部門的領導者及政策制定者瞭解如何利用大數據的潛在價值。整篇報告為大數據時代的蓬勃發展拉開了序幕，引用其中的一句話作為評價，即「本研究絕不代表在大數據方面最後的結語，相反，我們把它看作是一個開始」。

## 第二節　美國政府的手筆

### 美國是資訊革命的領頭羊

美國是最早預見和推動資訊革命的國家。早在 1946 年，美國軍方就研製出了世界上第一台電子電腦——電子數位積分電腦，並在 1969 年由美國國防部高等研究計劃局建立了電腦網路 Internet 的最早雛形—— AR-PAnet。隨後，在美國總統柯林頓和副總統艾爾·高爾的大力推動下，美國政府於 1993 年 9 月推出「國家資訊基礎建設 (National Information Infrastructure，NII，亦稱「資訊高速公路」)」計劃，其核心內容由建設覆蓋全美的寬頻高速資訊網、利用資訊資源研發傳輸編碼與網路標準、開發製造資訊設備、培養資訊人才等幾部分構成，旨在將美國所有的政府部門、公司、醫院、學校、圖書館等不同機構以及每個家庭連接起來，建立一個電腦化的全國性高速資訊網路。

美國「資訊高速公路」計劃開啟了網際網路時代，使人們的溝通、工作和生活方式發生了巨大的變革，同時也推動了資訊技術和資訊產業的快速發展，為美國贏得了新的經濟增長點和長達十多年的快速發展期，成就了美國在網際網路上的全球霸主地位。

## 美國沿著「資訊高速公路」，狂飆到「大數據」

　　美國歐巴馬政府於 2012 年 3 月正式啓動了「大數據研究和發展」計劃，如圖 2-2 所示，該計劃涉及美國國防部、美國國防部高等研究計劃局、美國能源部、美國國家衛生研究院、美國國家科學基金、美國地質勘探局六個聯邦政府部門，宣佈將投資 2 億多美元，用以大力推進大數據的蒐集、訪問、組織和開發利用等相關技術的發展，進而大幅提高從海量複雜的資料中提煉資訊和獲取知識的能力與水準。該計劃並不是單單依靠政府，而是與產業界、學術界以及非營利組織一起，共同充分利用大數據所創造的機會。這也是繼 1993 年 9 月美國政府啓動「資訊高速公路」計劃後，以國家層面推動資訊領域又一次的「狂飆猛進」。

■ 歐巴馬政府投資了 2 億美元，啓動「大數據研究和發展」計劃。
■ 1993 年至 1998 年，「資訊高速公路」計劃總投資 4.68 億美元，撬動了萬億美元大產業。

圖 2-2　美國從「資訊高速公路」計劃過渡到「大數據研究和發展」計劃

　　隨著網路技術、電腦技術以及通信技術的快速發展，人類社會的資料總量呈現指數級增長，根據 Google 前 CEO 現董事會主席艾瑞克・施密特的說法，截至 2003 年，人類社會總共創造了 5EB 的資料，而現在僅需要兩天就能創造相同的資料量，這對資料的蒐集、運輸、儲存、分析利用和安全等技術應用和資料的管理工作提出了更高的要求和更大的挑戰。資

訊作為三大社會資源之一 (另外兩個是物質和能量)，如何充分利用資訊資源，更經濟更快速地從海量、不同結構類型的複雜資料中提取價值成為關鍵。

美國前總統柯林頓展開的「資訊高速公路」計劃是通過高速率的通信網路搭建人們的資訊交流網路，進而帶動經濟的快速發展。該計劃促使海量資料的產生，但未能實現對資料資源進行充分利用，尤其是在大數據時代的今天，海量資料具有的巨大價值被白白浪費了。根據 2011 年美國總統科學技術顧問委員會提出的一份建議顯示，大數據相關技術具有重要戰略價值，但美國聯邦政府對其的研發投資卻明顯不足。而通過「大數據研究和發展」計劃可以深度挖掘大數據的潛在巨大價值，帶動產業的升級換代。從這個角度講，「大數據研究和發展」計劃與「資訊高速公路」計劃可謂一脈相承，層層推進。

## 推動美國快速發展

「數」中自有黃金屋。大數據如果得到充分合理地開發利用，對個人、企業、政府乃至整個人類社會都具有極大的價值。美國推出的「大數據研究和發展」計劃將對美國綜合國力、國家安全、大數據技術、社會經濟等方面產生巨大的影響。

1. 增強國家綜合國力：美國政府充分意識到了大數據的價值和意義，將其定義為「未來的新石油」，並指出一個國家擁有資料的規模、活性以及解釋運用的能力將成為其綜合國力的重要組成部分，對資料的佔有和控制甚至會成為繼陸權、海權、空權之外的另一種國家核心資產，成為世界各國之間的新籌碼。由於以中國為代表的新興國家的迅速崛起，美國在經濟、政治等方面的影響力和控制力大幅下降，國際霸主地位面臨巨大的挑戰，「大數據研究和發展」計劃有利於提高美國對資料資產的掌控能力，進而搶佔新的國際戰略制高點。

2. 維護國家安全：資訊網路突破了傳統地域條件的束縛，在全球範圍內實現了資訊的快速高效流動，促進了人類社會的發展，但同時也帶來了巨大的安全隱患。尤其是經濟、政治、軍事和科技等方面的核心機密資訊的安全問題具有極高的戰略意義，21 世紀國家資訊安全的地位和作用不亞於傳統的國防軍事。如 2010 年 11 月，超過 25 萬份由美國大使館發出

的機密電報被公開，泄露了美國在政治、軍事戰略等方面的機密資訊，並引發了全球性的外交危機，這便暴露了國防部資訊安全方面的諸多問題。美國國防部高等研究計劃局在這次大數據研究方面給予了大量的投入，具體包括：解決大規模資料庫的異常檢測和特徵化的多尺度異常檢測，開發新技術檢測軍事電腦網路與網路間諜活動的網路內部威脅、加密資料的編程計算及影片圖像的檢索和分析工具等專案，這將大大提升美國應對大數據時代國家資訊安全挑戰的能力。

3. 推動大數據技術發展：高速增長的海量複雜的大數據對傳統技術提出新的挑戰，研發大數據相關的核心技術成為當務之急。美國國家科學基金會以大數據關鍵技術的突破作為大數據專案的重點，與美國國家衛生研究院對大數據進行聯合招標，包括管理、分析、視覺化以及從大量多樣資料庫中提取有用資訊等核心技術。此外，美國國家科學基金會還積極推進各項大數據相關措施，包括鼓勵大學開發交叉學科課程，培養大數據人才，提供資金支援本科生使用複雜資料圖形和視覺化技術的培訓等。上述的系列措施將有利於美國打造在大數據提取、分析等核心技術方面的競爭優勢。

4. 推廣大數據應用：打造新的經濟成長點。美國能源部推進高性能存儲系統、千萬億次數據分析處理以及生物和環境研究計劃，美國國家衛生研究院推進千人基因組計劃資料的雲端免費開放，美國地質勘探局推進地理系統科學的大數據，這些專案加快了大數據在能源、醫學和地質等領域的應用及價值開發。據麥肯錫《大數據：創新、競爭和生產力的下一個前沿領域》研究報告顯示，大數據為美國醫療服務業每年創造 3,000 億美元的經濟價值。與此同時，在美國政府的推動下，企業、科研院校以及非營利機構將紛紛加入其中，進而形成利益相關者全體成員系統化共進的局面。目前，EMC、IBM、惠普、微軟、Oracle 等 IT 巨頭正積極通過併購實現技術整合，推出大數據相關產品和服務；同時也出現了 Splunk、Clustrix、Junar、DataSift 等大數據新興公司，大數據市場正在蓄積巨大的商機。據 IDC 報告預測，大數據技術與服務市場將從 2010 年的 32 億美元攀升至 2015 年的 169 億美元，年增長率高達 40%，是整個 IT 與通信業增長率的 7 倍，將成為新的經濟增長動力。

## 引領全球，開啓大數據時代

美國推出「大數據研究和發展」計劃之後，日本政府重新啓動曾在日本大地震後一度擱置的 ICT 戰略研究，將重點關注在大數據應用，並且聯合國也隨後發佈了《大數據促進發展：挑戰與機遇》白皮書，全球範圍內對大數據的關注達到了前所未有的熱度，各類計劃如雨後春筍般紛紛破土而出，大數據革命風起雲湧。

2012 年 5 月，日本總務省資訊通信政策審議會下設的 ICT 基本戰略委員會召開會議，戰略委員會大數據研究主任、東京大學教授森川博之強調，美國在大數據技術上處於領先地位，其 Google、Amazon 等網路企業在大數據應用領域有很強的優勢，日本非常有必要在大數據方面制定綜合性的戰略。隨後，日本文部科學省在 7 月發佈了以學術雲爲主題的討論會報告，指出爲迎接大數據時代學術界面臨的挑戰，將重點推進大數據蒐集、存儲、分析、視覺化、建模、資訊綜合的各階段研究，構建大數據利用的模型。

2012 年 7 月，聯合國在發佈的《大數據促進發展：挑戰與機遇》的白皮書中指出大數據時代已經到來，大數據對於聯合國和各國政府都是一次歷史性的機遇，報告討論了如何利用大量豐富的資料資源幫助政府更好地回應社會需求、指導經濟運行，並建議聯合國成員國建設「脈搏實驗室」，挖掘大數據的潛在價值。印尼在其首都雅加達建立的「脈搏實驗室」由澳大利亞提供資助，於 2012 年 9 月投入運行。此外，烏干達也率先在其首都坎貝拉建立了「脈搏實驗室」。

目前，大數據仍屬於一個新興前沿的概念，中國尚未從國家層面明確提出大數據的相關戰略，但 2011 年 11 月中國工業和資訊化部發佈的物聯網「十二五」發展規劃中，提出四項關鍵技術創新工程，分別是資訊感知技術、資訊傳輸技術、資訊處理技術和資訊安全技術，其中的資訊處理技術包括了海量資料存儲、資料探勘、圖像影片智慧分析，而這些技術都與大數據密切相關。同時，以廣東爲代表的地方政府率先啓動大數據計劃，堅持開放共用，推動大數據發展和社會創新。

大數據作爲國家核心資產，是國家之間新的競爭焦點。在大數據領域的落後，意味著失守產業戰略的制高點，意味著數位主權無險可守、國家安全將在數位空間出現漏洞。相信在美國政府「大數據研究和發展」計劃

的影響下，歐盟、中國等大型經濟體在不久的將來必將出現引導性、傾斜性的政策，以搶佔大數據的制高點，圍繞大數據的新一輪競爭呼之欲出。

事實上，歷史上曾經上演過類似的一幕，1993 年美國「資訊高速公路」計劃一出場就引起了各國的強烈反應。日本政府在 1993 年 6 月發佈擬建大規模超高速「研究資訊流通新幹線」計劃，決心通過高速通信網絡將全國研究機構與大學連接起來，並於 1994 年 5 月前後提出了日本版「資訊高速公路」計劃——《通信基礎結構計劃》和《通向 21 世紀智慧化創新社會的改革》兩個報告，決定分成三個階段逐步實施網路建設。歐洲也不甘落後，在 1993 年 6 月哥本哈根歐盟首長會議上，歐盟主席德洛爾首次提出「建構歐洲資訊社會」的提議，隨後在同年 12 月，歐盟發佈了旨在「振興經濟，提高競爭能力和創造就業機會」的白皮書，白皮書中明確提出構建歐洲版「資訊高速公路」的設想，並成立了專門的工作小組負責計劃的推進。此外，加拿大、韓國、新加坡等國家為爭奪高新技術的發展優勢，迎接 21 世紀的發展挑戰，也都紛紛選擇立即跟進，投入鉅額資金，推出各自國家的「資訊高速公路」計劃，在全球範圍內掀起一場熱潮。

大數據本質上是人類社會資料積累從量變到質變的必然產物，是在「資訊高速公路」基礎上的進一步升級和深化，對人類社會的發展具有極其重大的影響和意義。根據現有形式，可想而知，全球性的大數據發展浪潮即將到來。

## 第三節　Splunk 上市的影響

### Splunk 在美國成功上市

美國軟體公司 Splunk 於 2012 年 4 月 19 日在納斯達克成功上市，成為第一家上市的大數據處理公司。鑑於美國經濟持續低靡、股市持續震蕩的大背景，Splunk 上市首日的突出交易表現尤其令人印象深刻。Splunk 在最初提交 IPO 申請確定的發行價區間為 8～10 美元，發行 1,350 萬股股票，計劃募集資金 1.22 億美元，以發行區間中間值計算，公司市值為 9.94 億美元。此後，Splunk IPO 的發行價一再被提高，從原來的 8～10 美元提高到 11～13 美元，後又提高到最終的 17 美元，融資規模不斷擴大。然而好運並未止於此，Splunk 上市首日的開盤價即為 32 美元，開盤後震蕩走高，

以 35.48 美元收盤，市值超過 30 億美元，首日即暴漲了一倍多，較最初提交 IPO 申請確定的發行價更是增長兩倍多。Splunk 上市首日優異的交易表現超過了同年 3 月上市的行動網路廣告公司 Millennial Media Inc. 上市首日 92% 的漲幅，與自 2004 年 Google 公司上市以來規模最大的網際網路上市公司 LinkedIn Inc. 的上市首日漲幅相當。

雖然曾經做過盈利承諾，但由於 Splunk 將大量的資金用於加快業務的增長，因而尚未實現盈利。根據 Splunk 公佈的營運業績顯示 ( 公司以每年 1 月 31 日前 12 個月作爲一個報表年度 )，該公司在截止到 2012 年 1 月 31 日這一財年中虧損了 1,099 萬美元，較上一財年的 380 萬美元有所擴大；但其營業收入正在快速增長，較上一財年增長了 83%，達到 1.21 億美元，且該公司在最近幾年的毛利率一直保持在 90% 左右。

Splunk 雖然沒有盈利，但在上市首日仍然受到資本市場的追捧，創造了卓越的成績，這是自 2000 年網際網路科技泡沫破裂以來，難得一見的盛事。這樣的表現與 Splunk 迅猛的增長業績有一定關係，但更爲重要的是受到技術熱點「大數據」的影響。大數據正成爲繼電子商務、物聯網、雲端計算、行動網路等概念之後，被社會各界廣泛追逐的新概念。Splunk 的成功上市，是產業界發展的一個重要里程碑，正式標誌美國 IT 業開啓了大數據元年。

## Splunk 商業模式

Splunk 是一家領先提供大數據監測和分析服務的軟體提供商，成立於 2003 年，總部位於美國舊金山，在全球設有 8 個辦事處，擁有 500 多名員工。Splunk 軟體是一種高擴充性且通用的資料引擎，通過蒐集和索引由網路、應用程式以及行動設備等不同來源和格式的機器資料，使用創新的資料架構來連機建立動態的創新主題，允許用戶不需理解資料的結構便可監控、檢索、分析、圖示化即時及歷史機器資料流程，幫助個人和組織即時分析資料，在各個方面提高營運效率，獲得洞察力，並最終做出準確的判斷和決策。

Splunk 的業務迎合了大數據時代企業對資料應用的需求。面對日益爆炸式增長的資料，企業需要對大數據進行處理，挖掘其中的潛在價值，以便能夠有效地進行資訊應用管理、IT 營運管理，增強整個公司與組織的洞

察力。Splunk 的客戶主要是財富雜誌前 100 強公司，目前有來自 75 個國家 3,700 多個客戶在使用 Splunk 的產品和服務，客戶所在的行業覆蓋了教育行業 ( 如哈佛大學、紐約大學 )、金融服務行業 ( 如美國銀行、JP 摩根 )、零售行業 ( 如 Freshdirect、梅西百貨 ) 和高科技行業 ( 如思科、摩托羅拉 ) 等。

　　在大數據時代，企業對海量複雜資料的快速蒐集、存儲、分析和管理的需求迅速膨脹，Splunk 作爲大數據處理分析的代表企業具有十分強大的生命力和廣闊的市場發展前景。

## Splunk 上市點燃資本界和產業界的大數據熱情之火

　　Splunk 的成功上市引發了風險投資對大數據行業的關注。大數據在零售、製造、醫療等領域都具有極大的應用價值，市場前景廣闊。對於投資界而言，Splunk 的成功上市樹立了大數據行業的榜樣，風投開始加大對大數據行業的關注和投資力度，風險投資公司 Accel Partners 甚至發起了一個大數據公司投資基金。

　　資料分析領域的新星 DataSift 在 2012 年 5 月融資 720 萬美元，投資方爲 GRP Partners 和 IA Ventures。DataSift 的主要業務是提供 Twiitter、YouTube 及 Facebook 等社交網路歷史和即時的資訊結構化分析。

　　大數據處理創業公司 10gen 在 2012 年 5 月融資 4,200 萬美元，投資方包括 New Enterprise Associates、Sequoia Capital、Flybridge Capital Partners 和 Union Square Ventures。10gen 的主要產品是非關係型數據庫 MongoDB，付費用戶已達到 500 家，行業覆蓋金融、通信和媒體等。

　　企業雲端存儲服務公司 Nirvanix 在 2012 年 5 月再融資 2500 萬美元，由風投公司 Khosla Ventures 牽頭，Valhalla Partners、Intel Capital、Mission Ventures 及 Windward Ventures 等投資公司共同參與。Nirvanix 爲客戶提供資料的存儲、傳輸以及處理服務，並在巨量、非結構化的資料存儲方面處於領先地位。

　　將大數據應用於醫療保健行業的初創企業 Predilytics 在 2012 年 9 月 A 輪融資中獲得了 600 萬美元，資金提供方爲 Flybridge Capital Partners、Highland Capital Partners 和 Google Ventures。Predilytics 運用大數據、機器學習技術持續地分析結構型和非結構型的客戶資料，爲醫療保險領域提

供洞察力。

　　大型資料處理公司 Attivio 在 2012 年 10 月獲得了 3,400 萬美元的首輪融資，由 Oak Investment Partners 領投。Attivio 公司的核心產品是一個智慧引擎──AIE(Active Intelligence Engine)，通過整合結構化和非結構化的各類資料，為客戶提供智慧的搜尋和分析服務，目前 UBS、Cisco 和德國電信等都是 Attivio 的客戶。

　　Splunk 上市後主要大數據公司融資情況見表 2-1。

表 2-1　Splunk 上市後主要大數據公司融資情況

| 公司名稱 | 融資時間 | 融資額/萬美元 | 輪次 |
|---|---|---|---|
| DataSift | 2012年5月 | 720 | B |
| Evernote | 2012年5月 | 7000 | D |
| Junar | 2012年5月 | 120 | A |
| Precog | 2012年5月 | 200 | C |
| 10gen | 2012年5月 | 4200 | E |
| Nirvanix | 2012年5月 | 2500 | C |
| Precog | 2012年5月 | 200 | A |
| Mixpanel | 2012年5月 | 1025 | A |
| Sumall | 2012年6月 | 150 | A |
| Delphix | 2012年6月 | 2500 | C |
| Clustrix | 2012年7月 | 675 | B |
| GoodData | 2012年7月 | 2500 | B |
| ParStream | 2012年8月 | 560 | A |
| InsideSales | 2012年8月 | 400 | A |
| TalentBin | 2012年9月 | 1000 | A |
| Predilytics | 2012年9月 | 600 | A |
| Datameer | 2012年9月 | 600 | C |
| Trifacta | 2012年10月 | 430 | A |
| Ngdata | 2012年10月 | 250 | A |
| RainStor | 2012年10月 | 1200 | C |

| 公司名稱 | 融資時間 | 融資額/萬美元 | 輪次 |
|---|---|---|---|
| DataStax | 2012年10月 | 2500 | C |
| Attivio | 2012年10月 | 3400 | A |

(來源：國金證券研究所)

　　圍繞大數據的投資囊括了大數據的蒐集、存儲、搜尋、分析處理、視覺化以及行業應用等整個產業鏈。資料背後存在著巨大的市場和價值，那麼 ( 在利益的驅使下 ) 大數據技術將日益成熟。

### Splunk 上市促使 IT 廠商加快大數據佈局

　　面對前景廣闊的大數據市場，IT 廠商紛紛排兵布陣，或發佈戰略，或推出產品，或實施併購，或開展合作，總之動作頻頻，意圖在這巨大的蛋糕中分一杯羹。

### EMC 實施三步曲戰略，構造資料星球

　　EMC 在 1979 年成立於美國，是一家全球領先的資訊存儲及管理產品、服務和解決方案的 IT 廠商，2011 年的營業收入為 200 億美元，淨利潤為 25 億美元。EMC 在 2012 年 5 月底召開的 EMC World 大會上，一口氣發佈了 42 款新技術和新產品，在 2011 年提出的「大數據結合雲端運算」的基礎上更精進一步，提出了「資料星球」的概念。至於如何構建資料星球，EMC 的雲端和大數據戰略無疑將提供支撐。

　　在大數據時代，EMC 將自己的使命確定為引導客戶和合作夥伴的大數據之旅，幫助他們利用大數據的契機加速業務轉型。未來三年的大數據業務發展目標設定為每年重新更新，同時 EMC 將大數據發展戰略分為三個階段：第一階段是構建雲端基礎架構，利用 EMC Isilon 和 EMC Atmos 兩個產品解決快速增長的複雜的海量資料的存儲問題；第二階段是提供資料科學協作和自助服務，也稱為社交化階段，EMC 的 Greenplum Chorus 便是一個社交化的資料處理平台，既可以處理結構型和非結構型資料，又可以幫助資料庫管理員、資料庫分析師、工程師等人員實現團隊協作與分工；第三階段是提供即時決策支撐，實現資料「貨幣化」，EMC 在 2012

年 3 月收購的 Pivotal Labs 能夠幫助客戶快速建構大數據應用。

## IBM 大數據戰略全面升級

IBM 在 1911 年創立於美國，總部位於紐約州阿蒙克市，2011 年營業收入為 1,069 億美元，淨利潤近 159 億美元，是全球最大的資訊技術和業務解決方案公司。

在大數據時代，IBM 積極應戰。從 2012 年年初提到大數據，到 5 月發佈智慧分析洞察「3A5 步」動態路線圖，再到 9 月舉辦「大數據‧大洞察‧大未來」發佈會，IBM 通過內部資源的全面整合，搭建了集軟體、硬體和服務為一體的大數據平台，宣告大數據戰略全面升級。其主要體現在三個方面：一是「全面的戰略理論」——「3A5 步」，即掌控資訊 (Align)、獲悉洞察 (Anticipate)、採取行動 (Act)、學習和轉型；二是「全面的解決方案」，主要包括 Hadoop 系統、串流計算 (Stream Computing)、資料倉庫 (Data Warehouse) 和資訊整合與治理 (Information Integration and Governance)，其中資訊整合與治理是 IBM 獨有的技術，代表產品為 Optim 和 Guardium；三是「全面的落地實踐」，IBM 在製造、電信以及金融等行業積累了豐富的經驗。

## 阿里巴巴高度重視資料業務

阿里巴巴集團在 1999 年成立於中國，是中國最大的電子商務公司，目前旗下擁有阿里巴巴 B2B、淘寶網、天貓商城、聚划算、一淘、中國 Yahoo、阿里雲、中國萬網、一達通、CNZZ 等眾多公司。阿里巴巴集團經過十多年的發展，平台上積累了大量的資料，且這一資料仍在快速增長。

為挖掘大數據的價值，2012 年 7 月阿里巴巴集團在管理層設立了「首席資料官」一職，負責全面推進「資料分享平台」戰略，並推出了大型的資料分享平台——「聚石塔」，為天貓、淘寶平台上的電子商務及電子商務服務商等提供資料雲端服務。隨後，阿里巴巴董事局主席馬雲在 2012 年網商大會上發表演講，稱從 2013 年 1 月 1 日起將轉型重塑平台、金融和資料三大業務。馬雲強調：「假如我們有一個資料預報台，就像為企業裝上了一個 GPS 和雷達，你們出海將會更有把握。」因此，阿里巴巴集團希望通過分享和挖掘海量資料，為國家和中小企業提供價值的資訊。

　　爲迎接大數據時代的變革與機遇，除了 EMC、IBM 和阿里巴巴，甲骨文、微軟、SAP、惠普、英特爾、百度等傳統 IT 巨頭也在積極佈局大數據，挖掘大數據中蘊含的「金礦」，一時間大數據市場熱鬧非凡。

## 第四節　大數據創新的發源地——雲端基地大數據實驗室

　　北京雲端基地以「基金 + 基地」的模式建立中國雲端運算的生態系統，構建全球領先的立足於中國雲端運算產業的企業群落。大數據實驗室通過投資與研究兩輪驅動，同時帶動市場創新與科研創新，通過靈活的機制吸引與聚集了大量人才、資料與市場機會，提出新的科學問題，孵化新的創業公司。

　　2012 年開始興起的大數據熱潮得到了從國家首長到中小企業主、普通老百姓的廣泛關注。全社會都意識到，大數據存在巨大價值，大數據的出現將對人們的生產、生活帶來巨大的改變。大數據涉及新的技術、新的業務模式、新的決策流程、新的思維模式 …… 總而言之，釋放大數據價值的關鍵在於創新。

　　歷史上的創新從何而來？很多人以爲創新是某個離群索居的發明家的奇思妙想，這些發明家只是出於對知識的追求而從事發明工作，而不考慮其發明的經濟回報。如果縱觀對人類產生重大影響的創新出現的歷史可知，其不盡然。隨著社會環境的變化，主導不同時代的主流創新模式也會有所不同。例如，達文西、哥白尼、伽利略等天才的單打獨鬥式的創新，在人類創新史的早期由於資訊交流不發達、市場力量不成熟佔據創新的主流地位。在這個時期，這些天才們獨立發明了凹透鏡、地球儀、日心說。隨著 17 世紀古登堡印刷術在西方的普及，科學的思想能夠更平價地進行存儲與傳播，同時教育系統也隨之發達，這使得天才們能夠相互激蕩，形成思想的網路。圍繞著康橋大學、英國皇家學會等科學團體與科學網路，人們對自然的探索達到了一個前所未有的高度，萬有引力定律的發現、光合作用的發現、林奈分類法的發明、望遠鏡的發明，都是這個時代的代表性產物。同時，隨著科學的發展與市場的成熟，能夠帶來巨大商業價值的蒸汽機、多軸紡紗機、擺鐘等發明也在創新的網路中被培育出來，這些

發明引發了工業革命的爆發。自 19 世紀以來，大學與市場成爲驅動創新的兩股相互交織的重要力量。在大學與科研機構，天才們發明了元素周期表、阿司匹靈、青黴素、全球定位系統 (GPS) 等，並發現了電子、細胞分裂等。在市場，天才們發明了飛機、電話、汽車、洗衣機、電腦等。這些發明都不是天才們單打獨鬥的結果，在創新的競技場上，天才們交流思想、相互合作、相互競爭，運用集體的智慧創造了人類的奇蹟。雖然，在科學研究領域，某些天才的獨立思考還能夠對整個世界產生重要的影響，他們發明了相對論，發現了雙股螺旋結構、X 射線。但是，在市場，遠離創新網路憑藉個人努力取得重大成就的案例卻鮮有發生。

21 世紀開始的大數據時代，各國第一次站在同一條起跑線上。利用制度創新，圍繞市場、資料與人才構建大數據創新網路與生態系統，將促進科學研究，使得研究者能夠基於現實世界的海量資料提出與解決具有國際領先水平的科學問題。另一方面，這個創新網路將實現人才、資料與市場的協同效應，孵化與催生具有國際競爭力的大數據企業。另外，由於人才、資料、市場的相互促進，國計民生的改善將對這個創新網路有越來越強的依賴，進而使其成爲整個社會的大數據基礎設施。

## 市場

大數據是利用數據或資訊爲決策服務的，是用來提升企業或者個人的決策效率的。大數據利用了科學的方法論，但它絕不是一門象牙塔裡的學問。大數據創新更需要提出有現實意義的前瞻性問題。有意義的大數據創新問題的提出必然來源於現實社會的企業與個人，來源於現實世界的人們利用資料解決現實世界問題的需求。然而，傳統的科研機構的設置，研究者與對現實世界的問題具有切身感受的營運者之間，存在一定距離。爲了滿足大數據創新的需求，需要研究者能夠和現實世界的業務需求相互靠近。

另一方面，對創業者而言，大數據創業也與傳統的 IT 產品有所不同，大數據創業的過程也是一個資料探索與發現的過程。大數據創業雖然也能事先規定產品的方向、所要解決的業務問題的業務領域，但是資料協助業務領域決策的方式及限度，將隨著創業者對資料認識的深入而變化。例如，待解決業務問題本身的不確定性或可預測性存在一定限度，而其限度

究竟在哪裡，只有通過對資料的探索才能獲知。隨著對資料的探索與理解的深入以及隨著對業務問題的理解與深入，大數據創業者有可能提出創新的業務問題或提出新的方法解決既有的業務問題。所以，大數據創業的過程，本身也是對資料能力與界限探索的過程。大數據創業更需要以快速試誤、快速替代為特點的精實創業 (Lean Startup) 方法論的指導。而這要求大數據創業者能足夠貼近最終用戶，使得其大數據產品與用戶的需求以及決策流程能快速配合。這也需要大數據創業者與業務需求的足夠靠近。

依託於北京雲端基地的大數據實驗室將是拉近大數據研究者、大數據創業者與現實世界的業務問題與業務應用進而推動大數據創業的促進者。通過大數據實驗室，大數據領域的創業者與研究者將有機會和各行業有代表性的企業直接溝通，理解真實世界的現實問題，並有機會將其創新直接在這個合作網路的企業或企業的客戶中進行測試與驗證。同時，大數據實驗室與某些行業的領導者進行合作，專門組織力量建立社區，以孵化與研究用於提升該行業產業價值的大數據與技術。

## 資料

影響大數據創新的另一個關鍵要素是資料。沒有資料的大數據創新是無源之水，無本之木。然而，大數據創新過程中的資料訪問與資料處理存在一定的門檻，這妨礙了大數據的創新。其主要表現在以下三個方面：

1. 一些大型企業掌握了海量的高價值資料，而這些資料中往往包含敏感資訊或隱私資訊，在現階段資料法尚不完善的情況下，企業為了保護資料安全與資料隱私，往往禁止第三方對資料的查訪。然而，資料中還往往包含能夠促進國計民生的高價值資訊，完全禁止第三方的資料查訪有因噎廢食之嫌。應該在可控、授信、全程監督的情況下，鼓勵對大數據價值的探索，這有助於大數據價值的實現。大數據應用的建立一般分為建模 ( 資料探索 ) 和應用兩個階段，建模 ( 資料探索 ) 階段可能會訪問某些敏感資訊，但是在應用階段則未必需要將這些資訊對外發佈。

2. 如果按照傳統商業智慧的觀點，資料探勘的工作中 80% 左右的工作量用於資料準備工作。與大型企業所掌握的高價值資料不同，目前大數據創業者與研究者有機會通過網際網路等渠道免費獲得一些有價值的資料，或者以付費的形式購買一些公開的有價值資料。然而，資料的蒐集、

整理需要耗費大量的工作量。由於這些資料能夠通過公開渠道獲得，資料的蒐集與整理往往只是構成這些創業者與研究者的成本，而不能爲其帶來核心價值。大數據實驗室通過自主開發、合作等形式獲得與維護大部分大數據創業者與研究者所需的公用資料集合，以降低大數據創業者與研究者用於資料蒐集與維護所需的成本，讓大數據創業者與研究者集中精力於更能帶來價值的資料探勘與應用開發工作中。

3. 以海量的非結構化資料爲代表的大量資料的產生是大數據時代的一個重要特點。對海量的、非結構化的資料進行處理，一方面需要大量的計算資源，另一方面需要專門的資料處理技能。這從資本投資以及專業技能投資兩個方面對大數據創新與創業設置了門檻。然而，北京雲端基地進駐的雲端相關企業，都是分佈在雲端運算產業鏈各個環節中的行業主導企業，聚集了一大批國內外雲端運算人才。其產品和服務涵蓋雲端運算多個環節，包括伺服器、資料集裝箱、瘦終端等硬體產品的設計和生產，雲端中間件、雲端管理平台、桌面虛擬化等基礎軟體研發；智慧知識庫、分散式計算、影片雲端等應用軟體，以及客製化的雲端運算解決方案，構成完整的雲端運算產業鏈。依託於北京雲端基地的大數據實驗室能夠爲大數據創新與創業提供大數據處理所需的軟硬體平台與專業人才。

## 人才

大數據時代最稀缺的資源是人才。Google 的首席經濟學家 Hal Varian 曾經說過，未來最吸引人的職業是統計學家。大數據人才的招募、培養與使用將是大數據創新與創業所面臨的最大挑戰。通過合理的模式釋放大數據人才價值的過程同時也是釋放大數據價值的過程。大數據創新人才缺乏的原因多種多樣，而對其破解的方式也各式各樣，大數據實驗室在此做了有益的嘗試。

很多企業擁有很好的資料基礎以及迫切待解決的數學問題，且擁有引入大數據戰略的強烈願望。但是由於企業規模或企業發展現狀所限，企業沒有機會接觸到最好的資料科學家，只有將其大數據戰略暫時擱置。中國的大數據實驗室坐落人才密集的北京中關村地區，同時在上海學校密集的楊浦區設有分部，這使得大數據實驗室能夠與中國頂尖的資料科學家進行合作。通過與大數據實驗室的合作，有大數據方面抱負的企業或者創業

者有機會求助於頂尖的資料科學家以解決關鍵的大數據難題。而大數據實驗室所維繫的多樣化的資料，科學家們能夠與大數據實驗室共用，這也解決了對技能多樣化的需求以及人才成本分攤的問題。而對於資料科學家而言，因為問題具有多樣化的特點，且具有現實意義，這也對這些資料科學家產生強烈的吸引力。

除了資料科學家之外，大數據的創新與創業需要多種具有專門知識與技能的人才加盟或輔助。這些技能包括 IT 能力、行業知識、創業知識、投資知識等。大數據實驗室建立並維繫了具備多種專業技能的導師 (mentor) 網路。這些來自各行業的專家定期需對大數據創新者進行指導，以提升創新者的創新成功率。

另外，大數據實驗室也為大數據人才提供了多種可能性，使其能夠根據自身特點與偏好選擇合適的模式施展其大數據才華。對大數據研究感興趣的大數據人才，可以選擇和大數據實驗室開展合作研究，研究資料、探索大數據相關技術。同時兼具商業才能與技術才能的大數據人才，可以選擇獲得大數據實驗室的資助開展創業活動。

大數據實驗室以靈活的模式與大數據人才展開合作，使人才能夠各展所長。人才價值的實現是資料價值實現的前提與必要條件。

# 第 3 章

# 資料成為資產

資料資產是產業興衰、企業存亡的關鍵因素。

就像厚厚的沈積岩忠實地記錄了不同世代的滄海桑田一樣，大數據封存了人類社會的共同記憶。一般大眾們無緣在史書中佔據，哪怕是立錐之地，但是他們每一個人都在大數據中鮮活永久的存在。現在的人們只能憑著《清明上河圖》等為數不多的繪畫珍品和一些史書來推斷歷史上的社會百態，而我們的後代卻可以通過大量的照片、影片、部落格等素材來再現社會任意的橫斷面。從這個角度來看，大數據社會意義之深遠，甚至超過對當下產業的啟蒙。

長期以來，經濟學著作中，土地、資本和人力並稱為企業的生產要素。人類進入工業時代以來，技術成為獨立的生產要素之一。「上九天攬月，下五洋捉鱉」，離開技術的發展，是難以想像的。但是在資訊時代，資料將成為獨立的生產要素。有人把「資料」比喻為工業時代的石油，事實上「資料」和農耕時代「土地」的屬性更加接近。如果企業擁有某類相對完整、全面的資料，退可偏安一隅，進可躍馬中原。

網際網路領域，令人稱道的 Google、Amazon 和 Facebook，分別擁有不同的資料資產。Google 之所以能打破微軟壟斷的鐵幕，依仗的就是世界上最大的網頁資料庫，並建立了充分發揮這些資料資產潛在價值的數位媒體商業模式。許多公司開始把 Google 當作競爭對手，依樣畫葫蘆推出和 Google 類似的搜尋引擎，但是，包括微軟公司在內沒有一家可以撼動 Google 的根基，直到 Facebook 推出 graph search 引擎，才讓 Google 感到真正的威脅。原因很簡單，Facebook 擁有 Google 缺乏的一類資料資產——人們的關係資料，這是 Facebook 區別於所有競爭對手的關鍵因素。當 Google 和 Facebook 打得不可開交的時候，Amazon 卻樂得坐山觀虎鬥。因為無論是 Google 還是 Facebook 都可以幫助 Amazon 賣出更多的商品。Amazon 擁有世界上最大的商品電子目錄。當所有公司對蘋果的平板電腦

橫掃世界束手無策的時候，Amazon 龐大的商品幫了大忙，人們願意購買 Amazon 的平板電腦，因為可以免費獲得海量的圖書。和 Amazon 相比，缺少電子圖書，恰巧是蘋果的弱項。所以沒有獨一無二的資料資產，幾乎無法參與巨人間的遊戲。

中國的網際網路市場也是煙硝彌漫。阿里巴巴旗下的一淘網，抓取京東商城的客戶評論資料；京東則採取技術手段封鎖一淘的資料存取。另一方面，電子商務業者則紛紛抓取競爭對手的各類商品的即時價格，作為評估對手戰略動向、促銷戰術的重要依據。這還只是在表面現象，事實上網際網路平台型的公司，都在圍繞資料資產為核心整合產業生態。它們推出新的產品、新的服務，就會蒐集更多類型的資料。資料越多，不同類型資料之間的關聯性、即時性越強，就會提煉出更有價值的資訊，指導它們開展各類精準的廣告業務、金融業務。馬雲在 2012 年網商大會上，鮮明地提出阿里巴巴未來的戰略是圍繞三大方向即平台、金融、資料展開。平台彙聚資料，資料衍生金融，金融反哺平台。可見網路公司對於資料資產的戰略價值，認知最為深刻、行動最為果斷。京東商城也已經啓動供應鏈金融服務。表面上看，電子商務公司和金融機構井水不犯河水，其實電商憑藉資料積累，已經侵入到金融行業的腹地。

在電信行業，資料已然成為推動電信業者整體轉型的戰略性資產。常常聽到各種唱衰行動電信業者的聲音，OTT 業務就是許多人不看好電信業者的重要理由。OTT(Over the Top)，意為「過頂傳球」，電信業用這個詞來形象地比喻 line、Skype 等網路應用程式。這些應用程式利用網路傳遞語音，降低了傳統通話業務的使用時間，進而延伸到各類使用行動電信業者基礎網路通信功能，但是卻會削弱電信業者通話權的業務。業內著名諮詢顧問公司 Ovum 預測，到 2020 年，OTT 類語音服務將讓全球電信業累計損失 4,790 億美元，占語音業務收入總額的 6.9%。更有人悲觀的預測，全球性的基礎語音通話免費將是大勢所趨，屆時行動電信業者何去何從？

事實上，電信業者掌握的資料，令人垂涎三尺。第一，這些資料都是實際產生的，可以具體到每一個消費者；第二，通過這些資料可以直接獲取人們精確的位置資訊；第三，僅僅利用這些資料，可以精確地獲悉人們的生活起居、行為愛好等。Google 公司的業務模式，就是建立在對這些資料的分析挖掘基礎之上的。因而，行動電信業者實際上坐擁「金山」只是「敢不敢」或者「能不能」開採的問題。第一個問題主要是法律的限制，

如何善用這些資料「不作惡」，也就是不能侵犯用戶的隱私。目前資料資產歸屬權和使用權界定不清晰，是導致電信業者在開挖金山時畏手畏腳的主要原因之一。第二個則是人才和機制方面的問題。這個說起來話長，留給電信業者們自己去探討吧。但是，恐怕電信業者也沒有多少從長計議的時間了。現在 Google 公司已經在提供基礎的電信業務了，其用意就是要獲取人們的行為資料。

在金融行業，對資料資產的爭奪，已經關乎金融產業的未來格局。金融行業自其誕生以來，就是靠資訊驅動的行業，所以金融業內的公司從不吝惜在資訊技術方面的投資。但是網路發展之迅速，還是令金融業有些措手不及。Facebook、騰訊等大型的網路帝國都在發行虛擬的「貨幣」。這樣的小試身手似乎還沒有觸及銀行傳統借貸業務的核心，但是電子商務業者突然殺入小額貸款、供應鏈金融等領域，卻讓銀行感受到了什麼是切膚之痛。更令銀行難堪的是，離開電商提供的中小企業交易資料，銀行缺少可靠的資料來源去分析眾多客戶的經營風險。得中小企業者，得天下；得資料者，得中小企業。銀行已經在這場事關未來的「資料資產」爭奪戰中，屈居下風。各大行業資料資產價值對比見表 3-1。

表 3-1　各大行業資料資產價值對比

| 資料標識 | 銀行<br>賬號 | 電信業者<br>手機號碼 | 社交網路<br>郵件賬號 | 電子商務<br>註冊賬號 | 搜尋引擎<br>無 |
|---|---|---|---|---|---|
| 身份真實性 | ● | ● | ◣ | ● | ◣ |
| 規模 | ● | ● | ● | ● | ● |
| 顆粒度 | ● | ● | ● | ● | ● |
| 活性 | ◣ | ● | ● | ● | ● |
| 多維 | ◣ | ◣ | ● | ● | ● |
| 關聯性 | ◣ | ● | ◣ | ● | ◣ |

● 高　◣ 低

政府擁有的資料，則更加全面、詳實，反映一個國家、社會的各方面。譬如，所有人和法人的賬戶都會在中央銀行備案，每個人的身份資料則在

內政部的電腦中存檔，海關則會忠實地記錄每天進出口的貨物、人流……
這個可以一直寫下去，但這些資料資產處於「資料割據」的狀態，難以發
揮聚合的效應。資料割據狀態，縱向上體現爲上級單位無法全面即時訪問
下級單位的詳細資料；橫向上體現爲部門間的利益糾葛，而不希望、不願
意把資料開放給其他部門。隨著技術的進步，各部會逐步實施「資料集中」
專案，消除資料縱向割據現象。但是資料橫向割據，則要靠法律或者行政
的手段來克服。因爲資料一旦整合，其發揮的價值將難以估量。

　　譬如，「查漏稅」是稅務部門的重要工作，但是總有一些企業逃稅和
避稅。據說歐巴馬政府也在爲蘋果等大戶避稅的問題困擾，可見這是一個
世界性的問題之間資料的交叉印證。企業用電、用水、報關，電子商務若
能實現政府各單位平台上的銷售、採購等資料綜合起來，理論上應該可以
判斷任何一家企業的營業收入。

## 第一節　資料資產價值及評估

　　自筆者在資本市場提出大數據的概念以來，不斷接到各種邀約，幫助
評價一些公司的投資價值，包括二級市場、一級市場和初創的企業。更有
一些大公司也在邀請筆者講解如何理解大數據，交流中都會涉及到如何認
識資料資產的價值問題。筆者根據以往的經驗和判斷依據，得出大數據資
產價值評估模型。這個評估模型並非出於學術目的，只是爲大家評價資料
資產提供了思考的框架。隨著筆者接觸的企業越來越多，資料資產評價模
型也在不斷地修正和完善。

　　需要強調的是，公司最重要的是建立大數據思維，而非僅僅盯住資料
資產。以電信業者爲例，每個人每次打電話都會產生一條通話記錄，這些
記錄用大數據的視角來看，都是寶貴的資產。如果電信業者棄之如敝屣，
或者留著壓箱底，保存在緩慢的磁帶上，不善加利用，那麼電信業者的資
料再多，都不能被稱爲「大數據公司」。

### 資料思維

　　有一個故事可以說明建立資料思維的重要性。故事的主角是台塑集團
的創始人王永慶。

　　王永慶被全球化工行業奉爲經營之神，很多企業家都把他的管理經驗當作最實用的教科書。16 歲的王永慶借了 200 元台幣，開始創業經營米店。但是附近居民一般都有自己常去的店鋪，而那些店鋪也想盡辦法來維繫老客戶，所以王永慶的新店冷冷清清。王永慶在挨家挨戶拜訪客戶的時候，發現買米的大多是家庭主婦，於是提出送米上門的服務。他總是認眞地幫客戶清洗米缸，把陳米清理出來，再把新米倒入米缸，這樣保證客戶不會一直累積陳米。王永慶邊勞動，邊和主婦聊天，留意米缸的大小、家裡的人口、發工資的日期等資訊。回到店裡，王永慶就會細心地把這些資料記錄在小本上，日復一日，從不間斷。王永慶根據這些資料，推算客戶大約在什麼時間需要新購大米，總是在客戶購買之前，上門把新米倒入客戶的米缸。王永慶的銷售額開始大幅增長，從開始一天不足 12 斗的銷量，到後來可以每天賣出 100 多斗。10 年的賣米生涯，奠定了他一生事業的基礎。

## 資料資產評估模型

　　優秀的資料思維，必然反映在優質資料資產。人們難以定量評價一個人的資料思維，所以只好退而求其次，關心在資料思維的影響下，資料資產的優劣。資料資產的價值從五個維度來評估，分別是規模、活性、多維度、關聯性、顆粒度，如圖 3-1 所示。

　　這五個維度，沒有絕對的數值可以參考。王永慶的「小本子」都非常有效，如果按現在的度量衡，他們的資料量估計連 1MB 都達不到。所以，在模型的定義中，僅僅給出定性的描述，具體到每個行業，需要根據這個模型來靈活運用。

　　顆粒度指標反映資料的精細化程度。那些宏觀的資料，價值含量較低。相反那些細化到個人、單品的資料，才會帶來前所未有的洞察力，這也是和精細化管理的思想緊密相關的。早期管理者認爲工業產品沒有差別，同一個批次、型號的產品是一模一樣的。但是現在人們需要管理到「單品」，也就是每一件產品。提高整體治理水準，也是逐漸細化「管理單元」的過程。秦始皇設定「郡縣」，這是當時最小的國家機構，其最高長官就是傳統戲劇中經常戲謔的「九品芝麻官」。但是現代的管理單元已經細化到 100m×100m 的正方形，形象地稱爲「網格」，一個網格中，很可能只有一座樓房而已。

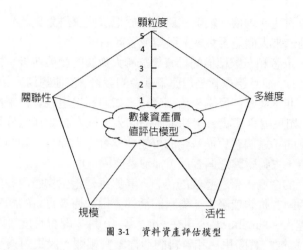

圖 3-1　資料資產評估模型

　　所以把顆粒度作爲反映資料資產質量的第一個維度。細化到一個人、一件單品、一個網格、一個門牌號、一個零件，誇張地說，就算是一粒沙，也要清清楚楚地記錄下它的位置、大小、重量，甚至因風吹浪打漂流的軌跡。不要忘了「一沙一世界，一花一天堂」。

　　多維度指標借用空間維度的概念，來指代數據來源的豐富性。每增加一個資料維度，會影響所有原資料的分析和判斷，甚至會帶來顛覆性的證據。

　　FICO 信用評分，是美國評估個人信用級別的通行標準，幾乎每個美國人都有一個 FICO 評分。當人們申請信用卡、汽車貸款、住房貸款時，大多數的信貸機構都會參考申請者的 FICO 得分。但是在其發展的初期，FICO 模型中，僅僅依賴申請人在現有住址住了多久、爲現在的企業工作了多長時間、申請人帳號開設了多久等資料。根據這個評估標準，幾乎所有 30 歲以下的人，都會存在很大的風險。現在人們知道網路拍賣上的購買主力，恰恰是以年輕人爲主。所以零售商們群起反對，這些條款限制了發卡人數，不利於刺激消費。當 FICO 增加了評估資料的維度後，譬如納入教育水準、職業等指標，那些受過良好的教育、從事體面職業的人，也就獲得了信用卡。事實證明，他們的違約率極低。

　　在多維度指標中，人們尤其重視一類「事先檢驗」資料維度。譬如，人們在買股票的時候，一定先觀察一支股票的行情走勢；人們在買商品的

時候，一定會對比和詢價。網際網路有助於把這些資料蒐集起來，進行分析，可以預測未來人們是否會買入股票或者商品。

有一次，筆者和一家機構的投資總監聊大數據的發展前景。恰好這位投資總監熟悉IT，而且還兼管公司旗下基金的發售。當他聽到「事先檢驗」資料的概念，非常興奮，反過來給筆者講，如何利用這些資料來挽留老客戶。他說：「如果購買了我公司基金產品的人，經常訪問其他公司的基金網站，毫無疑問，這個客戶換基金的可能性就會大大提高。我們必須在這個時候去干預，主動聯繫這個客戶，搞清楚原因。」

活性指標的命名，帶有感性的色彩。其原意是指生物體內發生的生理過程或處於活動的狀態或屬性。資料的活性，指數據被更新的頻率。頻率越高，活性越大。Facebook公司在2012年10月，慶祝月度實際用戶超過10億個。這裡的實際用戶和資料的活性緊密相關。股民對換手率指標非常熟悉，換手率標誌股票交易是否活躍，成為判斷股價走勢非常重要的指標。

曾經有一家公司過來諮詢，他們的資料能否算作大數據。這家公司蒐集了大量的用戶繳費資料、譬如交水電費、煤氣費、有線電視費等。毫無疑問，這些資料非常有價值，但就是活性稍差，用戶繳費最多也是一個月繳一次費用。

新浪微博的資料，無疑是最具活性的資料之一，體現出即時的價值。利用微博資料，進行即時的精準營銷，是許多公司夢寐以求的目標。

規模指標最容易理解。沒有「量」的積累，就沒有「質」的突破。資料量的增長，即是資料規模的擴大。但是到底有多大規模，才能算是「大」數據，的確是各行各業都很關心的問題。譬如網際網路應用，如果沒有1,000萬用戶，估計很難稱為大規模。但是如果一家券商擁有1,000萬個A股賬戶，那絕對是呼風喚雨的「老大」。規模這個指標很重要，但不需要執著於此指標。不同行業，不同的業務特徵，對規模的定義完全不同。資料思維要先行於資料規模。

關聯度指標反映不同多維資料之間的內在聯繫。之所以把關聯度拿出來單獨討論，主要原因是同一企業內部存在大量的「孤島」現象，不同部門之間積累的資料無法融合，形不成合力。造成這個現象的原因非常多，在這裡只是單列一個評估指標，提示資料融合的重要性。

## 富含「行為資訊」的資料資產具備明顯的「魔法水晶球」特徵

在第一章筆者就提出，大數據令人著迷的一個鮮明特徵就是對未來的預測。在此花些篇幅來詳細的說明，哪些資料資產更加具備預測能力。

「物有本末，事有終始，知所先後，則近道矣。」《大學》中的這句話，其實講的就是因果規律。如果知道某件事情發生，就會知道另外一件事情發生，這就接近瞭解事物的本源了。古人說得非常富有韻律和詩意：「有道之士，貴以近知遠，以今知古，以所見知所不見。故審堂下之陰，而知日月之行，陰陽之變；見瓶水之冰，而知天下之寒，魚鱉之藏也；嘗一臠肉，而知一鑊之味，一鼎之調。古觀其象，識其數，明其理焉。」

人們把 A 事件發生，一定導致 B 事件發生，稱為強因果關係。更多的情況下，A 事件發生，可能導致 B 事件發生，反過來 B 事情發生，則 A 一定發生，把這種關係定義為「弱因果關係」。弱因果關係在生活中大量存在。如果人們要購物，則一定會詢價，問問老闆這件衣服、那輛汽車的價格，但是詢價並不一定導致購買行為。炒股票也是同樣的道理，買股票之前一定會先查看行情，但是看行情，未必一定導致買入股票。數學好的讀者，一定清楚，A 不過是 B 的「必要條件」。

網際網路的普及，使得大量的 A 類型事件被自然而然地記錄並數位化，雲端運算為這些資料提供了存儲的空間，大數據則真正發揮這些 A 型事件的價值。人們可以統計大量的 A 事件和 B 事件，計算出「可能性因數 $\delta$」，利用「$\delta$」乘以 A 事件發生的數量，就可以得出 B 事件的數量，獲取精準預測未來的能力。

《南方周末》在 2012 年 7 月，刊發了一篇「德溫特資本市場」公司的採訪稿。這家公司的創始人是一位七年級生，名叫保羅‧霍廷 (Paul Hawtin)。他利用電腦程式，對全球最大的微博部落格推特 (Twitter) 上的推文進行抽樣，抓取如「我感覺」、「我認為」、「……讓我覺得」等表達投資者和公眾情緒的語句進行分析、歸納，然後做出預測金融市場走勢的判斷，並聲稱預測成功率達到 87.6%。

這家公司未來的成長，還有待觀察，但是這個事情理論是可行的。假如保羅‧霍廷把資料來源換成各大財經網站上所有用戶瀏覽個股和大盤行情的資料，毫無疑問，的確可以預測股價的走勢，甚至是個股的走勢。

利用弱因果關係賺錢的方式有各式各樣。在信貸市場，公司的穩定經

營是還款能力的必要條件。如果有大量的資料表明公司具備穩定、持續經營的能力，無疑會大大降低還款的風險。所以現在大型銀行開始向一些大型網站購買這些資料，作爲是否發放貸款的依據。

不妨把這種有助於預測未來的「必要條件」資料，稱爲「水晶球」資產。事實上，凡是擁有內部網站的公司，都會擁有一類水晶球資料資產，這就是系統在運行時產生的日誌。

假設有一家製造商，銷售機構遍及全球，有什麼好方法來管理各地分支銷售機構的經營情況呢？

每周的例會，制定銷售計劃、跟蹤銷售漏斗 ( 指潛在客戶、購買意向、最終購買的數量都會梯次下降的情況 )、分析成交資料等。這都是常規的手段，大家都是這麼做的。但是這些管理手段都是後知後覺的，大部分是在事情發生之後，採取的控制手段。

做一個思想實驗，會發現以下類型資料非常有效。銷售人員在推銷新的產品之前，都需要學習培訓，包括講課、自主學習等。客戶在使用產品的時候，也會需要說明性的文檔，這些文檔往往都是銷售人員提供的 ( 針對企業銷售的例子，並非針對個人消費品 )。通過分析系統的日誌發現，凡是銷售業績出衆的分、子公司，有助於銷售產品的電子文檔，被下載訪問的次數要高於其他分、子公司。這是一個很有意思的事情：總有一些「天才」銷售員，可以不用借助常規的銷售手段，獲得出色的銷售業績。但是絕大多數的銷售員，必須按部就班、刻苦學習、辛勤工作，才能有所收穫。恰巧網站忠實地記錄下了這些銷售人員辛辛苦苦的點點滴滴：每天幾點訪問網站，下載資料，在「學習區」逗留多長的時間，每天訪問多少次等。把這些資料彙集起來，形成銷售員的「勤勞鏡像」，再加上公司內部客戶管理系統中記錄的銷售員拜訪客戶的時間、頻率，甚至可以清晰地反映出每個銷售員在拜訪客戶之前的準備工作是否充分等情況。

於是，這家公司開始深入分析系統日誌，抽象出一些指標來度量銷售員的勤奮程度，進而可以形成分、子公司的勤奮程度。這些指標，居然和分、子公司的經營業績緊密相關，而且往往提前一兩個月就能反映出未來分、子公司的收入情況。這就爲總公司及早干預，贏得了寶貴的時間。

這家公司的名字叫「華爲」。專門提供系統日誌分析工具的公司叫Splunk，其上市第一天的市值就突破了 30 億美元。

如果哪家公司的 CIO，能夠像華爲公司一樣，充分利用公司內部的資

料資產，形成對公司業務具體、細緻的指導和預測，估計 CIO 就不再僅僅是技術官員了，而是公司決策層的核心之一了。

關於資料資產的幾條建議：

1.「天下武功，唯快不破」。越快地處理資料，越早地獲取資訊，就會越及時地做出商業選擇。

2. 更多的資料來源，比更多的資料量更重要。這也是爲什麼資料資產評價模型中，把關聯性和多維度作爲重要的指標。

3. 資料富含多種資訊，取決於觀察視角。不要因爲短期內沒有用途，而隨意丟棄。

4. 面對資料量指數般的增長，要早做打算。

5. 大數據不是核心問題，要聚焦於業務發展，善於從大數據中挖掘利於業務發展的資訊。

6. 分享，而非保密。資料在流動中增值。流水不腐，戶樞不蠹。

## 第二節　大數據飛輪效應是驅動產業融合的關鍵因素

那些擁有大量資料並且深諳大數據之道的公司，很快就會發現產業擴張的捷徑。相反，那些對大數據感覺麻木、反應遲鈍的公司，儘管一時風光，必將被新銳所淘汰。本節簡要闡述大數據促使產業融合和分立的原理，詳細內容和案例分析參見後續的章節。

產業融合指某產業不斷侵蝕另一產業的空間，最終形成新型產業的過程；產業分立指因技術發展而成立的新產業，或者是附屬產業成長壯大爲新興產業的過程。很可能變得不堪一擊。順便說一句，在產業加速融合的大背景下，分行業監管的措施和機構，已經成爲嚴重阻礙產業升級的絆腳石。

### 大數據飛輪效應

考慮一種最簡化的情況，公司銷售產品給客戶，客戶付費給公司。在這種情況下，公司與客戶之間的聯繫並不緊密，常見的方式包括在產品銷售前的市場營銷活動、銷售拜訪活動，錢貨兩訖，只要產品不出問題，基本可以不相往來。日用品、耐用消費品大部分屬於這種情況。公司在營運中，難以採集有效的用戶資料。資訊系統中，最多會記錄產品銷售的批次、

類別，難以獲取具體消費者購買的某個單品資料，如圖 3-2 所示。( 注：在本節中，並未嚴格區分客戶和消費者的定義，爲行文簡潔，客戶和消費者相互指代。)

圖 3-2　僅僅提供實物形態的產品，難以獲取消費者的使用資料

　　第二種情況，則是公司給客戶提供服務，客戶付費享受服務，但是客戶不得不提供給公司客戶的基本資料，如圖 3-3 所示。譬如，人們享受快遞上門的服務，就必須提供住址；享受通話的服務，就不得不提供對方電話號碼；去看病，就需要提供過往病史給醫生參考；去貸款，就需要提供良好的信用記錄。人們在享受各種服務時，不可避免地讓出了部分個人資訊。電信業者、金融公司、醫院等服務機構，在營運的過程中，勢必累積大量的客戶資料。如何發揮這些資料的價值，同時避免泄露客戶的隱私，是這些機構面臨的最大挑戰之一。

圖 3-3　消費者享用服務的同時，不得不提供基本的資料，乃至使用資料

　　網際網路是第三種服務模式。美國 Yahoo 公司開創了免費服務的先河。Yahoo 通過免費的網址分類服務，吸引人們把 Yahoo 網站作爲上網的入口網站。Yahoo 就像一條免費的高速公路，走的人越多，高速公路旁邊的廣告牌就越值錢。Yahoo 透過免費的服務吸引大量人流，透過收取其他公司的廣告費來盈利，構成了一種三邊的格局。這是多贏的局面，客戶得到免費且高質量的服務；商家宣傳了產品，增加了銷售收入；而 Yahoo 公司賺取了廣告利潤。

　　這個階段還算不上對某些行業的顛覆，充其量網際網路行業分流了廣

告業的收入。在全球 5,000 億美元廣告費支出的背景下,這點分流算不上什麼。但在廣告主眼中,網際網路無非是另外一個展示商品的渠道。

　　網路公司累積了大量的客戶資料,尤其是在累積了大量的客戶網上行為資料後,產業競爭格局發生了根本性的變化。凡是以資訊傳遞為主的現代服務業,無不遭遇了滅頂之災。這個名單可以列很長:通信服務、廣播、電視、傳媒、金融、物流、零售、仲介、教育、醫療、文化以及公共服務。

　　從圖 3-4 中就能看出,只要公司能夠利用客戶資料為第三方開發出加值服務,就能支援公司持續地、免費地為客戶提供更多的服務,而更多的服務產生更多的客戶行為資料,利用這些資料又能為第三方提供新的加值服務。這是個正向反饋的迴圈,如同巨大的飛輪,初始啟動非常艱難、非常費力,需要持續不斷地努力推動,才能有一點點效果,飛輪開始旋轉很慢,但會越來越快,飛輪快速旋轉時,只要一點點推動,就會產生巨大的效果。這就是大數據的飛輪效應。

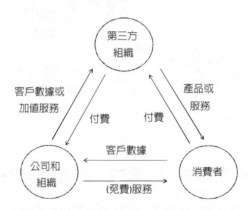

圖 3-4　利用資料資產,可以幫助第三方改善服務

　　在大數據飛輪效應影響之下,公司從第三方獲取的收入越多,就能夠為客戶提供更多的免費服務,尤其是基礎性質的服務。不幸的是,語音通話服務,就被列入了基礎服務。在大數據飛輪之下,此項服務行將免費。這些年語音通話資費不斷下降,就是強有力的證據。

　　大數據的飛輪效應還遠不止於此。再看第四種情況,如圖 3-5 所示,第三方依賴公司提供的客戶行為資料,向客戶提供產品或者服務。在這種

模式下，如果公司中止向第三方提供客戶資料，第三方就變成了聾子、瞎子。反觀公司可以越俎代庖，可以直接向客戶提供原本屬於第三方領地的服務。筆者在這裡做出一個大膽的推測，凡是依賴充分的客戶行為資料分析而開展的業務，都將被大數據飛輪所吞噬，誰率先啟動大數據飛輪，誰就能利用飛輪效應獲得產業競爭優勢，在產業的融合與分立趨勢中佔據主動地位。產業界正在上演的一部大戲，就是網路業利用大數據優勢侵蝕傳統的金融業。一些實力雄厚的金融巨擘，也摩拳擦掌進入網際網路服務領域，就是此類大數據飛輪效應的完美注腳。

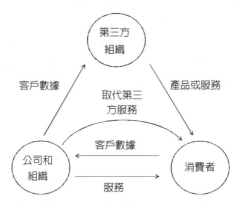

圖 3-5　擁有壟斷性的、獨一無二的資料資產，則可以取代第三方的相關服務

## 第三節　一家「傳統」公司的大數據飛輪戰略

雅昌是一家非常有趣的公司，一直致力於藝術品的印刷業務。北京申辦奧運會、上海申辦世博會的畫冊等都是由雅昌印刷的。這家公司與眾不同之處在於：在精益求精地追求印刷質量的同時，一點一滴地積累印刷品電子資料，使公司從相對狹窄的印刷市場，成功轉型為一家為大眾提供藝術服務的新型網路公司。它是印刷領域的壟斷者，也是出版行業的新貴，其各類高仿真藝術品供不應求。雅昌在行動網路領域亦如魚得水，相繼推出了「大千世界——張大千的藝術人生和藝術魅力」、「何家英師生展」、「王鑫生意象·蛻變」、「麗山園遺珍」等多款移動應用，其中「麗山園遺

珍」獲得了蘋果公司教育類應用官方推薦。雅昌已經跨越了許多行業 ( 見圖 3-6)，而未來它還能跨越哪些行業？

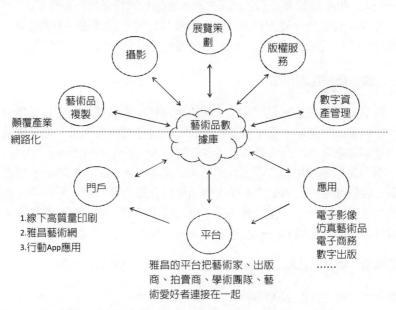

圖 3-6　雅昌借助網路化模式，啓動大數據飛輪，開始跨行業擴張

在搜尋引擎中搜尋「雅昌藝術網」，映入眼簾的是「雅昌藝術網——中國第一藝術門戶網站」。打開網站，藝術品資訊、資料應有盡有，你能相信這是一家印刷公司開辦的網站嗎？可是雅昌的確是印刷公司起家的，它充分利用擁有的資料，憑藉對藝術品市場的理解，進軍藝術品市場，並且在藝術品市場垂直整合。它是藝術品市場中的印刷企業，印刷市場中的藝術品企業。

1993 年雅昌公司正式成立，與其他同行不同的是，雅昌一直在堅持做一件看起來是「無謂的浪費」的事情——儲存印刷的電子資料。在傳統的印刷行業，這些資料往往被當作廢料直接在電腦中刪除。20 世紀 90 年代初期，一張空白的光碟就要賣十幾塊錢。雅昌長年累月地刻光碟，當時很少有人能夠想象到這些堆積如山的光碟將是雅昌最寶貴的資產。截止到 2011 年年底，雅昌的資料中擁有 6 萬餘名藝術家、 2,000 多萬件藝術品的

電子圖文資料，形成「中國藝術品資料庫」。其創始人立下企業遺囑：「不管雅昌將來遇到什麼困難，雅昌『中國藝術品資料庫』保存的資料不屬於某一個人，也不屬於某一個企業，它將永遠屬於國家、民族和整個人類。」

如果沒有這些珍貴的藝術品資料，雅昌將被一直禁錮在印刷產業。以「資料」開發利用為分界點，雅昌的發展歷程可以分為以下兩個階段。

## 第一階段：傳統印刷行業

雅昌的最初定位只是印刷業，當時是拼技術和設備，其實也就是拼資金、拼膽量、拼速度，為了發展和壯大，無論什麼業務都接。但是傳統的印刷業務競爭激烈，利潤微薄，且各家的技術、設備差別不大。

藝術品印刷市場對印刷工藝的要求最為苛刻，印刷品的設計、製版、印刷、裝幀都要達到頂尖的水平。雅昌聚焦在藝術品市場，是其和其他同行拉開差距的第一步。在這個市場，雅昌幾乎形成了獨家壟斷的格局。印刷領域的「諾貝爾獎」──班尼小金人，雅昌收穫了 19 尊。

## 第二階段：雅昌藝術網上線為標誌，正式開始了資料掘金之旅

### 累積資料：建立藝術品資料庫

之前，雅昌作為藝術品印刷公司，雖然與藝術沾邊，但始終位於價值鏈的底端，還是在印刷這個夕陽產業中。但就其資源來說，多年的積累使雅昌在書畫、文物、拍賣、攝影領域保存了大量藝術家、藝術作品的相關資產資料。這些珍貴的數據資料在傳統的印刷業中往往因忽視而被丟棄，但是雅昌看到了資料的價值所在，給傳統的印刷業注入了資訊化的活力，藝術品不同於新聞，時間的積累會給資料帶來附加的價值。依靠印刷業務累積了豐富的資源，雅昌建立了網路中的中國藝術品資料庫，希望為客戶提供增值服務，從而建立一座藝術品印刷領域的「銀行」──儲存拍賣行中國藝術品的拍賣資料，比如圖片資料、拍賣時間、拍賣地點、拍賣機構、拍賣成交價等資訊。根據不同的客戶，雅昌將資料庫分成四大類別：藝術品拍賣市場資料庫、藝術家及作品資料庫、書畫印鑒資料庫、畫譜收錄及書畫著錄資料庫。

擁有中國藝術品拍賣資料與藝術家資源及其完整的藝術作品資料，既是中國藝術品資料庫的核心價值，也是雅昌得以開發新商業價值的關鍵所

在。建立了資料庫，雅昌便擁有了核心資源，把藝術品市場的主體，包括拍賣公司、畫廊、投資者、藝術家、印刷出版公司、藝術媒體、投資諮詢機構、保險公司等吸附在自建的平台上，成爲產業鏈中的重要一員。雅昌從一個出版公司成爲了一個資料擁有者。

2000 年 10 月，雅昌再將資料進行整理加工並在前臺進行展示，在中國藝術品資料庫的基礎上開設了一個藝術門戶網站——雅昌藝術網，雅昌的行業邊界再一次擴大到資訊發佈者。在雅昌藝術網上，可以看到藝術品預覽資訊、藝術界動態消息、拍賣資訊專題、拍賣品瀏覽統計報告、拍賣品現場直播、成交成果公佈、中國藝術品行情等資訊，同時也給很多展覽做預展。這些資訊爲藝術品提供了營銷的渠道和資訊的服務。雅昌將資料庫作爲核心，以雅昌藝術網爲平台，極大地擴展了行業的疆域，輻射效應巨大。比起以前做印刷的收入，雅昌藝術網的收入模式豐富了很多，包括收費拍賣品直播、廣告收入等，這足以令還處在水深火熱競爭中的印刷企業羨慕不已。

### 挖掘資料：雅昌藝術市場指數

藝術品市場中，藝術品拍賣市場份額最大，在 2011 年，藝術品拍賣的市場規模達到了 975 億元，占藝術品行業規模的 46%。藝術品市場中，拍賣是站在藝術品金字塔頂端的位置，拍賣是藝術品市場的風向標，引領著藝術品市場的走向。雅昌雖然不參與拍賣，但是卻是行業規則和標準的制定者。2005 年，雅昌開始發佈藝術品拍賣行情，基於已有的龐大數據庫，聘請證券公司研發人員進行幾年的研究，推出了「雅昌藝術市場指數」，包括成分指數、分類指數、個人作品成交價格指數三大類藝術品市場指數。AMI 就像股票指數一樣，成了藝術品投資分析工具和藝術品市場行情的「晴雨錶」，開啓了文化產業鏈的引擎。雅昌用藝術市場指數的方式將藝術家、拍賣公司、藝術品買家等緊密聯繫在一起，使他們對雅昌形成了強依賴關係，就像每天要看天氣預報一樣，將雅昌打造成爲藝術市場的支柱。國內外許多買家、收藏家正是通過雅昌藝術網瞭解到藝術品的資訊後，才參加競拍的。資料如果不加以應用和挖掘，其價值仍然得不到體現，雅昌將已有的資料進行了價值的二次開發，並且通過網路資訊的快速擴散擴大了藝術品行業的這塊餅，自身也邁向了價值鏈的上游甚至頂端。

## 以資料庫和資訊技術為基礎，垂直整合產業鏈

在拍賣市場之外，雅昌利用自己的資訊化優勢，基於資料庫的資源在產業鏈的各環節爲各個主體提供增值服務，包括資料存儲、整理以及用各種方式呈現的服務。

首先是資料存儲服務和資料的印刷、展示服務。對於藝術家，雅昌提供數位資產管理、官方網站、藝術家文獻庫、出版等一站式服務，以提升藝術家的核心價值。2012 年 3 月，中國美術家協會副主席馮遠使用了數位資產管理服務。雅昌通過授權，將藝術家作品底片分爲標準 CMYK 四色數位文件，同時將他們在雅昌印刷作品的高解析度圖片一併存儲在數位資產庫中，相當於爲藝術家在雅昌建設了個人專屬的作品數位檔案館，這些資料資料可以爲藝術家建設個人官方網站、藝術衍生品設計製作、版權代理、出版個人書冊等所用。

雅昌藝術網作爲網路平台，不僅有效地消除了藝術品行業的資訊不對稱，也打破了地域、收入等限制，使藝術品市場走向千家萬戶，同時其自身也開拓了業務範圍。

藝術品市場是個小眾市場。傳統的藝術品市場門檻高、龍蛇混雜，沒有專業知識的人一般涉足較少，因此也掩蓋了人們對於藝術品的需求。但是雅昌藝術網提供了低門檻、低成本的途徑，網站用戶可以搜尋、複製自己喜歡的藝術品。在高端印刷的基礎上雅昌擁有了卓越的複製技術，便提供了高端藝術品複製業務，一些名家會授權限量複製其作品，雅昌的高端藝術品複製使珍貴的藝術品再現後成爲生活必需品，雅昌隨之走進了藝術衍生品市場。同時，雅昌也構建了人們網上購買藝術品的渠道，營運了雅昌交易網，爲藝術品、收藏品和藝術衍生品的買賣雙方提供交易服務平台。

在存儲服務的基礎上，雅昌推出了雅昌「藝＋」作品認證服務，將藝術家的作品進行蒐集，再次納入自有資料庫，而且將存入的資料做了標準化處理，更有意義的是，這種資料成爲了行業的標準和認證的權威，這種滾雪球式的累積和應用，轉起了雅昌大數據的飛輪。

雅昌「藝術作品」認證是通過對藝術家作品的數位化圖片，來進行眞僞認證，爲每一件眞跡的數位作品提供永久性的唯一編碼和標識。經過認證的藝術作品文件將會保存在雅昌藝術家個人資料庫的「中國藝術品認證

系統」中，並通過其官方網站 (www.fengyuan.artron.net) 公佈。收藏家、投資人、藝術愛好者等可上網查詢，使收藏者能夠及時鑑別作品眞僞，杜絕仿品流通，更爲維護藝術家的個人品牌以及知慧財產權提供了有力的保障。待資料庫足夠豐富後，雅昌擁有了完整的中國藝術品眞跡的數位版，也就是網上故宮。在不久的將來，這些資料金礦在雅昌的戰略下，可望在商業模式上大有作爲。

　　具有了資料，必然就會有搜尋的需求，雅昌就此推出了「雅昌藝搜」的垂直搜尋產品，雅昌幫助客戶在這個資訊非常少的垂直領域找到需要的資訊。

　　與線上數據資料蒐集的思路相一致的是，雅昌在與拍賣行、畫商和畫家的長期接觸中，有計劃地進行藝術收藏，與大師結成合作夥伴。2006年 5 月，占地 1 萬平方公尺的雅昌藝術館在深圳開館，作藝術品收藏、展覽之用。憑藉著與大師的夥伴關係和已有的資源，雅昌幫助大師們策劃各種展覽和學術討論活動。

　　如今世界藝術品市場已經逐漸成熟和規範並且呈現出階梯狀的三級市場，分別爲基礎產業畫廊業、藝術博覽會、藝術拍賣會，雅昌已經全面佈局，在藝術品行業氣貫長紅。

## 走向行動網路：雅昌電子圖錄

　　2011 年春季的拍賣市場上，很多競拍者都是拿著 iPad 來參加拍賣會的，因爲他們都在使用著「雅昌拍賣電子圖錄」應用程式。它基於雅昌權威的拍賣資料，爲收藏家提供完整而精確的拍賣品資訊、市場價值走向、相關藝術家分析等重要資訊。iPad 用戶可通過 AppStore、Google Store 等軟體商店下載用戶端專用軟體，進而下載用戶所需要的拍賣圖錄。用戶可隨時隨地進行離線閱讀，在看到喜歡的拍賣品時，還可以隨時收藏拍賣品、輸入批註資訊，或者加入電子書籤，方便下次閱讀查找。用戶可以通過 PC、MAC 等終端，登錄雅昌藝術網，下載任意一場拍賣會的電子圖錄進行瀏覽。

　　雅昌作爲一家傳統企業，憑藉著對資訊技術和資料的卓識遠見，將藝術品資料庫、雅昌藝術網和現實的藝術館整合，將「IT+ 藝術 + 印刷品」的商業模式演繹得淋漓盡致，這是戰略上的成功，打破了行業邊界。雅昌

通過權威拍賣指數、雅昌藝術網等樹立了行業地位，並吸引到眾多客戶，為客戶提供印刷業務或資料業務的同時，再次蒐集和積累資料及資料，越發龐大的資料庫可以向客戶提供更多的增值業務和其他印刷產品。對於上游的藝術家，雅昌利用線上的資訊系統和可儲存等優勢提供數位資產管理、建立個人網站等服務，線下則提供印刷、策劃展覽等服務；對於中游的拍賣公司，雅昌網上提供預展，同時豐富資料庫，線下進行拍賣品目錄的印刷；對於下游的藝術衍生品，雅昌擁有先進的技術和資料資料，可以進行大量的商業開發，出售大量衍生品，包括圖片影像、藝術品複製等。雅昌將資訊的整合、藝術品的整理、客戶需求的獲取和理解有效地結合在一起，是跨行業經營的典範。

### 雅昌業務軌跡回顧

印刷 — 資料庫 — 藝術入口網站 — 藝術品行情發佈 — 拍賣 — 持續累積和壟斷藝術品資料 — 數碼藝術資產管理 — 藝術策劃、展覽、攝影 — 衍生品：CD-ROM、影片、電子書 — 藝術品收藏和藝術館。

大數據的魅力是無窮的，它擁有的魔力像一盞燈，能夠幫助一家企業突破原有的行業疆域和邊界，向行業以外擴張。大數據照亮的範圍都是企業在嫻熟地利用資訊和資料之後所能佔領的領域，可以離原有行業很近，也可以很遠，關鍵在於企業對資料和商業模式的理解。企業擁有了廣泛的產業資料，不僅擁有了對產業基本資訊的理解和洞察，更珍貴的是擁有了別人沒有的生產資料，資料這種生產資料能夠直接衍生出商業價值。那麼擁有了產業資料的企業，便是產業的主宰者和規則制定者。

大數據時代，傳統的產業概念需要全新的審視。很多時候，只要擁有足夠的資料資產，就能：「產業由你隨便劃」。

## 第四節 以資料資產為核心的商業模式

不同的產業，不同的資料資產利用方式，可以衍生出不同的商業模式，如圖 3-7 所示。在資料加工的產業鏈上，依次有採集、整理、分析、決策支援環節，每個環節都是培育眾多公司甚至明星公司的土壤。從產業維度來看，媒體、零售、金融服務、製造、醫療等行業，都需要嫁接大數

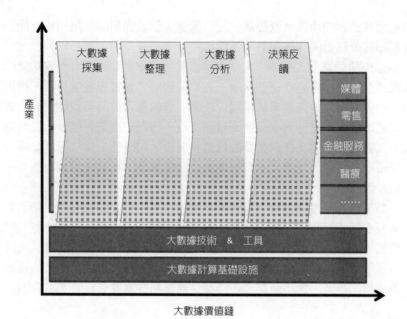

圖 3-7　大數據價值鏈與商業模式

據技術，或者提升主業，或者跨領域、跨行業擴張。電腦技術提供商，藉由大數據機遇，可以更全面、更深入地介入到客戶的業務和生產營運中去。產業融合的大幕，正徐徐拉開。本節約略盤點部分公司，它們是各類商業模式的代表。

　　商業模式的思考角度，是站在企業外部觀察企業盈利來源的變化而得出的。第一種商業模式是簡單的出售或者出租資料。這些資料是精心採集而來的，公司保證這些資料的完整性、準確性和真實性。這個商業模式覆蓋大數據產業鏈中最上游的兩個環節，資料獲取和整理環節。第二種商業模式在廣泛採集的資料的基礎上，去蕪存菁，提取更有價值的資訊，然後把這些資訊打包賣給客戶，稱為租售資訊模式，它覆蓋產業鏈的採集、整理環節，部分工作涉及資料分析環節。

　　談這兩種商業模式，必然涉及到資料、資訊概念，前面的章節並沒有花費筆墨去解釋什麼是資料、什麼是資訊。再延伸一點，知識、智慧又和資料、資訊有什麼內在聯繫呢？其實可以這樣說：「資料就像海邊的沙；

資訊是埋在沙裡的珍珠；歷經淘洗反復篩選，製成的項鏈就是知識；能把精美的項鏈戴在心儀女孩胸前，是為智慧。」

沿這兩種商業模式引申下來，大家自然而然會想到有沒有售賣知識的商業模式？諮詢產業屬於這個範疇。如果諮詢能力連接大數據分析、挖掘能力，將會引發大數據產業鏈頂端「決策」層的變化，公司戰略決策模式甚至為之改觀。但目前尚未發展到這個階段。傳統的商業智慧分析工具如果沒有大數據的支援，能夠發揮的價值會有很大局限性，無法深度影響公司的戰略決策。這也是筆者沒有把傳統的商業智慧公司看成是大數據公司的主要原因。

大數據技術和產業連接，將迸發出前所未有的巨大商業潛力。筆者把缺少資料支援，而難以開展甚至無從開展的業務，定義為「資料使能」的商業模式。「資料使能」實際上是大數據對傳統行業的顛覆和衝擊。因為資料這個要素，使原本井水不犯河水的不同行業的邊界日趨模糊，佔據資料資產優勢的行業，會不斷蠶食、侵襲、顛覆那些處於資料資產劣勢的行業。

Google 在數位媒體領域攻城拔寨，居然會威脅電信業者的生存空間！廣告與傳媒產業，是另一個巨量的市場。根據網路營銷諮詢公司 eMarketer 的報告，全球各類廣告支出逾 5,000 億美元。大數據技術推動的精準廣告、計算廣告份額不斷地侵蝕傳統平面媒體的市場份額。筆者把融合大數據技術的傳媒公司盈利模式，稱為「數位媒體」型。大名鼎鼎的 Google、百度被人們戲稱「外事不決問 Google，內事不決問百度」，就是這種商業模式的典型代表。目前這個市場依然處在高速的變化之中，數位媒體商業模式將在第四章專門論述。

譬如金融業如果充分利用大數據，理論上其客戶群可以擴大到近 5,000 萬家中小企業。但是非常遺憾，網路公司尤其是電子商務公司，累積了大量的中小企業經營資料，它們更容易侵入銀行腹地，開始為小型企業提供貸款服務、供應鏈融資服務等。相反，傳統銀行苦於缺少這些寶貴的資料資產，開展類似業務時陷於弱勢地位。網路公司攜大數據優勢，卻不斷地攻城拔寨。金融產業和大數據的連接是一個龐大的主題，將在第五章專門論述。

因為資料的重要性，圍繞個人、企業資料資產的爭奪，也成為硝煙彌漫的戰場。為個人、企業提供線上網路存儲服務的商業模式，稱為「資

料空間營運」模式。這種模式最早出現在國金證券大數據系列報告第三篇中，報告發佈後，Google、聯想、百度、京東商城等各界巨頭紛紛推出類似業務，譬如新浪網盤、華為網盤等。現在媒體給出一個新詞「個人雲端」，指代各類網路硬碟服務，並紛紛預測 2013 年是「個人雲端」的爆發年。這種商業模式非常重要，但是國內市場獨立營運網路存儲服務的公司，日子恐怕不太好過。

大數據技術提供商，在促進大數據在各行各業的落實上功勞卓著。不同的資料類型需要不同的處理手段，尤其是非結構化資料，處理語音的技術拿到圖像領域未必適合。因此，每一類非結構化資料都可能催生出一家大型的技術公司。它們如果憑藉技術優勢，在某個業務領域獲得突破，將是非常值得關注的投資物件。

## 租售資料模式

這種模式比較容易理解，和銷售普通的商品沒有太大的區別。但是，廣泛調研發現，有的公司僅僅通過賣資料可以獲得數億的銷售收入，有些則勉強度日。細究之下，營業收入的高低，與資料獲取的技術含量、壟斷性和銷售渠道的壟斷性緊密相關。

利用爬蟲技術 (crawier，一種自動獲取網頁內容的程式 )，可以即時獲取電子商務網站上各類產品的價格。有些生產商以此來作為生產的依據，於是雇傭人手，專門監控某一品類的價格變動情況。有些嗅覺靈敏的技術高手，就開始提供這方面的資料抓取服務。

普通的爬蟲技術可以從開放原始碼的網站獲得，技術門檻比較低。從業者雖人數眾多，但絕大多數的規模都很小。另外，新聞中經常出現盜賣用戶資料的事情，遊走在法律的空白地帶，絕大部分涉嫌侵犯公民的隱私。這種做法雖然可以反映資料的價值，但不是這種商業模式的主流。

真正通過租售資料獲利，取得上億營收規模，不是在資料的完整性、即時性、顆粒度上下功夫，就是在資料推送管道上做文章。前者的代表是四維圖新和高德軟體 (Auto Navi)，後者的代表是廣聯達。

## 租售資訊模式

租售資訊的業務模式和租售資料模式類似，將更加強調資料的廣泛

性、精確性、即時性，同時附加更多的行業特性，並且需要提供具備從多個角度、多種維度解讀數據的工具。這種模式的典型代表是彭博、路透等金融資訊服務公司。

華爾街的從業人員，上班第一件事情就是打開彭博的終端機，查看每日行情、各地政經要聞等等，甚至某個重大的事件，一定要等彭博刊登後才算確認。可見，彭博的資訊在金融界的重要性和影響力。

彭博 (Bloomberg) 是現任紐約市市長創立的公司，致力於為金融從業人士提供即時、準確、豐富的金融交易資訊和財經資訊。由於是非上市公司，筆者獲取資訊來源主要依賴公開報導。公司核心競爭力在於累積了豐富、大量的金融行業資料和交易資料，通過彭博終端、雜誌、電視、廣播、App 等多種方式即時傳遞給用戶極富價值的資訊。在財經資訊領域，有著 100 多年歷史的路透集團和道瓊曾是當仁不讓的雙巨頭，但彭博的出現徹底改變了這個局面。前紐約市市長彭博 (Michael Bloomberg) 在 1981 年創建這家公司後推出彭博終端，這種雙屏的終端在統一的平台上整合了新聞、資料、分析工具、報告和交易系統等多種功能，迅速佔領了金融專業人士的高端市場。憑藉收取高額終端費用和服務費用，彭博在 20 多年後成為全球最大的財經資訊服務商，甚至逼得道瓊退出了即時財經終端市場。按照彭博蒐集和監測的市場信息來看，其目前在全球財經資訊服務市場的份額大概占 40% 上下。

作為讓它後來居上的法寶，終端機是彭博最大的收入來源。2010 年 11 月左右彭博終端在全球擁有 29.5 萬用戶，按照每個用戶每月 1,590 美元的收費計算，就意味著每年超過 57 億美元的收入，這大概占到彭博總收入的 85%。

彭博公司主要提供三種業務類型服務：一是終端業務，在系統上彭博提供了 3 萬多種功能，通過彭博的終端給資本市場的用戶提供很多的深度報導、新聞和資料資訊；二是交易系統的業務，交易系統的用戶包括中國大的銀行和大的基金投資者；三是資料業務。

為了完成上述服務，彭博擁有全球龐大的組織架構。彭博資訊在全球擁有 142 家新聞分社和 1,650 名記者，還擁有全球唯一每天 24 小時播放財經資訊的彭博電視台、彭博電台，以及在北美出版的 4 本專業雜誌。由於功能眾多，使用費用也相對昂貴。每個用戶月租費為 1,600 美元左右，年費合計將近 2 萬美元，彭博終端產品在全球保持統一價格。

## 延伸閱讀

從彭博的業務發展，可發現建立端到端的資料銷售渠道，掌控資料獲取到銷售的完整產業鏈，是銷售資料 ( 資訊 ) 商業模式所必須考慮的一項重大戰略。彭博實現了資訊的「乘數效應」，利用各種渠道擴大資訊的覆蓋面。上一節裡提到的雅昌，在商業模式上和彭博是相通的。它們都憑藉獨一無二的「資料資產」涉足多個行業，這些可稱之為「一魚多吃」的戰略。

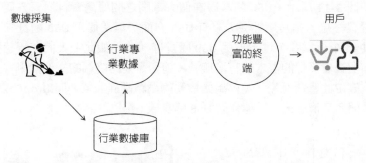

圖 3-10　必須在終端領域有控制權，才能無憂運作銷售資料 ( 資訊 ) 的商業模式

行文至此，再來回顧第一章提出的網路化模式，將更深刻地體會到其精微之處，產業的興衰交替、公司的此消彼長，莫不與之相關。

## 資料空間出租模式

網路公司推出網路硬碟服務，無可厚非，但聯想、華為等傳統設備提供商，也開始進軍網路硬碟市場，意味著什麼呢？

如果聯想到「擁有資料的規模、活性」這句話，那麼這種模式可不僅僅是租了一個虛擬空間，保存幾個不常用的文件那麼簡單了。它的演進邏輯是從簡單的文件存儲，逐步擴展到資料聚合平台。Google 的商業模式，完全可能從空間存儲領域重演。提供網路硬碟服務的公司完全可能利用其中大量的資料，開發增值服務。提供精準的廣告，只是當下流行的賺錢之道之一。資料自有黃金屋，資料自有顏如玉，先把用戶的各種資料都搶到自家地裡再說。

　　回顧一下個人資料存儲的歷史，可以發現網盤出現的必然性。20 世紀 70 年代隨著個人電腦的出現，自然而然地產生了個人資料存儲需要。只是當時電腦可以處理的內容非常少，一張 3.5 英寸的磁片大約可以保存 1.4MB 的資料，人們使用電腦總是帶著許多這樣的磁片。USB 隨身碟的出現，徹底終結了磁片的歷史。USB 隨身碟更加小巧，可以做成各種形狀，讀取的速度遠遠超過磁片。現如今 USB 隨身碟也即將完成使命，將被網路硬碟所終結。

　　各類智慧型終端的出現，大大增加了人們在不同設備上交換資料的需求，如圖 3-11 所示。USB 隨身碟在個人電腦之間傳遞資料還算方便。但是智慧型終端，尤其是手機，沒有 USB 介面，無法使用 USB 隨身碟；蘋果的 iPad 平板電腦，也不支援 USB 隨身碟。雖然如此，人們在智慧型終端設備上查看文件的需求卻有增無減，迫切需要跨終端的文件共用方式，網路硬碟由此應運而生。美國風頭最勁的網路硬碟公司名叫 DropBox，可以把這個名字演繹成「丟掉你的 USB 隨身碟」。

個人電腦，以數據加工和資訊生　　　　　　智慧型終端，以資訊消費和輕
產為主　　　　　　　　　　　　　　　量化資訊生產為主

圖 3-11　設備無關性的資料，引發產生重心的邊移

　　網路存儲，將促進個人電腦和智慧型終端向兩個不同的方向進化。個人電腦以強大的資料處理功能和運算能力，扮演資訊、文件加工的角色，而形形色色的智慧型終端將適用於不同場景的資訊展示和消費。以筆者的工作為例，僅在撰寫研究報告或者書稿的時候，才會需要傳統的筆記本電腦，去開會的時候，只需要攜帶一部 iPad 就夠了，給客戶展示的文件，

早已事先保存在網路硬碟中了。

　　另一方面，智慧型終端上集成了豐富的傳感設備，如攝像鏡頭、錄音器、運動感應器、方向感應器等，可以隨時隨地採集大量的資料，包括照片、錄音、錄影等。這些資料，也需要方便、易用的保存和分享。網路存儲的出現，提供了完美的解決方案。

　　因此網路存儲一定是各大網路公司、終端製造商、獨立開發商的必爭之地。聯想公司通過網路硬碟要打通聯想旗下電腦、平板、手機之間資料交換和分享的通道，提高不同設備之間的協同性。短期來看，產生交叉銷售的效應；長期來看，如果累積了豐富的資料，可以開展其他衍生業務。

　　中小企業市場，也是網路硬碟主攻的市場之一。海外 DropBox、Google 等等早已展開了企業服務業務，聯想等也在向這個領域進軍。這個市場剛剛興起，對產業格局的影響，尚待觀察。部分網路硬碟服務商及融資情況見表 3-3。

表 3-3　部分網路硬碟服務商及融資情況

| 名稱 | 背景 | 用戶規模 | 收費政策 | 投融資情況、估值 |
|---|---|---|---|---|
| ASUS WebStorage | 2008年 | 400萬 | 免費+收費 | |
| eSnips | - - | - - | 免費+收費 | 200萬美元 |
| Jungle Disk | - - | - - | 免費+收費 | 2009年1月被Rackspace收購 |
| Windows Live Mesh | 2008年4月 | 300萬 | 免費+收費 | 微軟 |
| Mozy | 2008年11月 | - - | 免費+收費 | 7600萬美元 |
| DropBox | 2008年9月 | 4500萬 | 免費+收費 | 2.5億美元 |
| Syncplicity | 2006年 | 很少 | 免費+收費 | 235萬美元 |
| Wuala | 2008年8月 | 6000萬 | 免費+收費 | 被LaCie收購 |
| ZumoDrive | 2007年 | | 免費+收費 | 被摩托羅拉收購 |
| Ubuntu One | 2009年5月 | 100萬 | 免費+收費 | |
| iCloud | 2008年7月 | 200萬 | 免費+收費 | 2012年6月30日停止MobileMe服務，原功能將整合至免費的iCloud |
| box.net | 2005年 | 500萬 | 免費+收費 | 4,800萬美元 |
| 115網盤 | 2009年 | 2500萬 | 免費+收費 | 約為2,000萬美元 |
| 酷盤 | 2010年7月 | 800萬 | 免費+收費 | 2,000萬美元 |

| 名稱 | 背景 | 用戶規模 | 收費政策 | 投融資情況、估值 |
|---|---|---|---|---|
| 華為網盤 | 2009年4月 | 2000萬 | 免費+收費 | |
| 金山快盤 | 2010年3月 | 1000萬 | 免費+收費 | 融資計劃考慮中 |
| 新浪微盤 | 2010年10月 | 1000萬 | 免費+收費 | |

## 案例：DropBox簡介[1]

　　DropBox 公司的創立人，2005 年剛剛從麻省理工學院電腦系畢業，名叫德魯‧休斯頓 (Drew Houston)。2008 年 9 月，DropBox 的第一個版本上線營運，提供線上存儲的服務。目前，DropBox 註冊用戶剛剛突破了 1 億大關 ( 見圖 3-12)，每天存儲的文件超過 10 億份。對此，休斯頓表示，自己感覺被用戶賦予了極大的職責來幫助他們保存人生中最寶貴的記憶。而隨著科技的不斷發展，人們以後將可以通過各種設備訪問自己保存在 DropBox 雲端的資料。

　　事實上，在 2011 年 4 月，DropBox 的註冊用戶為 2,500 萬，每天的文件保存量為 2 億份；到 2012 年 5 月的時候，DropBox 也僅僅擁有 5,000 萬註冊用戶，每天的文件保存量為 2.5 億份。但現在，DropBox 已經被安裝到全球 200 多個國家和地區、支援 8 種語言的 2.5 億台不同設備上。

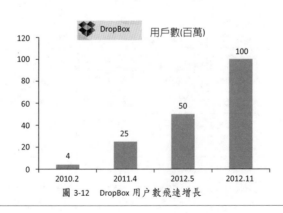

圖 3-12　DropBox 用戶數飛速增長

---

[1] DropBox 的介紹，引自騰訊科技。

「1 億的註冊用戶數是一個里程碑，這將 DropBox 放到了一個全新的高度，之前有少數的精英企業也曾經達到過這一水平。按照這一規模，當你能夠幫助用戶節省 10 分鐘或者 1 小時，你就解決了人們一生中最大的難題，我們在這一領域才剛剛起步而已。」

## 作用巨大

「這給了我們一種感覺，感覺我們是在爲整個世界解決難題，而不僅僅是矽谷地區。我們的用戶有各式各樣，包括藝人、高中足球教練，甚至還有部分理論物理學家。但他們都表示，DropBox 的協作功能能夠方便他們在全球分享實驗資料，並幫助他們更好地展開研究。」休斯頓補充道。

除此之外，休斯頓相信，DropBox 正在幫助用戶實現雲端運算時代到來時所做出的承諾，而 DropBox 則有望成爲用戶未來日子的開始。今後，如果筆記型電腦掉到水裡，直接去蘋果零售店再買一台就行了，因爲 DropBox 可以幫助用戶恢復所有資料，就像什麼事情都沒有發生過一樣。

隨後，休斯頓向人們講述了一個令他頗有感觸的故事：一位父親用手機記錄了女兒出後五年的生活瞬間。但有一天，當他從洗好衣服的洗衣機中拿衣服時，發現他竟然沒有將手機從衣服中拿出來，手機中的女兒照片自然也全部無法讀取了。幸運的是，這位父親隨後想起自己曾在手機上打開了 DropBox Camera 功能，因此他女兒的所有記憶都被完好無損地保存了下來。

## 發展迅速

DropBox 如今的規模和強烈的使命感已經吸引了大量用戶。休斯頓透露，公司 2012 年年初的時候還僅有 90 名員工，但現在的員工數量已經超過了 250 人，這是 DropBox 員工增速最快的一年。休斯頓自豪地說：「無論是什麼職位，我們都能招到全球最頂尖的人才。想要一個工程師？沒問題，iPhone 是誰設計的來著？」

舉例來說，Facebook 前部門總監阿迪特亞・阿加瓦爾 (Aditya Agarwal) 如今已成爲 DropBox 的工程副總裁。阿加瓦爾曾幫助 Facebook 開發了「新鮮事 (News Feed)」和搜尋功能，他是公司的第 9 號員工。阿加瓦爾表示：「DropBox 是唯一讓我能夠再次產生這種影響的地方。」需要指出

的是，能夠吸引阿加瓦爾這樣的優秀人才加盟公司只是 DropBox 成功融資 2.57 億美元所帶來的好處之一。

DropBox 有著非常巨大的宏偉藍圖，他們需要更多的人才來幫助自己達成夢想。儘管從筆記型電腦、手機和平板電腦，上傳、下載、同步各種資料的任務看似簡單，但其背後卻需要很多複雜的工作。休斯頓表示：「DropBox 有機會讓你的智慧手機、電視和汽車變得更智慧。在這個領域，DropBox 將成為可以將一切連接在一起的一塊帆布。」

## 未來藍圖

由於公司仍然保持獨立營運的狀態，因此 DropBox 有極好的機會成為一個資料層，就像 Facebook 現在所主導的社交層面一樣。雖然蘋果、Google 和微軟這些科技巨頭都擁有自己的雲端存儲系統，但它們卻未必能夠相容其他廠商的設備。

「沒有一家公司可以做到一切，但如果你擁有了 DropBox，你就可以不必擔心設備的背後印著的是哪家的 Logo。」休斯頓如此說道。

DropBox 日後的覆蓋範圍完全可以延伸至冰箱、自動空調和音響系統，只是目前這部分用戶數量還相對較小而已。所以，為缺乏智慧設備的新興市場用戶提供服務就成為了 DropBox 的一大使命。休斯頓認為：「目前全球有 20 億網路使用者，今後幾年這一數量可能達到 50 億。因此，任何擁有電腦或手機的人都需要 DropBox 這樣的服務。」

不過，如果 DropBox 希望成為一個橫跨多種設備，並可以為人們保存個人記憶和專業材料無所不在的資料層，DropBox 還有很長的路要走。

「在我們這個時代，無論你使用的是蘋果的 Mac 還是微軟的 Windows 系統都沒有關係，因為我們會在另一領域繼續創造奇蹟，這是我們通往 10 億用戶大關的第一步。」休斯頓最後說道。

# 第4章

# 大數據顛覆媒體行業

5,000 億美元的市場空間，將孕育下一家偉大的公司。

「中新社柏林 12 月 2 日電，德國平面媒體業目前正經歷著聯邦德國建國以來最大倒閉潮。三家有影響的報紙月內連續宣告破產，造成上千人失業。兩周前宣告破產的《法蘭克福論壇報》帶來的震驚尚未消除，《德國金融時報》也在日前宣告即將停刊，加上之前已消失的《紐倫堡晚報》，德國報業出現了有史以來規模最大的破產現象。」

與這些倒閉的報紙形成鮮明對照的是，Google 一天賺一億美元廣告費的故事令人津津樂道。

大數據時代，人們獲取資訊和傳播資訊的渠道、方法，都發生了根本性的變化。媒體行業正處在被顛覆的陣痛中。未來將是那些擁有大量資料資產的公司，掌握媒體的發言權！

如果把一家公司比成活生生的人，傾聽和觀察是人們成長的重要因素之一。對公司也同樣如此，公司必須傾聽消費者的心聲，觀察消費者的喜好，才能採取針對性行動。在中國文化的語境中，所謂察言觀色，並不是一個標準的褒義詞，但是在商業戰場上，這卻是生存的不二法門。

如圖 4-1 所示，宏觀層面來看，企業有三個大的流程：第一，獲取客戶的資訊，做到更充分地瞭解客戶，也就是資訊聚合；第二，企業內部流程，本章內容忽略不同企業內部的差異性，認為企業內部流程總是由外部的客戶(消費者)需求驅動的；第三，把產品或者服務傳遞給消費者(客戶)的流程，也就是大家常說的行銷。事實上，這三個流程是相互影響的，現實中很難完全分開。企業內部做設計的時候，可能隨時去啟動一些客戶調查的工作；行銷進行的過程中也可能會促進設計的變更，甚至生產工藝的改變；營銷過程也往往離不開客戶調查的工作。本章重點探討大數據在資訊聚合和精準行銷過程中的價值，第八章將闡述大數據對企業內部組織、流程的影響。

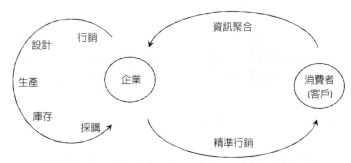

圖 4-1　大數據令企業獲取資訊與傳播資訊的方式、方法發生了根本性的變化

## 第一節　資訊獲取方式的變革——資訊聚合

　　2012 年的美國總統大選，有一個「書呆子」上了各大媒體。34 歲的內特希爾沃憑藉自己的「數學模型」準確地預測了這次大選全部 50 個州的選舉結果。而在大選日當天，他預測歐巴馬將有 90.9% 的可能性獲得大半選舉人票。他幾乎打敗了所有政治記者、政黨媒體顧問和政治評論員。媒體稱他為超級極客，「演算法之神」，並認為其成功讓所有「書呆子」揚眉吐氣。

　　貝葉斯演算法是統計學中的一個經典演算法，內特希爾沃的數學模型也並無獨創，但是這位「書呆子」建模分析的關鍵在於衡量某類資料的重要性。譬如，這些資料在歷史上有何作用？又有怎樣的偏向性？有沒有其他的資料可以取代？

　　大數據時代，可供選擇的資料來源極為豐富，人們也不再需要通過「採樣」的方式來評估結果，而是有可能使用全部的資料進行運算，這無疑大大提高了預測的準確性。

### 偏狹的樣本產生誤導的結論

　　百事可樂曾經做過一個現場活動，讓所有參加活動的人選擇是喜歡百事可樂還是喜歡可口可樂，結果是 90% 以上的人都「最喜歡百事可樂」。為什麼會出現幾乎一邊倒的調查結果呢？因為那些不喜歡百事可樂的人，根本就不會參加其組織的活動。所以，百事在「樣本」選擇上搞了一個「小

花招」，從而得出「客觀的」、「量化的」結論。

　　調查「樣本」的選擇，對結果的影響是至關重要的。在百事的樣本中，無論採用多麼先進的演算法，都會得到百事勝出的結論。這也是爲什麼「幾乎所有的政治記者、政黨媒體顧問和政治評論員」都敗在了「書呆子」手下的秘密。「書呆子」不是演算法之神，那些記者們的資料來源，太過狹隘、太過主觀，他們只希望自己期望的結果出現，就像百事操弄的活動一樣。

　　樣本量和演算法的關係如圖 4-2 所示。小的樣本量非常容易被人爲操縱，形成人們「希望」的結果。圖 4-2 中第四象限就是典型的包裝手法，拿一些不具有代表意義的資料，用「神秘」的演算法包裝，形成「導向」性的結果。如果有足夠的資料，不需要什麼特別的演算法，就可以得到客觀的結論。當然，如果輔以優秀的演算法，人們就可以擁有準確預測的能力，正如在本書概述中談論的一樣。

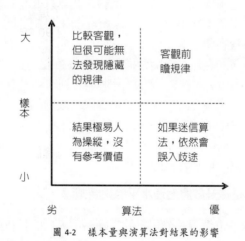

圖 4-2　樣本量與演算法對結果的影響

## 尼爾森融合社交網路資料，推出新型收視率

　　傳統上調查電視的收視率，需要通過電話訪談幾百戶人家。尼爾森市場調查公司是這方面的行家，據其官方網站介紹，尼爾森未來將獲取更多的調查樣本，對數位電視採用資料回傳技術，可以在一個有線電視網內進行百萬級別的普查。但是這遠遠還不夠，最新的一則媒體報導，曝光了尼

爾森和 Twitter( 推特 ) 公司合作的消息。

2012 年 12 月 18 日，美國市場研究機構尼爾森宣佈，將攜手 Twitter 推出新的收視率調查服務，監測 Twitter 上面有關某些電視節目的聊天內容。

這項新服務稱爲「尼爾森 —Twitter 收視率」，將在 2013 年秋季推出，尋求監測 Twitter 用戶在電視上觀看 ABC 電視臺「周一橄欖球之夜」、最新一季《國土安全》等節目的同時，在智慧手機和平板電腦等「第二螢幕」上留下的評論和閒聊資訊。

引用 NBC 熱播節目《The Voice》[1]執行製片人馬克・博奈特 (Mark Burnett) 的評價：廣告商應該重視那些可以激發觀眾在社交媒體上大量互動的節目。他表示，《The Voice》之所以能在周二夜晚的 18 歲至 49 歲觀眾收視率中位列榜首，深度嵌入的社交媒體因素 ( 如 Twitter 調查 ) 起著至關重要的作用。博奈特說：「如果你是廣告商，難道不想知道人們是在被動觀看這台節目，還是積極參與這種觀看體驗？我認爲 5 年以後，這種手段將讓傳統電視收視率調查變得過時。」Twitter 旗下媒體部門曾啓動了一個爲期一年的專案，旨在將「第二螢幕」的使用推向主流，而與尼爾森這樣的知名市場調查機構的合作，無疑會推動 Twitter 在這方面的進程。

從尼爾森 —Twitter 收視率，可以清晰地看到市場調查行業發生的深刻變化。它們的資料來源更加豐富，不再局限於被動的監測，更需要積極主動地蒐集人們參與活動的資料。社交網路成爲獲取人們喜好的重要渠道。如圖 4-3 所示，尼爾森除了想方設法增加樣本量外，也在大張旗鼓地拓寬資料來源的管道，增加資料的維度。

## 社交網路資料，也是提升政府治理水平的重要載體

不僅是尼爾森等市場調查公司對社交網路中人們的言行感興趣，政府機構也是另外一個大主顧。從古至今，公共輿論一直都是社會治理的一部分，是政府瞭解施政效果的重要管道，也是人心向背的反映。因此，各級政府都會注重公共輿論。「輿情」是分析公共輿論中的話題焦點、走勢並及時提出應對策略的一種新型服務。

---

1　美國的大型歌唱選秀節目。

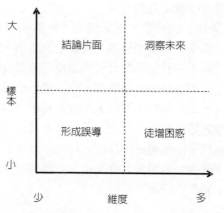

圖 4-3　樣本量與資料維度對資料分析結果的影響

　　社群網站把人們聊天、傳八卦、調侃的天性發揮到極致。過往我們只能在街頭巷尾，跟鄰居們聊兩句；現在，我們打個噴嚏，幾億人都能立刻知道。

　　社群網站有巨大的傳播和擴散效應，已經成為最重要的輿論場合。因此，社群網站也已成為各級政府密切關注輿論走向的「主戰場」。

　　輿情服務應運而生。目前，提供輿情服務的公司有很多家。現在一般的公司提供的輿情服務也比較簡單，就是定期提供網上的熱門分析，形成一份 Word 文檔，就能坐地收銀。

　　若一家公司僅能提供基本的報告，將會在輿情服務的產業升級中落敗。企業和政府在面臨嚴峻的輿情形勢時，需要的是輿情監測、輿情預警、輿情分析報告、應對處置、顧問諮詢、輿情培訓等一條龍式的服務。輿情服務的高級形式，應防患於未然，是從大眾言論的蛛絲馬跡中，發現可能形成的輿論焦點，從而提前介入，利用恰當的方式方法引導輿論走勢，而不能滿足於做「事後諸葛亮」。再智慧的輿情應對處置都不如這個輿情事件不發生，所謂預防勝於治療就是這個道理。

　　如果想升級到輿情服務的高級階段，沒有大數據相關的技術，只能望洋興歎。這一點也是中小輿情服務公司面臨的難以逾越的技術門檻。輿情報告要求必須做到即時、全面且具備前瞻性。如果沒有自建資料中心，沒有大數據的採集、分析技術，沒有成熟專業的輿情分析師團隊，是不可能

具備這種高質量的快速反應能力的。

如果從「資訊聚合」的角度，把輿情當作一個產業來看待，其無疑蘊含著巨大的空間。消費者輿論中包括了大量的對產品、對公司、對品牌的意見和反饋，即便是不利於公司的負面輿論也是公司改變公眾形象的契機。因此，無論是正面輿論還是負面輿論，都可能是公司潛在的客戶，也都可能是潛在的廣告受眾。所以，從這個角度來看，類似像尼爾森這樣的市場調查公司、拓爾思這樣的輿情服務公司，都會獲得前所未有的發展空間。事實上，輿情服務不僅僅是一種技術，而是一個跨多個學科的綜合工作。它不僅僅需要大數據，還需要社會學家、心理學家、傳播學家、資料科學家共同努力，才能在這個領域有所作為。

## 資訊聚合產業概覽

根據用戶研究的方法理論，用戶資料資訊獲取來源可分為從用戶的態度或用戶實際行為中獲取，研究的方法可分為按定性的直接方式獲取或者按定量的間接方式獲取。

根據具體專案的不同目標以及蒐集用戶資料的難度，在用戶資料獲取的時候，會選擇不同的資料蒐集、聚合的研究方法。資料蒐集過程中剝離環境的方式如焦點小組、電話訪談等，或基於實驗室的資料獲取方式，如小範圍眼動跟蹤等。

現在線上媒體對用戶資料資訊的獲取，越來越強調對用戶使用產品過程中，機器所生成的海量結構化和非結構化資料的挖掘和分析，從用戶主動填寫或反饋的用戶顯性資料[2]和用戶行為歷史日誌所反映的隱性資料[3]中，提煉出有用的用戶資訊並進行資訊聚合，如日誌／錄像研究、留言板分析、資料探勘分析、線上 A/B 實驗等。通過一系列的資料預處理、分析和探勘過程，建立模型，從而提取出有商業價值的用戶資訊，進而優化用戶產品或者提高盈利能力。數位媒體盈利能力的核心競爭力主要體現在以下兩個方面：第一是數位媒體本身所能蒐集聚合到的用戶的各種顯性和隱性資料的數量大小，這個涉及到數位媒體本身所覆蓋的用戶規模、用戶

---

2　顯性資料指用戶主動提供或回應所形成的資料。
3　隱性資料是指不是用戶主動提供，但是用戶實際操作和任務執行過程中所形成的資料。

粘性以及數位媒體的特點所生成的用戶資料的差異等等。比如，社交網站 Facebook 在獲取用戶人口統計學資訊和社交關係資料上有其他數位媒體所不具有的優勢 —— Facebook 有全球規模最大的用戶社交關係資料；電子商務網站 Amazon 或淘寶在用戶進行網上購物、瀏覽和交易的資料上，有其他數位媒體所不具有的優勢 —— 全球規模最大的用戶網上購物和商品偏好資料；搜尋引擎公司 Google 在獲取用戶即時意圖資料上，也有其他數位媒體所不具有的優勢 —— Google 有全球規模最大的用戶即時意圖資料。這些媒體本身不同特性所導致的用戶資料的差異，使得數位媒體本身所擁有的用戶資料商業價值是不同的，後期對資料的利用方式也是不同的。第二是數位媒體在預處理、分析和探勘用戶資料上自身的能力不同。在這裡說到的資料預處理、分析和探勘的過程中，有大量與資料相關的問題需要解決，如可能的用戶資料稀疏、海量資料的讀寫和存儲性能等等。從原始的用戶資料到最後資料價值被利用，涉及到一系列的數學模型設計和實現，公司之間的核心競爭力即體現於此。

　　圍繞著用戶資料跟蹤獲取、聚合和利用，現在美國已經形成了一系列完整的用戶資料生態體系。資訊聚合的資料來源有線下資料來源，也有線上資料來源。由圖 4-4 可以看到，用戶資料資訊的生態體系中有資料提供商、資料交易市場、資料分析及用戶定向提供商、資料管理、廣告投放和效果跟蹤的幾部分參與者，每一部分都有典型的公司參與其中。

## 第二節　資訊推送方式的變革 —— 線上廣告

　　網路線上廣告是精準營銷的重要載體。

　　美國市場的一些統計資料表明，線上廣告業務未來兩到三年間將維持每年兩位數的增長，預計到 2016 年市場規模可達 620 億美元[4]。線上廣告將不斷擠壓平面媒體，已經是主流的趨勢。

　　圖 4-5 是美國線上廣告規模的增長變化圖，截至 2011 年，美國線上廣告規模已超過 300 億美元。

---

4　eMarketer digital Intelligence，《Digital Ad Trends》，2012 年。

圖 4-4 資訊聚合產業生態圖[5]

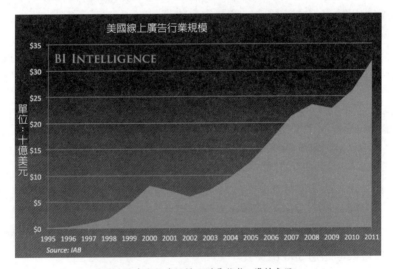

圖 4-5 美國線上廣告行業規模及增長趨勢 ( 資料來源：IAB)

---

5 波士頓諮詢 (BCG) 研究 2012 年 1 月報告「The Evolution of Online-User Data」。

　　圖 4-6 是美國廣告規模的增長變化圖，截至 2011 年，美國線上廣告規模已約占到美國廣告總規模的 20%。

　　圖 4-7 是美國主要媒體公司的廣告收入增長變化圖，可看到大的廣告媒體公司的廣告收入中，線上廣告占比從 2006 年的 23% 提升至 2011 年的 38%。

　　如圖 4-8 所示，網路上最早的廣告僅僅是戶外廣告的翻版，典型代表是以 Yahoo 為首的入口網站。第二代是以 Google 為代表的搜尋引擎，與之相對應的是網路搜尋廣告，Google 歷年的收入中廣告收入占 95% 以上。第三代稱為「內容廣告」，根據網頁內容的不同，而展示不同的廣告。內容廣告精彩紛呈，各路英雄大顯身手，尚未形成絕對的壟斷。第四代不妨稱為「行為廣告[6]」，這裡並不是指藝術家們的「行為藝術」，而是消費者在網路上的「行蹤」。行為廣告最能充分發揮大數據的預測能力，達到精準的廣告效果。現在電子商務網站內部的「推薦系統」，就是行為廣告的雛形。

圖 4-6　美國廣告市場規模 ( 資料來源：IAB)

---

6　搜尋廣告可以看成是行為廣告的一個特例。它們的不同之處在於，當用戶搜尋時，已經有明確的、顯性的需求；而用戶在網路上的瀏覽、點擊並不一定產生指向明確的需求，而是反映用戶深層次、潛在的需求。在這個領域挖掘分析，可能會引領用戶的消費。

線上廣告市場發展非常迅速，以 Google 為例，在發展搜尋廣告、內容廣告的同時，開發出了大數據處理技術，構成了現今火熱 Hadoop 技術的基礎。另外，廣告理念、名詞也在不斷地推陳出新，從不同的角度來談，可以有不同的廣告類型。

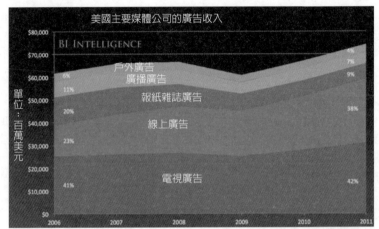

圖 4-7　美國主要媒體公司的廣告收入[7]( 資料來源：IAB)

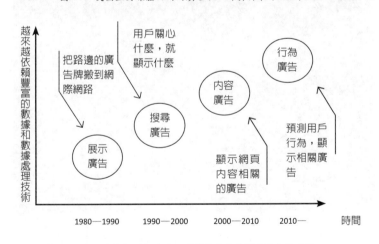

圖 4-8　線上廣告類別和演進，資料對廣告的價值越來越重要

---

7　主要媒體公司包括 Google、Yahoo、AOL、微軟、Time Warner、Disney、Viacom、CBS、News Corp、NewYork Times 等。

## Yahoo 的貢獻

《浪潮之巔》一書中用「英名不朽」來描寫 Yahoo：「一百年後，如果人們只記得兩個對網際網路貢獻最大的人，那麼這兩個人很可能是楊致遠和費羅 (David Filo)。他們對世界的貢獻遠不止是創建了世界上最大的網路入口網站 Yahoo 公司，更重要的是制定下了網路這個行業全世界至今遵守的遊戲規則——開放、免費和盈利。正是因為他們的貢獻，我們得以從網路上免費得到各種資訊，並且用它來傳遞資訊，分享資訊，我們的生活因此得以改變。」

楊致遠在創立 Yahoo 公司的時候，向大家描繪了一個非常誘人的商業圖景。Yahoo 相當於網際網路高速公路，依賴公路旁邊佇立的廣告牌來獲利。如果大家都是通過 Yahoo 上網，這條「高速公路」就成了機場高速，廣告牌將大幅升值。Yahoo 創造性地提出了「入口網站」的概念，走上了一條提供優質內容、吸引訪問流量、增加廣告收入的良性循環之路。

伴隨著 Yahoo 公司等網路門戶興起的即是網路品牌廣告的興起。線上品牌展示廣告隨著 20 世紀 90 年代末網際網路的發展和繁榮而興起。很多年來，網路廣告創建、定價、包裝和售賣的過程都維持不變，網路品牌廣告跟傳統廣告並沒有任何本質上的區別，只是放置廣告的媒體由傳統媒體變為網路媒體。

早期的網路品牌廣告並沒有對流量進行切分以做到個性化精準投放，因此它沒有解決約翰・納梅克 (John Wanamaker) 曾提出的廣告營銷界的「哥德巴赫猜想」，即「我知道我的廣告費有一半浪費了，但問題在於，我不知道是哪一半被浪費了。」直到以 Google 為代表的搜尋廣告的誕生，網路廣告才能計算出被浪費的那一半。這時，線上廣告才散發出與線下廣告不一樣的獨特魅力。

## Google 搜尋廣告——每天收入 1 億美元

Google 搜尋引擎興起、發展的歷史，即是一部搜尋廣告的興起及發展歷史。Google 現在已經成為全世界線上廣告的霸主，擁有最完善的網路廣告產業鏈佈局，也成為現在世界上市值最高的網路公司。而 Google 歷年的營收中，廣告收入都超過了 95% 的比例。

　　當大家在網上衝浪[8]時，身邊的「廣告牌」一閃而過，大家未必關心。這也是 Yahoo 展示廣告的最大困境，如圖 4-9 所示。但是 Google 的搜尋廣告不同，大家每一次搜尋，相當於告訴 Google，「我正在找什麼」，Google 有可能根據大家當時的搜尋關鍵字，提供相關的廣告，如圖 4-10 所示。

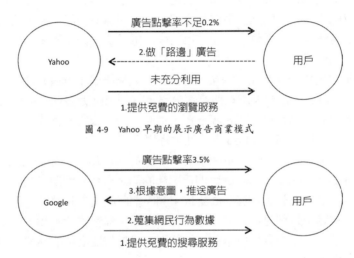

圖 4-9　Yahoo 早期的展示廣告商業模式

圖 4-10　Google 搜尋廣告的商業模式，搜尋廣告比現階段展示廣告的點擊率高出一個數量級

　　譬如在 Google 的搜尋框中輸入「大數據」，搜尋結果頁面中，排在前三位的就是與「大數據」相關的廣告，分別是「IBM 大數據處理解決方案」、「大數據解決方案—— Intel」、「Splunk 大數據分析專家」。如何決定這三條廣告的順序呢？Google 也有一套聰明的做法，哪個廣告客戶對「大數據」關鍵字的出價和廣告質量分相乘的積最高，誰就排在第一位。相當於 Google 設計了一套「關鍵字」定價和廣告質量評價機制，類似「拍賣」。百度開始是只對廣告價格進行排序的，因此稱之為「競價排名」。因為僅僅考慮價格因素，一度導致虛假廣告盛行，為業界所詬病。百度後期推出「鳳巢廣告」系統，也採取 Google 評估廣告質量的機制，不再僅僅

---

8　在英文中，上網是「surfing the internet」，因 surfing 的意思是衝浪，即稱為「網上衝浪」，這是一種形容的說法。

盯著「價格」這個單一因素。

　　根據 Google 公司 2012 年第三季度的經營資料顯示，每天當用戶使用 Google 的搜尋引擎查詢資訊時，Google 的搜尋廣告出現 56 億次，用戶每天點擊廣告的次數達到 1.9 億次，每次點擊給 Google 帶來 0.53 美元的收入。儘管人們免費使用 Google 的搜尋服務，事實上，在每次滑鼠點擊聲音中，錢就像流水一樣跑到了 Google 的口袋！Google 搜尋廣告佔據美國市場絕對壟斷地位見表 4-1。

表 4-1　Google 搜尋廣告佔據美國市場絕對壟斷地位

| 2011 | 2012 | 2013 | 2014 |
|------|------|------|------|
| Google | 74.4% | 77.9% | 78.7% |
| 微軟 | 7.0% | 7.0% | 7.7% |
| Yahoo | 6.7% | 4.5% | 3.6% |
| 美國線上 | 1.5% | 1.0% | 0.8% |

(資料來源：EMARKETER DIGITAL INTELLIGENCE 2012 「DIGITAL AD TRENDS」)

## 延伸閱讀

　　世界上最大的拍賣，不是世界上哪一家老牌大規模的拍賣行所進行的行為，而是由成立至今才 15 年的 Google 廣告系統所進行的拍賣。每時每秒，幾億的用戶在使用網際網路的搜尋功能尋找有用的資訊。而每一次搜尋，帶來的可能是不同廣告客戶對當次搜尋行為所帶來的搜尋廣告展示機會進行的拍賣競價，這些拍賣行為完全由電腦完成，每時每秒都給 Google 帶來巨大的收入。Google 的搜尋廣告與以 Yahoo 為代表的展示廣告有本質的不同，其最主要區別在於：Google 的搜尋廣告是由電腦根據廣告客戶競價、廣告本身質量及與用戶搜索查詢的相關性等多因素來共同起作用，將滿足相關性和盈利兩方面總體價值最大化。也就是說，每一條 Google 廣告都是由電腦算出來而放置在合適的廣告位上的，而不是像早期 Yahoo 的品牌廣告一樣，是人為放置在媒體上的，因此搜尋廣告也稱為計算廣告。

　　線上計算廣告是技術和產品驅動的，是技術和計算的導向，而原有的

線上品牌廣告是創意和客戶關係驅動的。計算廣告出現的根本原因，在於數位媒體的特點使得線上廣告的精準定向成為可能，即給不同用戶展示不同廣告。傳統媒體上需要實現「用戶定向的精準投放」的成本特別高，線上媒體上進行精準投放成本很低。線上廣告競價系統和即時競價系統裡，線上廣告的計算已經成為核心問題。線上廣告和傳統廣告的最大區別之一還在於線上廣告的即時效果可以更好地衡量，因為廣告是可以點擊的，而點擊後用戶行為也可以較方便地追蹤獲取，因此獲取廣告即時效果的資料更加容易，精準定向投放和即時效果方便衡量促進了線上廣告的標準化和迅速發展。

廣告的研究人員把用戶、廣告客戶和媒體資源的交互過程來建立模型進行研究，以使這三者總體的收益最大化，其中兩個比較重要的模型是廣告的投放模型和拍賣模型。投放模型是解決廣告客戶投放廣告給哪些目標用戶的問題，比如一個賣運動鞋的廣告客戶會希望能選擇廣告用戶，以便有選擇地把他的廣告定向投放給那些可能對他的鞋感興趣的用戶，這樣可以節省廣告投放費用而提高廣告投放效率。其在搜尋廣告上的實現方式是，這個賣運動鞋的廣告客戶購買一些與運動鞋相關的關鍵字，通過與用戶搜尋查詢相匹配的方式來找到他的目標用戶。而拍賣模型是解決多個廣告客戶如何競爭針對同一目標用戶的廣告展示機會的問題，比如有一個對運動鞋感興趣的用戶訪問有廣告的頁面，同時有幾十個廣告客戶希望把廣告投放給這一個用戶。但是因為廣告位是有限稀缺的，如何拍賣有限的廣告位，以達到用戶、廣告客戶和媒體資源的收益最大化，這一問題涉及到非常多的用戶和廣告客戶資料資訊。計算廣告系統在 100 毫秒的時間內，通過計算找出展示在合適廣告位的合適廣告。這一資料量非常巨大，只能通過電腦計算完成。

同時，因為用電腦實現投放和競價，搜尋計算廣告系統能容納比網路品牌廣告系統更大規模的廣告客戶，搜尋計算廣告使得在網際網路投放廣告的客戶規模遠遠超過線上品牌廣告的客戶規模。Google 的廣告客戶有幾十萬家，而且廣告客戶越多，對計算廣告的收益和精準性越好，這樣使很多中小規模的客戶也能在網際網路投放廣告，而這是以 Yahoo 為代表的入口網站品牌廣告所無法實現的。廣告客戶規模的增加，以及對海量用戶和媒體資源的資料資訊的利用，都使得大數據技術在計算廣告系統中可以大展身手。

## 內容廣告

微軟公司在 2012 年 6 月 7 日，宣佈在自己的瀏覽器 IE 10 中，默認開啓「Do Not Track」( 不被追蹤功能 )，引起美國廣告業的軒然大波，以至 IE 10 瀏覽器都沒有獲得全球資訊網協會[9]的承認。微軟這個舉動，僅實施了短短六天即慘遭夭折。

微軟和廣告業的爭端，讓一項瀏覽器追蹤技術公諸於世。事實上，人們用於上網瀏覽的瀏覽器，通過 Cookies[10] 忠實地記錄下大家曾經到訪過哪個網站等資訊。而一些廣告商則利用保存在 Cookies 中的用戶訪問記錄，來判斷人們的喜好，推送更加精準的廣告。通常情況下，瀏覽器默認開啓 Cookie 功能，也就是瀏覽器默認記錄用戶上網的行蹤，加大了用戶隱私暴露的風險。

IE 10 的「Do Not Track」功能相當於告訴網站，這個用戶不希望被追蹤。如果網站明確獲知用戶的意願是「不」，而依然追蹤用戶的行蹤，就屬於非法形爲。因此遭到強烈的反對和抵制。

這場爭端以廣告業的勝出告一段落，從中人們也約略瞭解了線上內容廣告行業的尷尬處境。爲了展示更加具有針對性的廣告 ( 譬如，如果瞭解用戶剛剛從一個汽車網站跳轉來看新聞，就可以針對性的提供汽車廣告 )，而不得不更多瞭解用戶的喜好。但是普通的網站除了 Cookies 似乎並無良策，Google 的 AdSense 技術則另辟蹊徑，自成一家。

### Google 的 AdSense 技術

Google 公司的 AdSense 產品爲提升內容廣告的點擊率開拓了一個思路。AdSense 通過分析網頁的內容，提供和內容相關的廣告。隱含的假設是，廣告和用戶正在瀏覽的網頁內容關聯度越高，用戶關注的可能性越高。

---

[9]　全球資訊網協會 (World Wide Web Consortium, W3C)，1994 年 10 月在麻省理工學院計算機科學實驗室成立，建立者是全球資訊網的發明者蒂姆‧伯納斯‧李。全球資訊網聯盟是國際著名的標準化組織，自 1994 年成立後，至今已發佈近百項相關全球資訊網的標準，對全球資訊網發展做出了傑出的貢獻。

[10]　Cookie 是電腦術語，中文名稱爲小型文字檔案或小甜餅，指某些網站爲了辨別用戶身份而存儲在用戶本地終端 (Client Side) 上的資料 ( 通常經過加密 )。

GoogleAdSense 原理說明：

1. 在網頁中加入一小段 Google 提供的 AdSense 代碼；

2. 用戶瀏覽該網頁；

3. AdSense 代碼對 Google 廣告伺服器說：「嘿, 給我一些廣告」。

4. Google 廣告伺服器回答說：「不行，誰知道你頁面裡有什麼東西啊？」

5. 用戶於是看到一個沒有Google廣告或者帶著Google公益廣告的頁面；

6. Google 廣告伺服器派出一個機器人瀏覽這個網頁；

7. 伺服器分析網頁的內容，發現「比薩餅」這個單詞出現了20次,「華盛頓」出現了 6 次；

8. 於是伺服器認為這個網頁在討論「華盛頓的比薩餅」。

9. 又有用戶瀏覽該網頁；

10. AdSense 代碼對 Google 廣告伺服器說：「嘿，給我一些廣告」。

11. Google 廣告伺服器回答說：「好，這是個關於華盛頓比薩的頁面，給你一些華盛頓比薩外賣廣告吧 !」

12. 用戶心想「嗯，正打算叫比薩外賣呢」，點擊廣告；

13. 這樣你賺了一點點錢；

14. 從第 9 條開始周而復始。

AdSense 必須「理解」網頁的內容，這就需要一些統計演算法，如關鍵字處理、語義分析之類。這也是目前大數據應用的一個熱門領域。

Google 的郵件系統 Gmail 也利用了類似 AdSense 的技術。當使用網頁版的 Gmail 服務時，郵件正文右側會顯示一些文字廣告，不同的郵件內容會顯示不同的廣告。GoogleAdSense 技術促使內容廣告的點擊率不斷提升，但是相比搜尋廣告，還是有數量級的差距。後文會分析這種現象的成因，推測 Google 下一步的發展方向。

## 圖片識別廣告——Pixazza

Pixazza 是一家圖片匹配廣告服務商，被稱為 AdSense for Images，只不過 AdSense 只能匹配文字，而 Pixazza 則可以匹配圖片中引入注目的商品，就像大部分人在商場購物，都會被模特兒展示的衣物吸引一樣。如圖 4-11 所示，如果用戶喜歡圖中女模特兒的帽子，或者男模特兒的上衣，只需要將滑鼠停在對應的游標上，就能看到更多資訊和類似產品的價格，當

然最重要的還有一鍵購買。

圖 4-11　Pixazza 圖片內容廣告

## 搜尋廣告與內容廣告的對比

　　Google 公司佔據美國廣告市場的壟斷地位，而且火熱的大數據處理技術 Hadoop 也是來源於 Google 公司的工程實踐。所以這裡用 Google 的資料為例，來分析搜尋廣告和內容廣告的差距，探究內容廣告可能的發展方向，剖析大數據在內容廣告市場的應用和前景。

　　我們不去讚歎 Google「日進斗金」的商業模式，而把注意力放在搜尋廣告和內容廣告兩類對比鮮明的模式上。

　　每天 Google 在各類網站上投放的內容廣告遠遠高於搜尋廣告，但是相比搜尋廣告帶來的收入，內容廣告幾乎可以忽略不計，主要原因就是沒有人願意點擊跟自己無關的廣告。人們在利用搜尋引擎查找資料的時候，相當於把自己當時的「願望」告訴了 Google，Google 知道人們要幹什麼，及時「奉上」廣告，這時廣告的精準性遠遠高於漫無目的的內容廣告。儘管 Google 採用了 AdSense 等內容相關技術，但是依然在預判用戶行為方面稍遜一籌。

　　簡單解釋一下廣告點擊率和轉化率這兩個概念，它們是線上廣告行業的核心指標。所謂點擊率，就是用戶點擊廣告的百分比。廣告內容越貼近用戶需求，點擊率就會越高。點擊率的高低直接反映了公司對用戶的理解

程度，如果對用戶了如指掌，理論上講廣告就會百發百中。理想很豐滿，現實很骨感。Google 搜尋廣告的點擊率僅僅在 3%～4% 之間波動，百度搜尋廣告的點擊率也在同樣的數量級。這個指標可以衡量公司技術實力。但是需要注意一個盲點，Google 點擊率是在數十億的樣本中計算得到的，如果某家公司的廣告點擊率非常高，判斷其是否真確的一個辦法，就是檢查它的樣本量。如果樣本量過小，這個指標就失去了應有的價值。

轉化率[11]是指用戶點擊廣告連結進入產品頁面後，產生了購買行為的比例。這個指標更多衡量廣告客戶的實力，與廣告公司的關係不大。所以，從表 4-2 的資料中，可以看到 Google 的內容廣告和搜尋廣告的轉化率差別並不明顯。

表 4-2　Google 搜尋廣告和內容廣告資料對比表

| | 搜尋廣告 | 內容廣告 |
|---|---|---|
| 廣告每天顯示數 | 56億 | 242億 |
| 廣告點擊率 | 3.47% | 0.18% |
| 平均每天點擊數 | 1.93億 | 0.45億 |
| 廣告轉化率 | 5.63% | 4.68% |
| 平均單擊價格 | $0.53 | $0.35 |
| 平均每天收入 | 1億美元 | 1600萬美元 |

(資料來源：HTTP://WWW.WORDSTREAM.COM/BLOG/WS/2012/10/25/GOOGLE-FACES，依據 Google公司2012年第三季度資料整理而成)

如果內容廣告能夠把點擊率提升一個百分點，對 Google 而言就會增加近 9,000 萬美元的收入。毫無疑問，所有的廣告公司都把提升內容廣告的點擊率作為主要的戰略方向。點擊率的提升與對用戶的理解息息相關。要想更理解用戶，離開大數據技術，則是不可能完成的任務。

Google 的成長史，也是一部收購史，截至 2012 年 11 月 30 日，Google 已經收購了 121 家企業。Google 的收購非常明確，要麼獲得新的

---

11　轉化率的定義各個廣告客戶不統一，有的是以用戶註冊作為轉化，有的是以用戶下載作為轉化等等，這裡是指「購買轉化率」。

提升廣告精準性的技術，要麼獲得新的資料來源，增加資料資產的維度。這裡僅通過幾家典型的收購案，來觀察 Google 是如何不斷充實其「資料資產」的。回顧一下圖 3-1 所示的資料資產評估模型，再看表 4-3。

表 4-3　Google 公司的典型收購

| 收購日期 | 公司 | 性質 | 改造/整合物件 | 資料資產 |
|---|---|---|---|---|
| 2003年2月 | Pyra Labs | 部落客軟體 | Bloger | 蒐集部落客資料 |
| 2003年4月 | Applied Semantics | 網路廣告 | AdSense、AdWords | |
| 2004年7月 | Picasa | 圖像管理工具 | | 蒐集圖像資料 |
| 2004年 | ZipDash Where2 Keyhole | 地圖 | Google地圖 | 這三家公司豐富的地圖資料、獲得分析技術 |
| 2005年7月 | Current | 寬頻網路連接 | 網路骨幹 | 基礎電信資料 |
| 2005年8月 | Android | 行動設備作業系統 | | 獲得行動設備使用資料 |
| 2006年3月 | Upstartle | 文字處理器 | Google Docs | 獲得文檔資料 |
| 2006年10月 | YouTube | 影片分享網站 | | 獲得影片資料 |
| 2006年8月 | Neven Vision | 人臉識別 | Picasa | 圖像探勘技術 |
| 2007年4月 | DoubleClick | 網路廣告 | Adsense | 廣告技術 |
| 2007年6月 | Panoramio | 照片分享 | | 獲取圖像資料 |
| 2010年5月 | Simplify Media | 音樂同步 | Android | 獲取音樂資料 |
| 2010年5月 | Ruba | 旅行嚮導 | | 獲取出遊資料 |
| 2010年8月 | Slide.com | 社交遊戲 | Google+ | 獲取娛樂資料 |
| 2010年7月 | ITA | 航班資訊 | GoogleFlight | 獲取出遊資料 |
| 2011年8月 | 摩托羅拉 | 智慧手機 | | 控制產業鏈 |

(資料來源：維基百科)

## Google 的新動向──提供光纖接入網際網路服務

　　Google 的光纖網路服務速率達到 1000Mbit/s，相比國內電信業者提供的縮水「頻寬」，真是一個在天上，一個在地上。問題是，Google 作為

廣告商，為什麼會提供光纖網路服務，介入基礎電信營運領域呢？

在本書第三章表 3-1 中，分析了電信業者的資料資產特點，其中蘊含了 Google 提高內容廣告點擊率的重要資產。電信業者擁有豐富大量的人們上網記錄和通話記錄，尤其在行動網路時代，這些資料真實、直接、隨時隨地地反映了用戶潛在的需求。如果結合大數據處理技術，Google 很可能在內容廣告領域，再現搜尋廣告領域的風光，創造一個新 Google。

網友提供了利用電信信號資料精準定位人群的案例。這些條件完全取自用戶手機的通話特徵，甚至不需要通話，利用手機和基站間聯絡的信號，就可做出判斷。例如：

體育場觀眾的判斷條件：① 體育活動起止時間；② 體育場基地台覆蓋區域的用戶；③ 在活動期間出現在該體育館基站範圍內停留時間大於 1 小時且小於 8 小時；④ 在活動開始前 3 小時到活動開始後 1 小時之內出現在體育場基地台覆蓋區域；⑤ 在活動結束前 1 小時到結束後 2 小時內離開體育場基地台覆蓋區域；⑥ 選擇上線時間超過 2 個月的用戶……

機場出境客戶的判斷條件：① 選擇在機場基地台區域覆蓋的客戶；② 一個月內在機場區域內出現的累計時長小於 50 小時；③ 一個月內在機場區域內出現的累計天數小於 10 天；④ 手機用戶在機場區域內關機……

機場入境客戶的判斷條件：① 選擇在機場基地台區域覆蓋的客戶；② 一個月內在機場區域內出現的累計時長小於 50 小時；③ 一個月內在機場區域內出現的累計天數小於 10 天；④ 手機用戶在機場區域內開機並離開機場區域，且停留時間小於 120 分鐘……

精準定位不同的人群是提升內容廣告點擊率的法寶。Google 正是瞄準了電信業者這些寶貴的資料資產，才悍然介入基礎電信營運領域。不排除 Google 未來收購電信業者的可能性，這個領域同樣存在本書第六章指出的行業垂直整合的趨勢。電信業者應向媒體轉型，而媒體也會介入營運，這個趨勢是不可扭轉的。

## 第三節　行為廣告領域將孕育「新 Google」

行為廣告是杜撰的名詞，言下之意是充分利用人們在網上留下的各種行蹤，精確預測個人需求，從而推送更加精準的廣告。行為廣告的呈現形式，還是以現在的內容廣告為主，但將是高度個性化的「內容廣告」。

Amazon 電子商務網站的推薦系統，為人稱道不已。如果你是 3C 狂熱者，登錄 Amazon 網站首頁看到的幾乎都是 3C 產品；如果你是一位新媽媽，則網站首頁將會是滿滿的嬰幼兒產品。這是 Amazon 公司根據網站上積累的大量的用戶購買、瀏覽資訊，做出的個性化調整。這類推薦系統，就是行為廣告的雛形。誰能把這種思想率先推廣到整個網際網路，誰就將成為下一個 Google。

可以把行為廣告看成是內容廣告的高級階段。目前，內容廣告市場相較於搜尋廣告市場而言，競爭格局尚存在變數，不存在絕對壟斷的公司。美國最大的內容廣告媒體 Google 聯盟和 Facebook 展示的廣告市場份額均未超過 20%，見表 4-4。

表 4-4　美國內容廣告市場格局及發展預測

| | 2011 | 2012 | 2013 | 2014 |
|---|---|---|---|---|
| Facebook | 14.0% | 16.8% | 17.7% | 17.1% |
| Google | 13.8% | 16.5% | 19.8% | 21.7% |
| Yahoo | 10.8% | 9.1% | 8.1% | 7.5% |
| 微軟 | 4.5% | 4.4% | 4.3% | 4.4% |
| 美國線上 | 4.3% | 4.0% | 3.8% | 3.7% |

(資料來源：EMARKETER DIGITAL INTELLIGENCE 2012「DIGITAL AD TRENDS」)

## Amazon 公司的推薦系統是行為廣告的雛形

網路上曾經流傳過這麼一件真實的案例：在美國明尼阿波利斯市，一個中年男子怒氣衝衝地走進塔吉特 (Target) 百貨要求見經理，手裡拿著這家商場寄給他女兒的優惠券。「我女兒收到了這些！」他對著商店經理咆哮，「她還在上高中，你們就寄給她育嬰用品的廣告？你們是在鼓勵她懷孕嗎？」

經理一頭霧水，他看了看郵件，裡面確實有寄給這個女孩的孕婦服和嬰兒床的廣告單。經理不得不反復向這位中年男子道歉，事情才得以平息。

過了幾天，塔吉特百貨的經理又打電話給這位父親，想表示歉意。但在電話裡，女孩的父親說話吞吞吐吐，顯得很尷尬：「我和女兒長談了一

次，我沒有察覺到家裡的一些事──她確實懷孕了，我向你們道歉。」

塔吉特百貨公司是如何早於父親知道一個女孩未婚先孕，從而向女孩推薦育嬰用品優惠券的呢？購物商店如何比用戶自己還更瞭解他們究竟需要什麼，從而向用戶推薦商品和優惠券廣告的呢？說到這些，不得不提及商品推薦系統及推薦系統的鼻祖 Amazon。

Amazon 是世界上最大的網上商店，成立於 1995 年，是一家眼光長遠的偉大公司。Amazon 最奇特的地方在於，自公司成立以來就開始虧損，而且一年比一年虧得多，僅 2000 年一年淨虧損就達到了 14.1 億美元，2000 年之後虧損的步伐才有所放緩。Amazon 從成立開始一直連續虧損了 8 年時間，終於在 2003 年第一次開始盈利，淨利潤第一次由負數變為正數。Amazon 的創始人貝索斯是一個眼光很長遠的人，在 Amazon 成立以來經歷了網路泡沫的形成、滋長和破滅，歷經太多投資人和投資機構的做空，但是貝索斯總是我行我素。在 Amazon 公司年報每年一度的致股東的信裡，貝索斯總是把 1997 年他第一次給股東的信重新貼一遍，其中老是強調「It's All About the Long Term」，即所有 Amazon 所做的都是關乎長遠的事情。

在 2010 年貝索斯給股東的信中，一開始便提到「如果你走進 Amazon 的某些會議，你可能會覺得你走進了一個電腦科學的講座。在現在關於軟體架構的教科書中，已經很少能找到 Amazon 沒有應用的模型。我們使用高性能交易系統、複雜的連結和物件緩存、工作流量和排隊系統、商業智慧和資料分析、機器學習和模式識別、神經網路和概率決策及很多其他技術。」在 Amazon 的這些電腦技術中，非常重要的一部分是應用於 Amazon 的推薦系統。

2012 年前三財季，Amazon 營收達到了 398.3 億美元，與 2011 年同期的 306.5 億美元相比大漲了 30%。Amazon 能有如此驚人的營收成長，其推薦系統功不可沒。在 Amazon 商品爆炸的網路商店，讓用戶發現自己潛在的需求，對於 Amazon 是至關重要的，它已經將推薦的思想滲透在應用的各個角落，深度整合到購物流程的各種方面，從商品發掘到結賬付款，幾乎無處不在。登錄 Amazon.com，會看到許多商品推薦板塊，點擊進入某個商品的網頁，「人氣組合」與「(瀏覽了該商品的) 用戶還購買了其他商品」等欄目赫然在目，這一切都使 Amazon 的用戶驚歎於為什麼這個網上商店總是能猜到自己到底想要些什麼。

Amazon 推薦的核心是通過資料探勘演算法和比較用戶的消費偏好與其他用戶進行對比，藉以預測用戶可能感興趣的商品。Amazon 採用的是分區混合的機制，並將不同的推薦結果分不同的區顯示給用戶。

Amazon 利用可以記錄的所有用戶在網站上的行為，根據不同資料的特點對它們進行處理，並分成不同區為用戶推送推薦。後文會把推薦方式進行整理再介紹典型的推薦方式，這裡先介紹 Amazon 典型地向用戶推薦的表現形式。

今日推薦 (Today's Recommendation For You)：通常是根據用戶近期的購買歷史或者查看記錄，並結合時下流行的物品給出一個折衷的推薦。

新產品的推薦 (New For You)：採用了基於內容的推薦 (Content-based Recommendation) 機制，將一些新到物品推薦給用戶。在方法選擇上由於新物品沒有大量的用戶喜好資訊，所以基於包含共同特徵的物品和內容推薦能很好地解決這個問題。

基於用戶瀏覽過的商品的推薦 (Recommended Based on Your Browsing History)：基於用戶以前瀏覽過的商品的特徵及相關的商品推薦給用戶，這也是基於包含共同特徵的物品和內容推薦方式。

其他人正在瀏覽的商品 (What Other Customers Are Looking At Right Now)：通過具有類似用戶特徵的用戶正在瀏覽的商品資訊進行推薦，這是基於用戶維度的推薦。

捆綁銷售 (Frequently Bought Together)：採用資料探勘技術對用戶的購買行為進行分析，找到經常被一起或同一個人購買的物品集，進行捆綁銷售，這是一種典型的基於物品或內容的協同過濾推薦方式。

別人購買／瀏覽的商品 (Customers Who Bought This Item Also Bought)：這也是一個典型的基於專案的協同過濾推薦的應用，通過社會化的機制，使用戶能更快更方便地找到自己感興趣的物品。

值得一提的是，Amazon 在做推薦時，設計和用戶體驗也做得特別獨到。Amazon 利用其大量歷史資料的優勢，量化推薦原因。

基於社會化的推薦，Amazon 會給出事實的資料，讓用戶信服。例如，購買此物品的用戶百分之多少也購買了那個物品。

基於物品本身的推薦，Amazon 也會列出推薦的理由。例如，因為你的購物框中有「某某」，或者因為你購買過「某某」東西，所以給你推薦類似的「某某某」。

另外，Amazon 的很多推薦是基於用戶資料檔案計算出來的，用戶的資料檔案中記錄了用戶在 Amazon 上的行為，包括看了哪些物品、買了哪些物品、收藏夾和購物車裡的物品等等。當然 Amazon 裡還集成了評分等其他的用戶反饋方式，它們都是資料檔案的一部分。同時，Amazon 提供了讓用戶自主管理自己資料檔案的功能，通過這種方式用戶可以更明確地告訴推薦引擎他的品味和意圖是什麼。

## 多維度「資料資產」的爭奪是行為廣告的主戰場

Google 僅僅憑藉「搜尋資料」就成為一方霸主。事實上，大量的資料資產的價值，並沒有被充分利用。Google 尚有兩類資料欲待染指而不可得：第一類，電信業者業務資料；第二類，大型網站的資料，如 Facebook 的資料、Amazon 的資料等等。從競爭角度而言，電信業者和大型商業網站不可能向 Google 公開資料。Google 正在一步步蠶食傳統電信業者的地盤，電信業者最猛烈的反擊手段就是進入 Google 的腹地，在內容廣告市場搶奪 Google 的利潤，遺憾的是電信業者未必有足夠靈活的機制和充足的人才。

而 Facebook 網站有 10 億活躍用戶，本身就是巨大的廣告平台，正在磨刀霍霍搶奪內容廣告市場的第一把交椅位置。Amazon 是 Google 廣告最大的金主之一，也是眾多網路廣告的目的地，Amazon 自己的站內推薦系統已經是最優秀的廣告平台之一。

在上一節，提到電信業者的「資料資產」，可實現定位人群的精準性、即時性，行動網路時代尤其如此。因此誰能利用 Google 不可能獲得的「資料資產」，誰就將在這場傳媒大戰中獲得戰略優勢。

## 「生態系統」的培育是問鼎行為廣告的基石

內容廣告的產業鏈較長，生態系統也比較複雜，回顧內容廣告產業鏈形成過程，有助於理解本節主題。自 2005 年開始，內容廣告產業鏈的改變開始了，一系列改變原有內容廣告販售的商業方式及技術開始出現，線上內容廣告經過七年的創新，創造了媒體買方和賣方的整個新市場。

第一階段，最開始的內容網路比較少，媒體可以直接將廣告資源售賣給廣告客戶，如圖 4-12 所示。

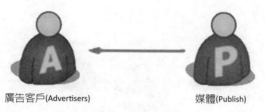

廣告客戶(Advertisers)　　　　　　　媒體(Publish)

圖 4-12　簡單的廣告交易

　　第二階段，由於廣告客戶數和媒體數的增多，進行廣告效果監控的資料也不統一，作為仲介的廣告網路出現，如圖 4-13 所示。廣告網路的出現使得廣告客戶和各家媒體的交易成本下降，使得不同廣告客戶的廣告可以出現在不同的媒體上，實現一定的投放策略和競價策略。

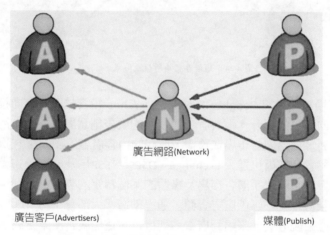

廣告網路(Network)

廣告客戶(Advertisers)　　　　　　　　　媒體(Publish)

圖 4-13　廣告網路出現，形成廣告仲介平台

　　第三階段，由於廣告客戶數、媒體數的增多，廣告市場上已經不可能出現一家廣告網路可以充當所有廣告客戶和媒體的仲介，於是多家廣告網路出現。不同的廣告客戶如果需要投放在盡可能多的媒體上，需要跟多家廣告網路打交道，而覆蓋廣告媒體規模的擴大也能提升廣告定向投放的變現效率，為了進一步降低交易成本和提高廣告定向投放的變現效率，廣告交易場所 (Exchange) 模式誕生，並形成了以廣告客戶和代表廣告客戶利益的廣告資源需求方，同時也形成了媒體和代表媒體利益的廣告資源供給

方，如圖 4-14 所示。

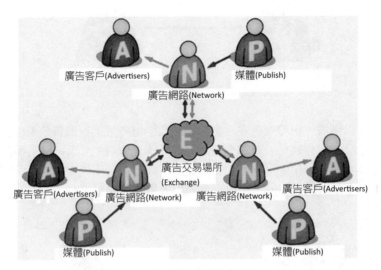

圖 4-14　類證券交易所模式形成

　　隨著市場領導者如 Google、Facebook、Yahoo 投資於廣告定向投放策略，廣告定向效果的提升、消費者參與及新的廣告創意形式共同作用加速了市場的發展，內容廣告市場在重構，原有的內容廣告 Network 在重塑，其他新的參與者和技術也進入 Exchange，DSP[12]、SSP[13] 及 RTB 等市場，每一個部分參與者都解決了廣告市場及媒體的某個特定的需求，可利用的線上資料的繁榮可以統一媒體廣告資源，通過創造「大部分平台一起合作的廣告產業生態系統方式」來達到廣告系列目標，這個廣告產業生態系統的方式即與廣告資料交易 (Data Exchanges) 平台及即時競價 (RTB) 一起工作的廣告網路 (Ad Network)，廣告市場必須創新發展以充分利用購買媒體廣告資源，理解生態鏈各個部分的參與者以及它們是如何相互影響的是實現成功線上廣告過程的關鍵。

　　圖 4-15 是內容網路發展至第三階段後的產業鏈概念圖，這裡簡要介

---

12　DSP，Demand Side Platform，需求方平台。

13　SSP，Supply Side Platform，供給方平台。

紹其中主要的三部分：Exchange、DSP 和 SSP。DSP 代表廣告客戶的利益，實現廣告客戶的利益最大化；SSP 代表媒體廣告資源的利益，實現媒體價值的最大化；而 Exchange 則是中性的廣告交易平台，不同代表廣告客戶利益的需求方平台和代表媒體資源利益的供給方平台都通過 Exchange 對每一次廣告展現機會進行即時競價，每一次廣告展現機會的價值不同是因為當次展現情況下，用戶屬性、內容廣告所在的媒體屬性及當時的環境 ( 如時間、地點等 ) 不同，造成該次展現機會對不同廣告客戶的價值也不同。整個廣告請求開始至返回合適廣告的過程，雖然經歷不同的廣告產業鏈的各個部分和不同公司，經歷大量的資料流動和計算，但是整個過程必須在 100 毫秒甚至更短的時間內完成，通過即時競價來決定最後內容廣告的過程，使得每次內容廣告價值達到最大化。這樣，廣告客戶和媒體的利益都得到了提升和優化。

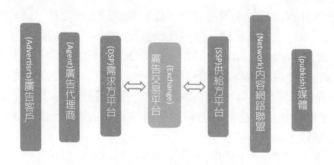

圖 4-15　內容廣告產業鏈概念圖

　　目前，Google、Facebook、Yahoo、微軟都形成了自己的內容廣告「生態環境」，新進入者必須具備更強大的技術、更豐富的資料資產、更精準的廣告預測，才有可能建立新的生態環境，影響產業格局。好在內容廣告技術市場變化非常迅速，尚未形成既定的競爭格局。

### 「大數據技術」是行為廣告決勝的關鍵

　　行為廣告對於大數據技術的要求非常迫切。如果沒有對海量資料的存儲、快速檢索、深度挖掘的能力，就算所有網路資料堆在你面前，也是無

濟於事。這方面需要認真地向 Google 學習，不僅學習它的商業模式，更是學習它如何凝聚人才，投入鉅資，研發出許許多多引領著資訊科技發展方向的東西。

2000 年後的十年，整個資訊產業的技術進步落後於以 Google 為代表的大型網路公司。無論是雲端運算還是大數據，都是發自於 Google 或者 Amazon，與傳統的資訊巨頭無關。更加令人尷尬的是，Google 也好、Amazon 也罷，都沒有採用主流的商業資訊系統，它們都是利用開放原始碼技術自行搭建平台。

## 第四節　大數據驅動的精準營銷

廣告只不過是營銷的一種手段，在本章最後一節，來討論大數據對營銷各個環節的影響。

沒有人比美國總統更擅長營銷。羅斯福總統上任之初，碰到全球性的經濟危機，銀行成批的倒閉，擠兌風潮遍及全國。就在羅斯福宣佈就職的那一天，美國金融的心臟停止跳動，證券交易所正式關閉。羅斯福臨危受命，在溫暖的壁爐旁接受電臺記者採訪，發表親切、隨意的談話，闡述經濟政策，鼓舞民眾的士氣。羅斯福在 12 年的總統任期中，共做了 30 次「爐邊談話」。總統親切、自然的語調通過無線電波，傳播到圍坐在收音機旁的每一個家庭。

「是在甘迺迪任期內和因為他，電視成為確定一總統領導國家能力的一個重要的——也許是至關重要的決定因素」[14]。甘迺迪是第一位名副其實的「電視總統」，在此之後，電視辯論成為左右美國總統大選的一個重要環節。

無論是收音機還是電視機，傳播都是單向的。網際網路的誕生，使溝通和傳播的手段得到質的飛躍。對選民資料的蒐集和挖掘，使總統大選更具針對性和個性化。歐巴馬成功駕馭了這個革命性的新媒體，問鼎總統寶座。

---

14　布勞爾《約翰·F·甘迺迪》，第 119 頁

## 政治營銷的變革——大數據總統歐巴馬

2012 年 3 月，歐巴馬親自宣佈美國政府的《大數據研究與發展計劃》。2012 年 11 月，歐巴馬依靠大數據技術再次當選美國總統。2008 年、2012 年歐巴馬的兩次勝選，都與其背後的資料分析團隊密不可分，資料分析的工作始終貫穿歐巴馬競選的全部過程，包括獲取有效選民、資金籌集、有效分配競選資源和競選結果預測等，其發揮了巨大的作用。這讓人不禁感慨，不知是大數據成就了歐巴馬，還是歐巴馬成就了大數據。

大數據在總統選戰的三個至關重要的環節，都發揮了難以替代的作用：幫助籌集競選資金、分配競選資源、預測大選結果。

歐巴馬背後的資料分析團隊在 2008 年歐巴馬首次競選美國總統時就已存在並發揮作用。而在 2012 年，資料分析團隊的工作人員比上屆的規模增加了 5 倍，且進行了更大規模與深入的資料探勘工作。歐巴馬的資料分析團隊要用資料去衡量這場競選活動中的每一件事情。在政治活動中運用資料分析的目的，在於充分利用在競選中可獲得的選民資料、行為、支援偏向等多方面的大量資料。資料分析團隊試圖挖掘這一連串資料並預計出選民的選舉模式，這將使歐巴馬競選團隊的籌集資金和花費都更加精確和有效率，比如通過利用海量資料的分析來幫助歐巴馬籌集到 10 億美元競選資金，如何重新制訂了電視廣告投放，如何做出「游離州」選民的詳細模型以提升電話、上門投遞郵件、社會化媒體等手段的利用效率。

### 籌集競選資金

歐巴馬的資料分析團隊幫助歐巴馬籌集到了超預期的 10 億美元競選資金。首先，資料分析團隊將民調專家、籌款人、選戰員工、消費者資料庫等所有獲取到的資料都聚合到一塊。這個組合起來的巨大數據庫不僅能夠幫助競選團隊發現選民並獲取他們的注意，還能獲知哪些類型的人有可能被某種特定的事情所打動或說服；得到這些可能被說服的內容後，還將幫助競選團隊按選民最重要的優先訴求來排序。資料分析團隊通過將選民的消費者資料建模還能幫助預測哪些人會在網上捐錢。新的大數據庫能讓競選團隊籌集到比他們預料到的更多的資金。

歐巴馬通過網上籌集到的資金中的極大部分是通過一個複雜的、以度量驅動的電子郵件行銷活動而來。在這裡，資料蒐集與分析變得異常重

要，採用了不同的標題、發送者與資訊內容以籌集更多的競選資金。

通過資料分析發現，註冊了「快速捐獻」計劃[15] 的人，捐出的資金是其他捐獻者的四倍。所以該計劃被拓展開來，然後以物質刺激加以激勵。在 2012 年 10 月底時，該計劃是競選團隊對支持者傳遞資訊的重要組成部分。

資料分析團隊通過對支持者資料的蒐集、分析和挖掘後，發現支持者喜歡競賽、小型宴會和名人，於是歐巴馬競選團隊創建了與歐巴馬共進晚餐的「帕克競標」來為歐巴馬籌集競選資金。

事實上，歐巴馬募集到的資金儘管與對手羅姆尼募集的資金規模不相上下，但歐巴馬從普通民眾直接募集到的資金是羅姆尼的近兩倍，說明歐巴馬受到更多普通民眾的歡迎和支援。

## 競選資源分配

資料分析團隊會得出資料處理結果，告訴競選團隊贏得這些州的機會在哪，從而使競選團隊可以更有效地進行資源分配。

線上，動員投票的工作首次嘗試大規模使用 Facebook，以達到上門訪問的效果。

資料同樣讓競選團隊把總統送往通常在競選階段晚期不會出現的地方。2012 年 8 月，歐巴馬決定到社會化新聞網站 Reddit 去回答問題，因為一大批歐巴馬的動員目標在 Reddit 上。

資料也幫助了競選廣告的購買。歐巴馬團隊 2012 年的電視廣告購買效率比 2008 年提高了 14%，這確保歐巴馬競選團隊通過廣告與其可說服的選民對話。

## 預測競選產出

歐巴馬資料分析團隊用了四組民調資料，建立了一個關鍵州的詳細圖表。分析團隊做了俄亥俄州 29,000 人的民調，占了該州全部選民的 0.5%，使資料分析團隊深入分析特定人口、地區組織在任何給定時刻裡的趨勢。這是一個巨大的優勢：當第一次辯論後民意開始滑落的時候，他們可以去

---

[15] 「快速捐獻」計劃允許在網上或者通過簡訊重覆捐錢，而無須重新輸入信用卡資訊。

看哪些選民轉換了立場，而哪些沒有。

民調資料與選民聯絡人資料每晚都在所有能想像到的場景下被電腦處理、處理再處理。「我們每天晚上都在運行 66,000 次選舉。」電腦類比競選，用以推算出歐巴馬在每個「游離州」的勝算。

資料驅動的決策對歐巴馬——美國歷史上的第 44 位總統的續任起了巨大作用，也是研究美國 2012 大選中的一個關鍵元素。這同時也是一個信號，表明華盛頓那些基於直覺與經驗決策的競選人士的優勢在急劇下降，取而代之的是資料分析專家與電腦工程師的工作，他們可以在大數據中獲取資訊，洞察選舉形勢。在政治領域，大數據的時代已經到來。

### 營銷領域的變革——F2C

企業營銷雖然沒有總統選戰這樣萬眾矚目，但如果不向總統們取經，顯然是要被時代拋棄的。就營銷而言，沒有大數據就像沒有預警飛機的戰鬥編隊，幾乎沒有抵抗的能力。在大數據時代，企業營銷如果不能有效地針對單個消費者或消費群體來進行個性化營銷，營銷的價值就需要重新討論和判斷。

IBM 公司曾經採訪了超過 1,700 位首席營銷長 (CMO)，推出了一份以營銷轉型推進中國企業成長的報告，其中提到 13 項變革因素。這些 CMO 投票選擇的前五項變革因素是：資料爆炸、管道和設備選擇的增加、不斷變化的消費者特徵、高速增長的市場機遇、品牌忠誠度的下降。當讓這些 CMO 選擇企業有哪些因素尚未做好準備時，結果還是這五項。可見，大數據將影響營銷領域變革的各方面。

F2C 是億贊普公司提出的新型營銷理念，即幫助企業直接把產品從工廠 (Factory) 傳遞到消費者 (Consumer) 手中，工廠是全球的，消費者也是全球的。整個模式可以理解為「前店後廠」的模式，只不過「店」和「廠」不是地域連接的，而是通過創新的媒體和成熟的網際網路商業模式相結合而實現的。

### 基於大數據的飛利浦全系列產品的中國網路傳播

飛利浦作為世界最大的電子公司之一，其產品遍及各個電器類目。作為另一個「極有潛力的市場」，中國市場成為飛利浦整個營銷戰略上的

重點地區之一。因此，負責小家電的飛利浦優質生活事業部大中華區與歐洲、美洲等市場地位並列，成為構建「商務組織」的四大核心市場。

飛利浦在刮鬍刀等個人護理小家電以及果汁機、吸塵器和空氣淨化器等生活小家電上都具有優勢。不過，面對主要競爭對手美的在生活小家電領域的全線滲透，飛利浦精品小家電的地位受到衝擊。自 2011 年 5 月起，飛利浦生活小家電和精品小家電面向中國重點直轄市和省份展開為期一個季度的推廣促銷風暴，擴大品牌及產品在網路上的曝光量。

在專案執行期間，傳播活動需要對飛利浦空氣淨化器、風景時尚燈、吸塵器、刮鬍刀、soudbar、avent 六大產品進行品牌形象推廣和促銷。因此整個傳播活動的目的是在擴大品牌及產品網路曝光量的同時，加深目標消費群對飛利浦各相關產品的認知，進而促進相應商業效益的增加。

中國網路環境具有各網站資料碎裂，碎片化十分顯著的特徵。不僅如此，飛利浦整個產品線品類繁多，傳播任務繁重，傳統網際網路單一的品牌互動方式讓飛利浦難以掌控，更不易於有效地傳達資訊，展示品牌形象。而飛利浦的目標是，通過整合營銷策略讓中國的消費者能夠輕鬆愉悅地感受到飛利浦品牌的特性，最大化提升有限預算的 ROI。

事實上，從網際網路傳播角度來看，此次飛利浦廣告投放面臨四個大的挑戰。挑戰一：通過大數據的洞察，快速洞察人群和精品人群的網路行為特徵和心理特徵，為網路傳播提供策略依據。挑戰二：基於區域的銷售策略來制定媒體傳播策略，讓店面銷售與網路推廣有效銜接。挑戰三：解決多產品同步廣告推送問題，提高有限媒體版位的利用效率；通過技術手段，讓廣告版位基於用戶興趣展示廣告，不同的受眾看到不同的廣告，提升廣告版位價值。挑戰四：基於億讚普 ID 資料，實現跨區域廣告頻率調度，讓有限廣告位的銷售價值最大化。同樣的預算，UV 覆蓋量達到常規廣告投放方式的 2 倍以上。

確立傳播策略，首先需要基於大數據建立資料模型，然後做出飛利浦人群的相關資料。那麼，大數據是如何運用到飛利浦的全國推廣中呢？

在飛利浦專案的執行中，以海量資料存儲系統為基礎，通過資料探勘和人工智慧演算法，對海量網際網路用戶、內容和相關行為進行分析，挖掘出其中蘊含的營銷機會，以達到最具價值和效率的營銷效果，同時獲得了更高的投資回報率。

策略執行過程中，以網際網路大數據分析為基礎，結合互動策略、

數位創意、網路媒體採購、網路公共關係和監測服務等進行全面的整合服務，建立了包括差異人群覆蓋、品牌植入傳播、多媒體組合策略、EPR 互動口碑傳播以及 CRM 用戶持續管理系統等一系列完善的體系，通過技術與媒體的資料化結合，形成了基於智慧化投放的 361° 傳播策略，全面覆蓋飛利浦的目標受眾，如圖 4-16 所示。

圖 4-16　飛利浦案例中的傳播模型

　這一切，已不僅僅是營銷，而是需要資料、技術與營銷的完美融合。

# 第5章

# 大數據衝擊金融行業

傳統銀行若不能對電子化做出改變,將成為 21 世紀行將滅絕的恐龍。

——比爾·蓋茲

在金融行業,2012 年發生了一系列值得深思的事件:支付寶快捷支付[1]創造鉅額交易業績;阿里小貸服務範圍拓展;京東商城佈局供應鏈金融[2];Lending Club[3]攜手摩根斯坦利前 CEO John Mack 和「網路女皇」Mary Meeker[4]開展小額借貸服務;中國建設銀行跨界推出電商平台——「善融商務」;「三馬[5]」聯合涉足保險業。這些都是在「資料資產」驅動下,不同的行業向傳統金融業腹地滲透、衝擊的表現。凡是擁有大量用戶行為資料的公司,都在力圖侵入傳統的金融業勢力範圍,而那些先知先覺的金融公司,亦展開新地業務佈局,不斷地完善自己資料資產的維度、質量,採取的手段是低價提供未來競爭對手的核心業務。

---

1　快捷支付是一種全新的支付理念,具有方便、快速的特點,通過快捷支付,用戶無需事先開通網路銀行,只要輸入卡號和手機動態口令等資訊就能完成快速付款。——引自百度百科

2　供應鏈金融是指在對供應鏈內部的交易結構進行分析的基礎上,運用自償性貿易融資的信貸模型,並引入核心企業、物流監管公司、資金流導引工具等風險控制變數,對供應鏈的不同節點提供封閉的授信支援及其他結算、理財等綜合金融服務。既包括企業上游的原材料零部件供應網路和鏈條,也包括下游的分銷商、代理商,即渠道鏈。——引自 2007 年深圳發展銀行和中歐國際工商學院合作出版的《供應鏈金融》一書

3　Lending Club 是一個彙集大量優秀借款人與貸款人的網上金融社區,是雙方發生借貸關係的中間服務平台,試圖以更為快捷高效的運作方式取代高成本、較複雜的傳統金融機構。

4　Mary Meeker,著名的華爾街證券分析師和投資銀行家。

5　「三馬」特指中國平安集團董事長馬明哲、阿里巴巴集團董事長馬雲和騰訊控股董事長馬化騰。

## 第一節　第三方支付的「逆襲」

　　第三方支付[6]高調推出快捷支付，這不僅有利於擺脫銀行的束縛，同時還迫使銀行與其共用客戶資料，進一步完善了第三方支付的資料資產。資料資產如同土地、人才、資本等其他資產一樣，需要開發利用，才能發揮價值。目前，第三方支付已經逐漸意識到資料資產的重要性，並基於自身積累的大數據資產開始拓展融資、營銷等增值服務。

### 快捷支付加速第三方支付「管道」角色轉變

　　2012 年 11 月 11 日，阿里旗下的淘寶網和天貓商城當天銷售總額高達 191 億人民幣 ( 淘寶網 59 億，天貓商城 132 億 )，續寫了歷史新傳奇。為了更加直觀地感受 191 億人民幣意味著什麼，不妨看一組資料對比：根據中國國家統計局的資料顯示，2012 年 11 月中國社會消費品零售總額為 18,477 億人民幣，由此計算，11 月每天零售總額為 615.9 億人民幣，這意味著淘寶網和天貓商城當天的銷售總額占社會消費品零售總額的 31%，其地位和影響力可見一斑。然而還有一組資料也不得不引起人們的關注：當天完成支付的訂單超過 1 億筆，其中支付寶的快捷支付交易筆數占所有交易的 45.8%，近乎半壁江山，而傳統的網路銀行支付僅占 23.2%，另外的 31% 是支付寶預先儲值帶來的餘額支付，這從某種程度上標誌著網路公司在「支付」戰場完勝傳統銀行機構。

　　提起快捷支付，貌似屬於一種「新型」支付方式，而實際上該模式由來已久。早在 2006 年 10 月，阿里巴巴與中國建設銀行共同推出專注於電子商務的聯名借記卡——支付寶龍卡，並推出電子支付新產品，即快捷支付的前身——龍卡支付寶卡通業務，該業務不僅讓用戶享有直接網上付款、無需開通網路銀行的便利，還使其能夠享受支付寶提供的「先驗貨、再付款」的擔保服務，但該產品也存在需要改進的地方，消費者需要前往銀行櫃檯辦理「卡通」產品就是其中比較典型的一個問題。為此，在 2010 年 12 月，支付寶與中國銀行一起推出信用卡快捷支付，用戶無需開

---

[6] 第三方支付就是一些和產品所在國家以及國外各大銀行簽約，並具備一定實力和信譽保障的第三方獨立機構提供的交易支援平台。——引自百度百科

通網路銀行，直接通過輸入卡面資訊就可以快速地完成支付，實現了信用卡與網上支付的無縫對接，並在 2011 年 4 月，支付寶聯手中國銀行、工商銀行、建設銀行、農業銀行等 10 家銀行高調推出「快捷支付」，成功繞開了網路銀行交易額度限制。由於「快捷支付」簡單方便，深受消費者歡迎，僅推出 7 個月，用戶數就突破了 2000 萬，截至 2012 年 10 月，其用戶數更是超過了 1 億，與其合作的銀行機構也超過了 100 家。

從最初的網路銀行通道，到龍卡支付寶卡通，再到快捷支付，支付寶已不再單純承擔銀行的渠道功能，開始化被動為主動，逐漸成為主角，而銀行則慢慢開始依賴於支付寶。其中更為可怕的是，快捷支付不需再連結到銀行的閘道，擺脫了銀行的束縛，將大量終端用戶的消費資料緊緊地抓在手裡，同時還「迫使」銀行與支付寶共用銀行核心客戶的數據資料，進一步擴大了其資料資產的規模、維度以及關聯性。銀行雖然也意識到其中的競爭威脅，但卻難以拒絕支付寶的海量用戶以及帶來的巨大市場想像空間。實際上，網路支付市場是一個無比誘人的蛋糕，自 2005 年起便保持迅猛的發展勢頭，幾乎每年都實現翻倍增長。根據艾瑞諮詢的統計[7]，2006 年中國電子支付的市場規模為 451 億人民幣，2011 年猛增至 22038 億元人民幣，占到當年全國 GDP 的 4.7%，預計未來仍將保持高速增長，2015 年的市場規模將達到 126031 億人民幣。

支付寶作為中國第三方支付的巨頭，其一舉一動都在一定程度上反映著該市場的發展動向。自支付寶快捷支付推出以後，財付通、快錢等其他第三方支付公司紛紛跟入。

### 第三方支付基於資料資產拓展增值業務

自 2010 年 6 月至今，中國人民銀行相繼四次發放了近 200 張不同類型的支付牌照，業務範圍覆蓋網路支付、銀行帳單、預付卡發行與受理、行動電話支付、固定電話支付、數位電視支付、貨幣匯兌七大類型，行業進入門檻逐步降低，市場競爭日趨激烈，第三方支付行業進入「後牌照時代」。第三方支付企業傳統的盈利模式主要為提取交易傭金，總體上在 0.5%～1% 之間，但由於社會各方勢力大量湧入，搶食網路支付市場，其

---

7　艾瑞諮詢，《2011 年中國網際網路支付行業年度監測報》。

盈利空間被不斷壓縮。

　　為了破解當前的發展困境，第三方支付企業積極拓展新型業務，如理財服務、行業解決方案、行動支付、跨境支付結算等，其中一個極具潛力的發展方向便是基於大數據的創新業務。網路支付行業歷經多年的發展，積累了海量的用戶資料和交易資料，這些資料已經變成一座越來越大的「金礦」，蘊藏著巨大的商業價值。基於資料探勘和加工的商業創新應用很有可能成為第三方支付企業未來的核心業務，而傳統的支付結算業務則會變成「副產品」，其主要的作用是提供源源不斷的市場資料。

　　事實上，國內的第三方支付企業也已經意識到資料的巨大價值，並且開始採掘這座「金礦」。走在最前沿的依然是行業老大支付寶，阿里巴巴集團將支付寶、淘寶、天貓以及阿里巴巴 B2B 等幾大平台的資料打通，由此推出網路小額貸款服務，並已經取得了不錯的成績。由於後面會深入分析阿里巴巴的小額信貸業務，因此這裡不再贅述。而其他第三方支付企業也在該領域進行了不同程度的探索，如快錢推出了企業應收應付帳款融資服務，快錢將企業的應收帳款或應付帳款資訊和產業鏈上下游企業一段時間內的資金流轉資料統一「打包」給合作銀行，由銀行為企業客戶提供貸款服務。易寶支付也在聯合銀行嘗試為航空領域的代理人提供周轉資金，同時也在嘗試交叉營銷業務，據稱易寶支付目前每年的營收大概是 10 億人民幣，其中 80% 來自線上支付，其餘 20% 來自營銷和信貸業務[8]。總之，上述的種種創新都離不開第三方支付企業沈澱的海量資料，資料成為其經營發展的關鍵資產，相信未來基於此的新應用、新服務將會層出不窮。

　　第三方支付憑藉獨特的業務模式得到了社會的認可，積聚了大量的買賣雙方用戶資料，從最初的灰色地帶走到了今天的合法地位。未來如果要想進一步發展成為一股獨立和強大的社會力量，有兩個內容需要重點關注：一是通過創新產品和服務吸引更多用戶，構成強大的資料源；二是加強資料資產的開發和利用，拓展新型業務。

---

8　引自 2012 年 9 月新浪科技對易寶支付 CEO 唐彬的專訪。

## 第二節　網路小額信貸來勢兇猛

　　傳統金融機構在開展中小企業融資服務過程中一直面臨兩大難題——成本和風險，網路小額信貸則為解決上述問題提供了全新的運作思路。網路小額信貸基於網際網路進行標準化流水作業，大大降低了傳統點對點的運作成本，同時憑藉海量、多維、即時的資料資產有效地控制了風險，這也是網路小額信貸敢於打破傳統抵押、擔保模式的關鍵驅動力。網路小額信貸創新性的業務模式，深受中小企業的歡迎，發展態勢極其迅猛。下面將通過阿里小貸和 Kabbage 兩個典型案例揭示網路小額信貸的運作模式和發展趨勢。

### 阿里小貸攪動「一池春水」

　　2012 年 8 月，阿里巴巴決定擴大 B2B 小額信貸業務 ( 以下簡稱阿里小貸 ) 範圍，由最初的阿里巴巴 B2B 平台付費用戶擴展至普通註冊用戶，但地理覆蓋範圍仍只是江蘇、浙江和上海地區，至於淘寶網和天貓商城上的貸款業務則沒有變化，因為該業務之前就是無地域限制的，這一決定在某程度上意味著阿里小貸的業務量將大幅增加，佔據的市場份額也將進一步提升。該消息一經透露便在社會各界掀起軒然大波，可謂眾說紛紜，更有人喊出了「顫抖吧，銀行！」。阿里巴巴真的能顛覆銀行嗎？這個尚難定論，因為最終的結果是在各種複雜要素綜合作用下的產物，但有一點是可以肯定的，即阿里小貸已經在金融領域佔據了一席之地，並對傳統金融機構形成了一定的威脅。

　　阿里小貸業務可以分成兩大類：一類是針對 B2C 平台，即為淘寶網和天貓商城的客戶提供訂單貸款和信用貸款；另一類是針對 B2B 平台，即為阿里巴巴中國站或中國供應商會員提供阿里信用貸款，具體又分成循環貸和固定貸兩種。阿里小貸的貸款金額通常是在 100 萬元人民幣以內，採用按日計息的收費方式，針對淘寶網、天貓商城的信用貸款和針對阿里巴巴的循環貸的貸款利率為 0.06%/ 天，其他的貸款利率為 0.05%/ 天。由此很容易便可推算出，日利率 0.06% 的年化利率約為 21.9%，日利率 0.05% 的年化利率約為 18.3%，雖都遠高於中國人民銀行人民幣貸款 1 年期 6% 的基準利率，但在小額貸款行業內卻屬於中等水平，且符合中國規定的基

準利率 4 倍以內的要求。

當前中國的中小企業貢獻了 60% 以上的 GDP，解決了 80% 左右人口的就業問題，已經成爲中國社會經濟發展的重要引擎。但由於中國信用體系不健全，信用記錄與信用評估非常艱難，爲控制貸款的成本和風險，我國貸款長期以來都是以抵押、擔保貸款爲主，真正的信用貸款比較匱乏。而處於創業初期的中小企業一無抵押，二無擔保，因而想從傳統金融機構獲得融資可謂比登天還難。阿里小貸無抵押、免擔保，且申請貸款效率非常高，這很好地滿足了中小企業極爲迫切的融資需求。

凡能適應市場發展要求的企業必然擁有強大的生命力，阿里小貸憑藉創新的業務模式創造了突出的經營業績。據阿里金融統計資料顯示，截至 2011 年年底，阿里金融服務的小微企業達到 9.68 萬家，佔據中國 4,000 多萬中小企業的 0.2%，累計投放貸款爲 154 億人民幣，呆帳率不到 1%，遠低於銀行抵押類貸款產品的呆帳率。更爲驚人的是，阿里金融僅在 2012 年上半年就向小微企業投放 170 萬筆貸款，貸款總金額爲 130 億人民幣，日均完成近 1 萬筆貸款，且平均每筆貸款額度僅爲 7,000 元人民幣。而在 2012 年 7 月 20 日，阿里金融單日利息更是達到了 100 萬人民幣，如按此勢頭發展一年，阿里金融將實現一年 3.65 億人民幣的利息收入，而一般的小貸公司一年的利息收入僅有幾千萬元。根據國家政策規定，可向銀行借貸不超過其註冊資本金 50% 的資金用以放貸，阿里金融兩家小貸公司註冊資本金總和爲 16 億人民幣，可供放貸的資金最多爲 24 億人民幣，日利息收入最高可實現 120 萬人民幣 ( 按 0.05% 日利息計算 )～144 萬元人民幣 ( 按 0.06% 日利息計算 )，目前阿里金融做到 100 萬人民幣，已經算是業內頂尖水平，雖然阿里金融僅在其生態體系內拓展，但僅阿里巴巴 B2B 就擁有 7,980 萬註冊用戶、1,030 萬個企業商鋪及 75.39 萬名付費會員 ( 截至 2012 年 3 月底資料 )，更不包括淘寶網和天貓商城的龐大用戶群，且隨著阿里生態體系不斷壯大，阿里金融未來的發展空間不可小覷。

對於銀行來說，無抵押、無擔保貸款一直是個大難題，每天完成 1 萬筆貸款，單筆額度爲 7,000 人民幣，且能實現單日利息收入 100 萬人民幣，幾乎更是不可思議。阿里金融究竟是如何解決業內的這一大頑疾呢？答案正是阿里巴巴主營業務——電子商務平台多年積累的海量資料。

傳統金融機構採用抵押、擔保等手段來降低由資訊不確定導致的運作風險和經營損失，而在大數據時代，資訊日趨透明，商業環境的改變也

必將推動商業運作模式的變化。阿里巴巴經過十幾年的發展，旗下的阿里巴巴 (B2B)、淘寶、支付寶等平台累積了大量的後臺資料，不僅包括用戶的交易資料，還涵蓋其資金流動、訪問量、產品變化、投訴評價、用戶註冊等經營資料和身份資訊，且這些資料是即時自動生成的，以極低的成本為阿里小貸提供源源不斷的海量資料支援。阿里巴巴將旗下的平台資料打通，建立無縫連結，將海量的資料引入網路資料模型，並輔以線上影片調查、第三方驗證等手段，對企業和個人進行信用評估。同時，阿里金融還建立了覆蓋貸前、貸中和貸後的一整套風險預警和管理體系，以控制貸款風險。正是基於此，阿里金融才能夠脫穎而出。

### Kabbage 開闢新的發展路徑

阿里小貸是阿里巴巴發展的衍生業務，其成功得益於阿里巴巴旗下平台多年的資料累積，模式不具有可複製性。但在世界的另一端，美國的 Kabbage 為人們上演了一種更具為普遍適用性的商業模式。

Kabbage 是一家致力於為不符合銀行貸款資格的網路商家提供快速、安全的資金信貸公司，其於 2010 年 4 月上線，總部位於美國亞特蘭大，截至目前已經成功融資 6,000 多萬美元。Kabbage 的主要目標客戶是 eBay、Amazon、Yahoo、Etsy、Shopify、Magento、PayPal 上的美國網路商店，Kabbage 通過查看網店店主的銷售和信用記錄、顧客流量和評論、商品價格和存貨等資訊，以及其在 Facebook 和 Twitter 上與客戶的互動資訊，並借助資料探勘技術 ( 其中一個比較主要的專利技術是「為線上拍賣和市場環境提供流動資金的工具」，美國專利號 7983951)，來最終確定是否為他們提供貸款以及貸款金額和貸款利率，其貸款期限最長為 6 個月，貸款月利率在 2%～7% 之間。Kabbage 用於貸款判斷的支撐資料一方面來源於網上搜尋和查看，另一方面則來源於網路商家的自主提供，且提供的資料多少直接影響著最終的貸款情況。同時，Kabbage 也通過與物流公司 UPS、財務管理軟體公司 Intuit 合作，擴充資料來源管道。Kabbage 的商業模式適應了市場發展要求，上線不到 1 年，就得到數千家商戶的支援，每家商戶的平均貸款資金為 1 萬美元左右。

基於大數據的商業模式創新過程有兩個核心環節：一是資料獲取，二是資料的分析利用。阿里金融與 Kabbage 的區別在於資料獲取方面，前者

是借助旗下平台的資料積累，後者則是多元化的渠道提供資料，其中網上商家自主提供資料且其資料的多少直接決定著最終的貸款額度與成本，這充分體現出大數據的資產價值，就如同傳統的抵押物一樣可以換取資金。阿里金融與 Kabbage 的共同點在於資料探勘利用方面，雖說大數據是一座極具價值的「金礦」，但如果不能科學地加以利用，那麼大數據就變成了一堆堆毫無用處的「石頭」，阿里金融和 Kabbage 都是借助大數據技術，並結合金融行業的特點，有效地控制了風險，實現了完美融合和創新。

　　阿里小貸和 Kabbage 本質上都是借助大數據開展金融信貸業務的。實際上，二者只是網路信貸市場蓬勃發展的兩個縮影，Wonga、Lending-Stream、Klarna、Zestcash 等新興公司都在借助大數據技術開拓信貸業務，同時 Amazon、Google 等網際網路巨頭也憑藉其沈澱的海量資料進軍網路信貸領域，紛紛為生態體系中的中小客戶提供融資服務，而這些新玩家正以創新的商業模式逐步重塑銀行信貸業的市場格局和發展方向。

## 第三節　網路巨頭推動供應鏈金融進一步發展

### 供應鏈金融發展歷史悠久

　　供應鏈金融並非是新生成的事物，早在 19 世紀初，荷蘭的一家銀行就推出了倉儲質押融資業務，這成為供應鏈金融發展的早期雛形。到了 20 世紀末，隨著物流運輸行業和通信資訊技術的快速發展，全球性的業務外包活動日益增多，這在提升效率、降低成本的同時也導致了融資節點的相應增多，由於供應鏈各個節點參差不齊，部分節點出現資金流瓶頸就會引發「木桶短板」(Cannikin law，即總能力高低是由最弱的環節決定 )效應。為了解決這一問題，供應鏈金融隨之興起。進入 21 世紀，供應鏈金融已經成為國際各大銀行流動資金貸款領域的主要業務之一。

　　供應鏈金融作為一大金融創新產物，對於利益相關方都具有極大的社會和經濟價值。從企業方面看，供應鏈金融很好地滿足了部分中小企業的資金需求，有利於整條產業鏈的協調發展；從銀行方面看，通過引入核心企業、物流監管公司等新的風險控制變數，進行供應鏈整體及其鏈條關係的風險評估，而非傳統只針對單一企業的風險評估，該模式既能控制風險，又能擴大市場服務範圍；從物流監管公司方面看，供應鏈金融無疑為

其帶來了新的增值服務。

雖然供應鏈金融符合市場的發展需求，具有廣闊的發展空間，但不可否認的是，供應鏈金融在發展過程中面臨著一系列的問題。例如，資訊技術支援不夠，中國很多銀行在應收帳款和預付帳款等環節還需依靠人工服務，這不僅降低了供應鏈金融的運作效率，也增加了一定的操作風險；供應鏈金融覆蓋範圍仍主要侷限在重點行業和優勢企業，對於中小企業的關注不夠。

以電子商務企業為代表的網際網路巨頭憑藉網際網路的天然特性，累積了海量資料，這些資料更為真實有效地記錄了用戶的行為軌跡，構成了「草根」信用檔案體系。同時，借助資訊技術搭建的網上服務體系，其成本更低、效率更高，彌補了傳統供應鏈金融服務的缺陷，推動了供應鏈金融的進一步發展。

## 第四節　P2P 網路借貸如雨後春筍

P2P[9]網路借貸與 eBay 的運作模式類似，為借貸雙方提供了一個低成本、高效率的自由交易平台，大大提高了資訊透明化程度和推動了金融行業「脫媒[10]」進程，具有很廣闊的市場空間。P2P 網路借貸近幾年雖然發展很快，但卻受到政策監管缺失、信用風險較大等問題的桎梏，而其中解決信用風險的關鍵則在於如何打造和利用大數據資產。

### P2P 網路借貸發展迅猛

2012 年 6 月，美國的 Lending Club 在新一輪融資中成功募集 1,750

---

9　P2P (Peer to Peer, P2P) 原指一種網路新技術，即對等網際網路技術，該技術最大的特點就是用戶之間的資源分享，網路中的物理節點在邏輯層面上具有相同的地位，這不同於傳統的伺服器中心模式。P2P 網路借貸則指個人與個人在專業的網路平台上確立借貸關係和完成交易。

10　脫媒，一般是在進行交易時跳過所有中間人而直接在供需雙方間進行。在金融領域，脫媒是指「金融非仲介化」，因為存款人可以從投資基金和證券尋求更高回報的機會，而公司借款人可通過向機構投資者出售債券獲得低成本的資金，這削弱了銀行的金融仲介作用。

萬美元。其中 KPCB 投資 1,500 萬美元，摩根斯坦利前 CEO John Mack 個人投資 250 萬美元，素有「網際網路女皇」之稱的 KPCB 合夥人 Mary Meeker 和 John Mack 也都加入了 Lending Club 的董事會，截至目前 Lending Club 已經融資近 1 億美元。Lending Club 究竟是如何同時贏得網路領域和金融領域兩位龍頭的高度關注與欣賞？不妨先瞭解一下這家公司。Lending Club 成立於 2006 年並於 2007 年正式上線，是一個匯集大量優秀借款人與貸款人的網上金融社區，是雙方發生借貸關係的中間服務平台，試圖以更爲快捷高效的運作方式取代高成本、較複雜的傳統金融機構。

　　Lending Club 平台上的利率設定根據貸款等級和期限的不同而變化，總體水平是在 6.03% 到 24.89% 之間浮動。Lending Club 將貸款分爲 A、B、C、D、E、F、G 七個等級，每個等級下面又具體分爲 1、2、3、4、5 五個等級，貸款期限最長爲 36 個月。Lending Club 的收入主要來源於從借貸雙方收取的費用，每筆交易成功後 Lending Club 將從借款人收取貸款總額 1.11%～5% 不等比例的費用，具體視貸款等級和期限而定，從貸款人收取借款人償還總額的 1% 作爲服務費。此外，如果借款人沒有借貸成功，需要向 Lending Club 支付 15 美元的費用，如果借款人沒有償還貸款並滯繳 15 天以上，需要向 Lending Club 支付滯納金。Lending Club 發展十分快速，截至 2013 年 1 月初，貸款總額已經超過 12 億美元，創造利息收入突破 1 億美元。

　　Lending Club 是一家典型的 P2P 網路借貸公司，其發展情況在某種意義上也反映了整個行業的發展態勢。P2P 網路借貸最先開始於英國，2005 年首個個人對個人 (P2P) 的網路創新借貸平台—— Zopa 出現，隨後便迅速擴展至美國、德國等國家。2006 年美國的 Prosper 成立，截至 2013 年 1 月初，平台已擁有 160 萬會員，並促成了 4.44 億美元的會員間貸款。P2P 金融交易的效率更高、成本更低，不僅擴大了服務人群的數量和範圍，還摒棄了對銀行等傳統金融仲介的依賴，加速了金融脫媒的進程。但推動發展的一個關鍵在於雙方資料資訊是否充分可靠。

### P2P 網路借貸創新服務模式

　　P2P 網路借貸與 eBay 的運作模式比較類似，即爲貸款人和借款人搭建了一個展示、交易的網上平台，擬借款人需要填寫貸款金額、用途、期

限、信用記錄以及個人資訊等資料，網站會對擬借款人的資料進行初步審核並給出量化的信用評分和風險等級，擬貸款人可以據此設計投資方案。網站的交易機制主要是採取競拍模式，擬貸款人以貸款利率競標，利率低者成為最終的貸款人，而網站通過從中收取手續費獲取收入，費率標準則因公司而異。P2P 網路借貸與 eBay 的區別在於前者拍賣的是資金，而後者拍賣的是實物商品。此外，為了分散風險，擬貸款人可以只提供擬借款人所需資金的一部分，並將剩餘資金提供給其他的擬借款人，而擬借款人所需資金的未完成部分則由其他的擬貸款人繼續提供，貸款與借款之間由此形成了多向交叉。

P2P 網路借貸總體上都採用與上面比較類似的運作模式，但由於中國的特殊市場環境，P2P 網路借貸在引入中國後發生了一些調整，出現了兩種主流發展模式：一種是以拍拍貸為代表的純線上借貸平台，歐美發達國家 P2P 網路借貸大部分是這種模式，這得益於其完善的市場信用體系和金融服務體系。該模式成本低、擴張快，但信用風險高 ( 指在中國 )；另一種是以宜信為代表的線上線下融合的借貸公司，且線下業務更重，該模式成本高、擴張慢，但信用風險低。此外，為了吸引貸款人，中國一些 P2P 網路借貸平台提出「保本承諾」，即一旦出現違約，貸款人可以得到本金賠償，這一承諾使其需要承擔貸款違約風險，資金鏈和盈利能力也因此受到影響。

信用風險是極待解決的另一大難題。破解這一難題的關鍵在於大數據，其中兩項重要任務便是如何獲取更多關於借貸雙方的資料資訊 ( 尤其是借款人 ) 和如何將資料資訊很好融合到實際業務運作之中。美國 Lending Club 引入網路社交元素，可以擴大服務物件資料資訊的來源管道。且隨著時間的推移，P2P 網路借貸平台將會針對每個用戶都建立一個信用記錄檔案，相信隨著資料來源的豐富、平台資料的累積以及國家資料的開放，P2P 網路借貸的資料獲取問題將會被逐步解決。接下來則需要建立一套基於大數據的業務模式，尤其是在信用風險評估、對應利率設置以及關鍵流程設計方面，這不單純是大數據技術可以解決的問題，需要企業立足於金融產業，將金融與技術進行深度融合統一。

## 第五節　傳統金融機構積極應變

　　面對新興金融力量的不斷滲透，傳統金融機構開始採取積極的應對措施。銀行業推出網路銀行、網路融資和電子商務等業務，保險業亦開始探索通過網路銷售保險、線上客製化保險產品和虛擬財產保險等業務。然而，金融行業終究是一個資料密集型行業，無論是傳統的業務還是新型的線上業務，其競爭的一個關鍵要素仍是資料。銀行業進軍電子商務的核心目的在於採集資料，銀行業開展網路融資、保險業探索虛擬財產保險的成敗關鍵則在於利用資料。由此可見，大數據儼然成爲金融業建構核心競爭力的重要資產。

　　事實上，金融行業正在發生的一切僅僅是大數據在社會經濟運行中應用的一個縮影。零售行業、物流行業、旅遊行業、生物醫療行業乃至國家治理，在過去、現在、未來都會感受到大數據的強大力量，這種影響切切實實就在大家身邊。

# 第 6 章

# 大數據加劇產業的垂直整合趨勢

越靠近消費者與用戶，在產業鏈上就擁有越大的發言權。

　　行業內的分分合合，大致遵循相似的發展規律。上游企業的產品，是下游企業的原料，一環扣一環，最終交付到消費者手中。行業的每個環節都有數家公司在競爭，同環節競爭非常慘烈，常常是你死我活的零和遊戲。在同一個產業環節中存在的收購整合，一般稱為「水平整合」。橫向整合的結果，會形成在某產業環節的壟斷，或者幾家均勢的競爭格局。這是企業做「大」的過程。

　　在某環節佔據優勢地位的公司，往往開始沿產業鏈上下游展開收購整合。不同行業，不同的歷史時期，戰略點亦不同。有些公司向下游擴展，有些公司則溯流而上，向上游擴展。這種沿產業鏈上下游展開的收購整合，一般稱為「垂直整合」。垂直整合可以看作是公司做「強」的過程。

　　「大」和「強」的概念都是相對的。公司在某個產業環節做大了，但還是可能受到上游供應商，尤其是核心部件、壟斷性資源、關鍵技術的限制。雖然是大公司，面對上游強勢的資源、技術、產品的公司，仍表現為弱勢的一方。長期以來，中國的個人電腦製造商就是這樣的行業地位，一直受上游作業系統廠商——微軟、晶片廠商——英特爾的限制。同樣，如果產業鏈下游存在大型的通路商，上游的製造商需要依賴通路商把商品交付到最終消費者手中，則製造商在和強勢通路商的博弈中也會處在弱勢的地位。

　　產業垂直整合是公司由大而強的必經之路。蘋果公司一直牢牢把握從晶片設計到蘋果零售店等所有產業鏈的關鍵環節，為用戶提供完美的購買、服務和使用體驗。

　　產業內的垂直整合趨勢，隨著技術的發展、各環節博弈能力的此消彼長，逐漸呈現下游的公司挾消費者這一「天子」以令上游諸侯的局面。產業鏈上的戰略點，逐漸向消費者端遷移，形成以消費者為中心的產業格局。

## 第一節　形成以消費者為中心的產業格局

社交網路、大數據等新技術的應用，放大了消費者的影響能力。製造能力的進步，使得上游廠商的產品同質化程度加劇。它們不得不更貼近消費者，要更主動傾聽消費者的需求，才能在競爭中勝出。這些因素堆疊在一起，客觀上推動了以消費者為中心的產業格局變遷。SONY 這家以供應鏈管理見長的製造型公司，比起做網路書店起步的線上零售帝國——Amazon 公司，對消費者需求把握的時效性和精準性，實在是雲泥之別。

杜拉克[1]的經典問題——你的客戶是誰？

杜拉克的經典著作《管理：使命、責任、實務》奠定了 21 世紀管理學的基礎。他老人家經常問企業高層的第一個問題就是「你的客戶是誰？」，這個問題看起來非常簡單，但是核心在於你真的瞭解你的客戶嗎？

郭台銘的語錄：「如果你不知道客戶的內褲顏色，不要告訴我他會把業務給我們做……」。我們無意對此問題做商業倫理上的評價，只看其中傳遞出來的一個強烈主旨：如果你真的這樣做了，我也許可以認為你瞭解你的客戶，包括他的業務需求和個人愛好。

當面對全球消費者的時候，我們如何去瞭解每個人的興趣和愛好呢？

### Amazon 的實踐

傑夫・貝索斯[2]開會時常留出一把空椅子，提示參與會議者未在場的消費者才是最重要的人。貝索斯是世界上第一家網路書店 Amazon (Amazon) 的掌門人，其 11 年財報顯示，Amazon 營收 480 億美元，淨利潤 6.3 億美元，市值接近千億美元，成為網路界新的精神領袖。

在 Amazon，推出新的產品或者服務，不需要經過冗長的調研、分析、討論等環節，而是盡可能快地推出產品。短短兩周內，消費者就會在公司網站留下訪問、評論、購買、推薦等各種資料。接下來就是大數據技術出場，分析這些海量的資料，評估產品是否令人滿意，預判消費者是否會為

---

1　彼得・費迪南德・杜拉克 (Peter Ferdinand Drucker, 1909-2005) 是一位奧地利出生的作家、管理顧問以及大學教授。他催生了管理學這個學科，被譽為「現代管理學之父」。
2　傑夫・貝索斯 (Jeff Bezos)，創辦了全球最大的電子商務公司之一 —— Amazon。他是全球電子商務的第一象徵。1999 年當選《時代》周刊年度人物。

類似產品慷慨解囊，從而決定這款產品或者服務是否應該繼續推向市場，或者應該取消，啓動另外的嘗試。

這種決策流程的變化，眞正地把消費者置於整個企業決策的中心地位，這也是爲什麼貝索斯開會時會空出那把椅子的原因。因爲他深刻的理解到，在網際網路時代，消費者開始具備了顚覆的能力。

把消費者話題放到社會時代變遷的背景來研究，則更容易理解。當今世界正處於從工業化向資訊化過渡的時代，工業化主導的特徵是大生產、大物流、大品牌、大零售，通用汽車、UPS、寶鹼、沃爾瑪是大工業時代的代表，如圖 6-1 所示。而未來是消費者主導的資訊社會，其以消費者驅動、客製化生產、網路化協作爲特徵。過去企業的發展只要專注內部的生產、管理、供應鏈等問題就夠了，消費者只是被動的接受。未來企業的內涵擴展，邊界消除，消費者將成爲企業重要的一份子。

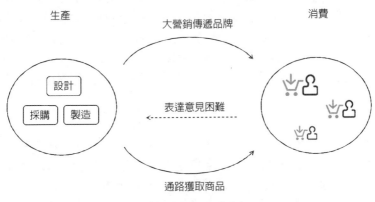

圖 6-1　工業時代以生產爲中心

譬如，福特汽車公司早期生產的 T 型車[3]，福特曾笑言「顧客可以隨意選擇他喜歡的顏色，只要是黑色」。這是典型的以生產爲中心的商業模

---

[3] 福特 T 型車是美國亨利・福特創辦的福特汽車公司於 1908 年至 1927 年推出的一款汽車產品。第一輛成品 T 型車誕生於 1908 年 9 月 27 日，位於密歇根州底特律市的皮科特 (Piquette) 廠。它的面世使 1908 年成爲工業史上具有重要意義的一年：T 型車以其低廉的價格使汽車作爲一種實用工具走入了尋常百姓之家，美國亦自此成爲了「車輪上的國度」。

式，以當時生產線的技術能力、工藝水準，如果增加不同的顏色，會顯著影響生產效率和製造成本。但現在製造業水準突飛猛進，具備客製化生產的能力。最新的印刷技術，印製 1 萬張相同的圖像和印製 1 萬張不同的圖像成本近乎相同。這和福特 T 型車時代，呈現完全不同的商業圖景。當下，必須洞察消費者的喜好，而且是每一個消費者的喜好，才有可能提供個性化的產品。

　　大數據技術的發展，開啓了這扇洞悉消費者心理的方便之門，如圖 6-2 所示。曾經有服裝企業想調查其顧客的購買意願，看哪件衣服顧客拿起來了，哪件試過了，又要安裝攝影機，又要選樣本，沒有花費一億做不來，要想省錢減少樣本量，可能又會面臨統計結果失靈的風險。但在網路上做同樣的事情，成本近乎於「零」。因爲消費者在網頁上停留的時間、點擊衣物圖片、放到購物車等行爲無一不清晰的記錄在伺服器上。分析這些資料的唯一挑戰，就是迅速的在海量資料中形成有助於決策的資訊。而這恰恰是大數據技術發揮價值的領域之一。

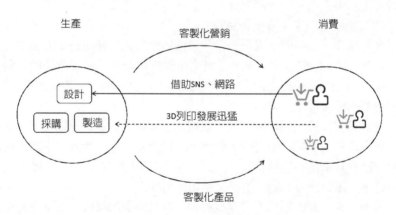

圖 6-2　以消費者爲中心，引發產業融合、企業變革

　　洞悉消費者的心理，準確、快速回應消費者需求，甚至是潛在需求，是當代製造業向客製化生產轉型的關鍵。擁有海量資料處理、分析的技術，將是這些企業的千里眼和順風耳。目前，對於國內大部分企業來說，大數據的商業價值正處於啓蒙階段。令人欣慰的是，總有一些具備領袖氣質的公司，走在技術應用的前沿，也總有一些企業家在不斷的學習和

超越。

回到這一小節的標題上來，對比一下 Amazon 和 SONY。Amazon 利用龐大的電子商務網站，大規模蒐集消費者在購買商品過程中留下的點擊、評論、購買等資料，精確預測消費者的興趣。並以資料為核心，開始涉足平板電腦，低價提供 kindle fire 系列產品，成為目前市場上唯一一款可以匹敵蘋果 iPad 的利器。SONY 近些年推出的產品，明顯遠離消費者，記憶中已經沒有任何產品可以再現 Walkman 隨身聽的盛況。在大數據時代，索尼明顯落伍了，它錯過了利用網際網路蒐集用戶資料，更加貼近消費者的歷史機遇。

## 恒安國際的核心競爭能力向消費端遷移

如果跳出資訊產業，把所有的產業都抽象地描述為「生產」、「消費」兩大環節的話，大部分產業的主導力量，都在向「消費」端遷移。零售業一直是以消費者為中心的產業，大家非常容易理解，現在就簡單剖析一個消費品製造業的例子，一探究竟。

恒安國際是一家生產紙製品的公司，旗下產品包括衛生紙、衛生棉、紙尿褲等產品，占中國市場第一名，目前銷售收入已經超過 170 億港元。該公司於 1998 年在香港上市，是恒生指數的成份股。恒安國際的老對手是寶鹼公司，在衛生紙這個領域，寶鹼最終不敵恒安，徹底退出中國市場。恒安國際的能力可見一斑。

在和恒安國際的董事會交流大數據的影響時，許連捷總裁分享了他們是如何在產業競爭要素變遷的大背景下，把寶鹼一步一步趕出中國市場的過程。略去其中精彩的商戰故事不談，來看看不同的歷史階段，哪些是事關製造業生死的核心問題，恒安又是如何化解的。

最初恒安生產的紙巾，質量比較差。拿來擦臉的時候，鬍渣會把衛生紙的屑屑刮下來，黑鬍子就變成了白鬍子，產品質量和寶鹼公司根本不是一個層次。這個階段，談精準營銷、供應鏈都是不著邊際的。當務之急，是要把產品的質量提升上去。恒安開始全面引進德國的生產設備，改造生產線，培訓工人，全力以赴地改善產品質量。

很快，恒安和寶鹼的產品在質量上已經難分伯仲。這個時候，擁有經銷商數量的多少，成為決定兩家市場份額的關鍵因素。大力地發展優質經

銷商、區域總代經等合作夥伴，是公司跨過質量門檻後的第二大考驗。

真正和寶鹼拉開距離的是恒安對銷售終端的控制。恒安擁有 3 萬人的銷售代表，活躍在大大小小的超市等銷售終端，消費者在哪聚集，哪裡就有恒安的銷售代表。管理龐大的本土化的銷售代表，不是寶鹼的強項。競爭至此，寶鹼選擇退出中國大陸的衛生紙市場。

回顧恒安這段歷程，公司事實上在一步一步向消費者靠近。在製造業，同樣是「越是靠近最終消費者，在產業鏈上就擁有越來越大的發言權」。這樣的故事在零售業不斷上演。過去的強勢家電零售商，不斷侵蝕壓榨家電製造商的利潤。家電製造商有苦難言，卻又不得不低頭。現在電子商務公司，同樣扼住了製造商的咽喉。原因無他，因為這些公司更懂得消費者、更貼近消費者。

恒安國際已經有了 3 萬人的銷售代表，他還有什麼手段更瞭解消費者呢？傳統的物理的方法，可以說已經被恒安發展到了極致。但是和電子商務公司比起來，就像刀耕火種時代的民兵，遇到全副武裝的空軍一樣。恒安的老闆意識到大數據的巨大價值，最後總結了一段非常有代表性的話：「我們必須要蒐集消費者的購買資料、關注資料，來改善產品的設計和銷售，降低庫存，優化採購。一句話，就是要把大數據融入到企業的經營中去。」

## 小米的粉絲文化

「業界對小米的看法經歷了三個階段，起初是看不起，後來是看不懂，到現在是趕不上。」這是小米公司一位高層接受記者採訪時說的一段話。小米手機的發展的確超乎所有人的意料。小米是完全圍繞消費者來經營的，更確切地說，小米圍繞他的粉絲們來經營。這種經營思想的轉變對許多公司都有巨大的參考價值。這節內容是根據作者今年 6 月份的一篇網誌改編，當時許多人都以有小米手機為樂。

最令人關注的是，他是如何聚攏 300 萬的粉絲團的？粉絲在小米的發展過程中，有什麼作用？

根據官方資料，小米最早推出的產品就是 MIUI 手機作業系統，根據 Goolge Android 系統訂製而來。MIUI 作業系統受到一些玩家的喜愛，一些人買的 Android 手機就直接改機成 MIUI。同期推出的小米論壇，聚攏了一

些忠實的 MIUI 用戶，他們中的有些人，從用戶到粉絲，到最終加入小米工作，成為論壇版主和營運人員。

這些忠實粉絲可能天生喜歡折騰作業系統，同時他們在其朋友圈裡也是公認的手機專家，別人遇到智慧型手機的問題，往往也會找他們解決。因此，這些忠實粉絲其實具備了影響他人的能力，成為小圈子裡面的手機領域的意見領袖。

MIUI 受到忠實粉絲的追捧，也是和小米的快速升級策略緊密相關。想想看，當你抱怨某個功能不完善或者出現錯誤的時候，小米團隊立即作出反應，在下一個版本中改正了這個缺陷，甚至在論壇中大力褒揚提出問題的粉絲。每個提出問題粉絲，都有了一種近乎神聖的參與感。也許他們沒有親手參與開發過程，但是充當了需求方、系統檢測方、甚至是部分功能設計者的角色。如此一來，小米手機不僅僅是小米團隊的手機，而且是小米粉絲們的手機。忠實粉絲的深度參與，使得他們對小米手機有天然的親切感。儘管 MIUI 問題不斷，但是哪部手機會沒有問題呢？況且樂趣就在於親身解決問題的過程中。

白酒營銷中，有人提煉出同心圓的營銷思想。說白了就是通過公關某地顯要階層，以此階層輻射帶動其他階層的營銷手段。小米的營銷帶有明顯的同心圓特徵。

譬如，在充滿藝術氣息的場所舉行新機的發表會，捧場的近千人都是小米的粉絲。營銷商、合作夥伴反而成了少數人。這些粉絲直接就會變成新機的用戶。據說同期還有另外一家手機廠商，在人民大會堂舉行新機發表會，請到政府部門、電信業者高層、明星助陣，聲勢浩大，但現在幾乎沒有人知道這家公司。上網倒是可以找到一些新聞，但單向傳播在微博時代已經沒有多大的意義了。

反觀小米對粉絲的營運和發掘，可圈可點。這些粉絲有鬆散的組織。小米通過社群解決和忠實粉絲深度溝通的問題。社區中不但有各種技術貼文，更是手機推廣和銷售的主要管道。小米粉絲和小米用戶是高度重疊的。小米有大約 20 多人的團隊專門負責營運社群。此外微博是互動的另一個高效平台。

小米手機官方微博的粉絲大約在 300 多萬，而其手機累計銷量也是 300 多萬，這兩個數位可能是巧合，但也能反映其粉絲和用戶重疊的現象。小米也非常注重微博營運，大約有 20 人左右負責小米的官方微博。

　　小米之家負擔了網路外品牌傳遞的重任。在小米之家，用戶可以體驗新功能，解決手機故障、維修等問題，類似蘋果商店。

　　小米和小米粉絲之間，製造商和消費者的天然鴻溝在消退。一些忠實粉絲隨著小米的壯大，慢慢成了小米的員工。即便不是其員工，也可以通過社區介入到小米手機的設計和測試環節中去。這兩大群體，通過精心營運的網路媒介，形成互相促進的兩大力量。

　　這是一種新型的製造商和消費者的關係。具備了後工業時代「以消費者爲中心、客製化生產、網路化協作」的雛形。小米的組織結構中，客服部門至關重要，微博、社區、小米之家，都屬於廣義的客服部門。

　　這種模式值得許多生產、製造型的企業效仿，不能僅僅傾聽用戶的聲音，要讓用戶介入到你的設計、製造、營銷、反饋環節中去。現在大多數的企業官方微博，僅僅是個傳聲筒，甚至淪爲擺設，這樣的公司的投資價值明顯要小於善於和粉絲們打交道的公司。

## 第二節　資訊產業的垂直整合趨勢

### 開放原始碼軟體加劇資訊產業基礎軟體同質化趨勢

　　開放原始碼軟體的興盛和發展，是推動資訊產業不斷前進的不竭動力之一。

　　開放原始碼軟體的興起最早可以追溯到 1955 年，一些年輕人爲了深入研究 IBM 的作業系統、即時交換編程資料，成立「IBM USER GROUP SHARE」小組。Linux 開放原始碼作業系統的誕生，是開放原始碼軟體發展史上的一個重大里程碑。它是 Unix 作業系統的開放原始碼實現和超越，最初是芬蘭赫爾辛基市的一個天才大學生發表的，他名叫林納斯・本納第克特・托瓦茲 (Linus Benedict Torvalds)。

林納斯・本納第克特・托瓦茲(Linus Benedict Torvalds, 1969—)，著名的電腦程式師、駭客，Linux內核的發明人及該計劃的合作者。托瓦茲利用個人時間及器材創造出了這套屬於當今全球最流行的作業系統(作業系統)內核之一。

「有些人生來就具有統率百萬人的領袖風範；另一些人則是為寫出顛覆世界的軟體而生。唯一一個能同時做到

Linux 是一款免費的作業系統，用戶可以通過網路或其他途徑免費獲得，並可以任意修改其原始碼。這是其他的作業系統所做不到的。正是由於這一點，來自全世界的無數程式師參與了 Linux 的修改、編寫工作，程式師可以根據自己的興趣和靈感對其進行改變，這讓 Linux 吸收了無數程式師的精華，不斷壯大。現在大名鼎鼎的 Android 作業系統 (Google 推出的開放原始碼智慧手機作業系統 ) 也是從 Linux 修改而來。

這兩者的人，就是托瓦茲。」美國《時代》周刊對「Linux之父」林納斯‧托瓦茲(Linus Torvalds)給出了極高的評價。甚至，在《時代》周刊根據讀者投票評選出的二十世紀100位最重要人物中，林納斯居然排到了第15位，而從20世紀的最後幾年就開始霸佔全球首富稱號的蓋茲不過才是第17位。

——百度百科

開放原始碼軟體客觀上加劇了基礎軟體市場同質化的趨勢。幾乎每一款成熟的商業應用軟體，都有對應的數款開放原始碼軟體，見表 6- 1。

表 6-1　部分進入商業主流應用的開放原始碼軟體

| | 類型 | 優秀開放原始碼軟體 | 商業軟體 |
|---|---|---|---|
| 主流應用程式 | 搜尋引擎 | Apache Solr | Bai 百度 |
| | 內容管理系統 | Drupal | SMART ECM |
| | ERP系統 | openbravo | 用友 yonyou |
| | 商業智慧套件 | pentaho | ORACLE 甲骨文 |
| | CRM系統 | SUGARCRM | ORACLE 甲骨文 |
| 桌面系統及行動軟體 | 壓縮 / 解壓縮 | 7ZIP | winrar |
| | 行動裝置 | (Android) | (Apple) |
| | 瀏覽器 | chrome | (Internet Explorer) |

| 類型 | 優秀開放原始碼軟體 | 商業軟體 |
|---|---|---|
| 辦公軟體 | LibreOffice The Document Foundation | Office |
| 虛擬機 | VirtualBox | vmware |
| PDF工具 | PDFCreator | Adobe Acrobat |
| 通訊工具 | pidgin | msn |
| 播放器 | | real |
| 作業系統與處理工具　作業系統 | Linux | Windows　UNIX |
| 資料庫 | MySQL | ORACLE甲骨文　IBM DB2 |
| 技術工具 | hadoop | |

　　幾乎所有的大型平台級的網路公司，其網站的架構都是以開放原始碼軟體為主。Google 公司在發展的初期，因為缺少資金，無法購買昂貴商業伺服器，不得不買一些淘汰的伺服器，然後使用開放原始碼的 Linux 作業系統。二手伺服器出現硬體故障的機率比較高，尤其是硬碟等儲存設備，一旦損壞，資料就會丟失。不得已，Google 公司自己開發 GFS 文件系統，解決硬體故障導致的資料丟失問題，成功地發展出分散式儲存、訪問技術。Yahoo 公司的一個開放原始碼小組，在 Google 成就的基礎上開發出 Hadoop，這正是目前大數據技術領域最熱門的方向之一。

　　開放原始碼軟體，是送給資訊產業的一份厚禮。那些善於使用開放原始碼軟體的公司，將獲得向產業上游擴張的技術能力，但同時需要回饋開放原始碼社群，這也是促使自己不斷進步的手段。

　　大數據領域開放原始碼技術發展如火如荼，目前所有商用的號稱提供大數據處理能力的一體機也罷、解決方案也罷，都集成了開放原始碼軟體。但是這個領域還沒有誕生一家有實力的提供開放原始碼技術服務的公

司，就像 Red Hat 公司支援 Linux 發展一樣。

Red Hat 是全球最大的開放原始碼技術廠家，其產品 Red Hat Linux 也是全世界應用最廣泛的 Linux。Red Hat 公司總部位於美國北卡羅來納州，在全球擁有 22 個分部。Red Hat Linux 作業系統盈利的主要來源是收取技術支援的費用。公司也銷售收費的 Linux 系統，但是相比微軟的 Windows，Red Hat 作業系統是開放原始碼的。根據 Yahoo 財經資料顯示，Red Hat 目前市值接近 100 億美元。

同樣的，圍繞 Hadoop 系列開放原始碼軟體，也可能會產生一家主導型的開放原始碼技術公司，推動發展 hadoop、mapreduce、storm 等最新的資料處理技術，最終形成有競爭力的解決方案。

## 企業資訊化市場垂直整合趨勢

資訊產業近幾年垂直整合的風潮愈演愈烈。電腦締造者之一 IBM 公司，一直以來都能夠給客戶提供從儲存、主機、作業系統、資料庫、中介軟體、應用軟體的完整解決方案，是不折不扣的藍色巨人。甲骨文 (Oracle) 公司在強人拉里·埃里森的帶領下，首先在資料庫軟體市場站穩腳步，隨即向應用軟體市場進軍，自主研發加上一系列令人眼花撩亂的收購，已經成為全球第二大應用軟體供應商，在全球企業管理軟體市場僅次於 SAP 公司。但甲骨文並沒有停下收購的腳步，開始利用龐大的客戶群優勢，向產業鏈上游進軍，大手筆地收購了 Sun( 一家 UNIX 主機廠商 )。眾所周知的微軟公司，在作業系統領域奠定霸主地位後，立即向產業鏈下游擴展，推出資料庫產品，收購小型應用軟體廠商，提供企業管理服務。

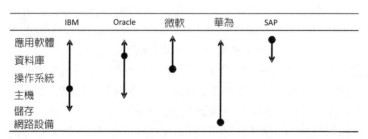

圖 6-3　企業 IT 領域，行業垂直整合的趨勢對比

　　甲骨文公司在拉里・埃里森的領導下極具進攻性。甲骨文開放平台資料庫領域獨佔鰲頭後，首先向下游擴張，橫掃軟體領域。2004 年收購了企業人力資源管理軟體同時也是其競爭對手的廠商 Peoplesoft；2005 年收購全球最大的 CRM 軟體廠商 Siebel，使之成爲世界第一的 CRM 應用軟體提供商；2007 年收購商業智慧分析 (BI) 廠商 Hyperion，加強對終端客戶的掌控，直接爲其客戶提供應用軟體、諮詢服務，成爲與德國軟體巨頭 SAP 分庭抗禮的企業管理軟體供應商；2008 年收購專案組合以及管理軟體的供應商 Primavera 軟體公司，並在 09 年給專案管理軟體產品升級，同時命名爲 Oracle Primavera。

　　接下來甲骨文公司又向產業鏈上游擴張，打造全方位服務能力。在基礎軟體領域，2008 年收購了中介軟體件巨頭 BEA，使中介軟體市場大洗牌，擠壓了大量中介軟體件廠商的生存空間。其後，甲骨文插上了硬體的翅膀，2009 年收購了與自身具有強大互補性的作業系統、硬體平台廠商 Sun。Sun 擁有 SPARC 處理器和 Solaris 作業系統；同年，完成對虛擬化產品商 Virtual Iron 的收購。這些使甲骨文補齊了短處，形成了與 IBM 一樣的從硬體到應用層全部涉獵的 IT 巨頭，引發了當時「紅色巨人 PK 藍色巨人」的激烈討論。甲骨文通過收購完成行業的垂直整合，股價一路走高，如圖 6-4 所示。

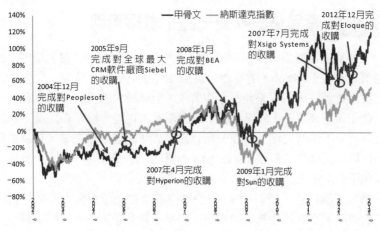

圖 6-4　甲骨文公司沿著產業鏈垂直整合，推動公司股價和業績持續增長

在收購了 Sun 後，甲骨文發表了一款集 Sun 硬體和甲骨文軟體於一體的新資料庫雲端伺服器 ExaData，提供資料庫和商務智慧類系統、OLTP 類系統、混合負載類系統、資料庫雲端平台服務。甲骨文不僅僅是將伺服器、儲存、IO 和虛擬化軟體集成在一起，更是在於其對資料庫、中介軟體和應用軟體的深刻理解。

甲骨文公司 2012 年第三季度財報顯示，甲骨文軟硬一體化集成設計系統的硬體收入在該財季增長了 139%，是甲骨文公司歷史上成長最快的產品。

華為公司垂直整合的思路最為清晰、堅決。IBM 曾經是華為傾心學習的老師，現在則是其最大的潛在威脅。華為的產業鏈甚至比 IBM 還要多出一層「網路設備」。應用軟體儘管沒有 IBM 完備，但華為通過「被集成」的策略和中國多家應用軟體供應商合作，將產業上下游的產品集成在一起，為客戶提供完整的解決方案。

當公司成長到像華為一樣的時候，就必須在產業戰略層面思考公司是否安全的問題，思考是否可能被產業鏈上游或者下游的公司扼住咽喉要道的大事情。道理很簡單，華為設備已經威脅到競爭對手，對手當然要從作業系統、CPU 等領域來遏制華為的增長。從這個意義來說，垂直一體化，是所有大型公司不得不走的一條路。

## 第三節 產品層面軟硬一體化重獲青睞

具體到產品層面，資訊行業內的垂直整合則表現為軟體、硬體一體化的趨勢。蘋果的 iPhone 是整合了包括晶片、主機板、外殼、作業系統、主要應用軟體在內的完整產品。甲骨文 ( 全球最大的資料庫供應商、企業管理軟體供應商之一 ) 公司桀驁不馴的創始人拉里·埃里森是喬布斯的好朋友，絲毫不掩飾對蘋果軟硬一體化設計思想的推崇和喜愛，在企業資訊服務市場，邯鄲學步般推出 ExaData 一體機，廣受歡迎。軟硬一體化，在蘋果和甲骨文兩大公司的引領下蔚為主流。

個人電腦時代，沒有一家 PC 生產商的市值超越為個人電腦提供作業系統的微軟。歷史往往驚人地相似，但絕不會簡單重復。我們以蘋果、三星、諾基亞、SONY 四家智慧手機製造商為例，蘋果的一體化程度最高，三星次之。諾基亞和 SONY 僅僅能夠主導最終的產品設計，軟體、核心硬

體 ( 處理器、記憶體、顯示器 ) 都需要集成第三方的產品。諾基亞綁定微軟公司，SONY 擁抱 Google 公司。目前的競爭態勢，明顯是蘋果和三星佔據了上風。連微軟——一直固守在作業系統領域的軟體巨擘，也開始生產軟硬一體化的智慧手機和平板電腦，向蘋果的 iPhone、iPad 正面宣戰。可以理解成這是微軟向軟硬一體化趨勢妥協的舉動，如圖 6-5 所示。

　　業界軟硬一體化的潮流，有深刻的產業背景。事實上，對於消費者而言，只要關心是否滿足自己的需要，是否滿足業務要求即可。具體是硬體實現還是軟體實現，是自主也好，集成也罷，消費者並沒有那麼關心。但有兩點特別重要，一是大道至簡，二是體驗為王。

| | Apple | SAMSUNG | NOKIA | SONY |
|---|---|---|---|---|
| 核心業務 | 終端銷售 | 終端銷售 | 終端銷售 | 終端銷售 |
| 軟體 | 自主 | 採購 | 採購 | 採購 |
| 硬體<br>(處理器，記憶體，顯示器) | 半自主 | 半自主 | 採購 | 採購 |
| 終端設計 | 自主 | 自主 | 自主 | 自主 |
| | 一體化凸顯競爭優勢 | | 關鍵零件受制於人 | |

圖 6-5　高度的軟硬一體化競爭優勢明顯

## 大道至簡

　　唐朝大詩人白居易每寫一首詩就讀給老婦人聽，老人如果聽不懂就繼續修改。「詩以載道」，白居易希望詩歌肩負教化社會的重任，所以他追求通俗淺近，能讓更多的人理解詩中的寓意。正所謂「簡則易知，易則易從」，一個產品若想廣受歡迎，也必須符合易知、易從的原則。蘋果手機正面只有一個按鍵，Google 的頁面只有一個大大的搜尋框，他們都是踐行大道至簡的典範。

　　電腦作業系統的發展歷史上有兩個重要的里程碑，先後成就了兩家偉大的公司。第一個是由字元介面的磁片作業系統 (DOS) 向圖形介面的視窗

作業系統 (Windows) 過渡；第二個就是丟棄了滑鼠鍵盤，以手指觸摸操作為主的 iOS。前者是大名鼎鼎的微軟，後者是如日中天的蘋果。這兩次革新，都是大大簡化了電腦的操作，讓更多的普通用戶，可以感受科技魅力，把用戶群擴大了數倍。

DOS 時代，操作電腦、編輯文檔需要熟知許多命令。比如複製文件，就需要記住「copy」這個單詞。如果想要搞點花樣，還需要分辨「xcopy」和「copy」的區別，弄清楚一大堆參數的意義。在 Windows 中，這一切都不復存在，只需要用滑鼠把文件「拖」過去就行。這個操作方式上的改變，把可以使用電腦的人數放大了成千上萬倍，一下子把個人電腦推向辦公主流地位。

iOS 的出現又一次大大簡化了操作，進一步降低了電腦的使用門檻。觸摸操作符合人們的天性，非常自然。即便是尚未識字的兒童和目不識丁的老人，都可以使用平板電腦玩遊戲，進一步擴大了平板電腦的潛在客戶。根據蘋果公司披露的營運資料，iPad 平板電腦自 2010 年推出以來，在短短的兩年內銷量已經超過 5,500 萬台，截止到 2012 年 6 月，運行 iOS 系統的設備銷售了 4.1 億台。

在企業資訊化市場，最近幾年，企業用戶並沒有感受到資訊產業的進步帶給他們革命性的變化。首席工程師們不得不面對眾多硬體廠商、軟體廠商、系統集成商，終日陷於各類層出不窮的問題之中。悲劇的是，出了問題往往不容易辨析引發問題的原因所在。硬體廠商說自己的設備一切正常，軟體廠商說自己的軟體日誌中沒有記錄任何異常資料，互相推託指責。

任何一個應用系統都需要一批維護人員，有人專門負責網路，有人專門負責主機、儲存等硬體設備，還有人專門研究資料庫，當然更少不了應用軟體的維護人員。機構日益臃腫，但問題越來越多。

現在已經有專門幫客戶做資訊系統維護的上市公司。把企業客戶從繁瑣的系統運行維護中解脫出來，專心於其業務發展，這應是 IT 產業發展的方向。企業應用的複雜性可能讓這種主意聽起來像癡人說夢。但是，IT 的複雜性的確不是客戶需要關心的問題，是原廠商應該努力解決的。

造成企業應用複雜現狀的根源，其實是由資訊產業現有的格局和分工決定的。IT 投資黑洞、IT 產業分工，已經成為制約企業進一步普及 IT 應用的限制性因素。誰能率先打破既有產業格局，真正簡化用戶使用、維護

的難題，誰就能像蘋果公司一樣，在企業服務市場笑傲江湖。

大道至簡，並不是簡單的削減功能，而是以最終用戶和消費者爲中心，高度抽象提煉其業務，把與業務無關的細節、複雜性全部隱藏在簡潔的用戶交互「介面」背後。打破硬體和軟體之間的界限，以簡化用戶操作、降低用戶維護成本，使用戶專注於業務爲最高目標。這需要深刻的行業洞察和強大的軟體、硬體集成能力。

在企業 IT 基礎設施領域，需要一到兩家具備完整產品線的公司。在應用軟體領域，則需要形成兩到三家的供應商。在實施領域，則需要大型的集成公司爲客戶提供完整的點對點的解決方案。當這種一體化的設計能夠真實地改善客戶的業務、降低維護的複雜度、讓客戶把精力聚焦在如何更好地開展業務上，而不是無休止地處理 IT 引發的種種故障時，將是企業 IT 的一次躍進。

## 體驗為王

自從亞當・斯密開創性地描寫了一枚大頭針的製造過程後，工業社會就浩浩蕩蕩開始了產業分工的浪潮。一枚小小的大頭針被分解成 18 個工種，有的工人專門負責拉絲，有的人專門負責拋光，有的人專門負責安裝圓頭…… 在藝術的殿堂，從未聽說畫家作畫時會讓不同的人給他畫山川，另外的人來畫河流，或者請人打底色等事情。頂級奢侈品總是強調百年傳承手工工藝、獨一無二的材質、與眾不同的感受。

工業社會確實無疑地讓各種各樣的商品充斥在大街小巷，但是逡巡回顧之中，也難以發覺讓人眼睛一亮的東西。所以藝術帶來的精神享受變得彌足珍貴。傳統的手工藝開始得到聯合國的救助，命名爲「文化遺產」，希望能得到繼承和發揚。

蘋果是一家特立獨行的公司，如其創始人和精神領袖史蒂夫・賈伯斯所言，「我一直站在科學和人文的交叉點」。蘋果公司的確把工業設計和藝術人文結合在一起，給消費者一種流暢、享受的精神愉悅，形成極致的用戶體驗。在賈伯斯眼中，似乎沒有硬體、軟體的區別，也沒有製造產業、網路產業、音樂產業等的區隔，只有消費者愉悅的感受。蘋果在最低谷的時候，他們也沒有放棄這種追求，反而不斷強化其「點對點」軟硬一體化的設計，推出顛覆性的產品，最終登上了全球市值第一的寶座。

對於企業用戶而言，在業務高峰的時候管用，就是最好的體驗。許多行業都經歷了業務量的爆炸式增長，對系統穩定運行帶來極大的壓力。對於企業用戶而言，性能就是體驗。

現在甲骨文公司、SAP 公司，在宣傳自己的產品時，無不把處理速度當做最突出的特徵。比如甲骨文宣傳 ExaData 一體機，處理資料庫類應用軟體，速度比以前快 10～100 倍，聯繫事務處理的速度比以前快 20 倍。

### 軟硬一體化的小米手機

雷軍被其崇拜者稱為「雷伯斯」，意思是最像蘋果的創始人賈伯布斯，推崇軟硬一體化的設計。小米公司 2010 年成立， 2011 年推出小米 1 代手機， 2012 年推出小米 2 代手機，通過網路預定來銷售。小米 M2 手機正式開放網路發售時，首輪 5 萬部在 2 分 51 秒內被搶購一空。2012 年 6 月達成的一筆融資中，小米公司估值是 40 億美元。

小米公司毫不諱言是蘋果公司的模仿者。不同於「山寨」廠商，小米有著自己的一套「模仿」理論——鐵人三項：必須在硬體、軟體、行動網路服務方面，都要處於領先位置，就像運動員要一氣呵成「游泳、公路自行車、長跑」這三項極耗體力的運動一樣。

在其短短的發展史上，已經發表了 1 代、 2 代兩款手機。軟體產品包括 MIUI( 米柚 ) 作業系統、米聊、小米讀書、小米分享、小米便籤等。MIUI 作業系統根據 Android 系統深度訂製，米聊、小米讀書將承載不同的網路服務。

在小米的成長之路上，故障、責難與質疑一直不斷。但是同時掌控硬體、軟體，為客戶提供點對點的內容服務，無疑是一條正確的路。雖然荊刺叢生，但其未來和前景，也同樣不可限量。

沒有硬體這個軀殼，再好的軟體也失去依託；缺少軟體這個靈魂，再好硬體也沒有生命。同時掌控硬體、軟體，將其完美地融合，才能給用戶提供完美的體驗。個人電腦時代，不同廠商生產的桌上型電腦也好、筆記型電腦也罷，無論怎麼在硬體上推陳出新，但是用戶打開電腦看到是都是 Windows 的作業系統，千篇一律。標準化的硬體製造商們，淪落到同質化的競爭，賺取微薄的利潤。缺少掌控核心軟體，只能淪落到為作業系統廠商打工的命運。

　　沒有自己的硬體，哪家重量級合作夥伴願意為小米內置關鍵的軟體應用呢？譬如米聊、小米讀書、網路硬碟等。華為生產的手機中，一定是內置華為網路硬碟；聯想手機同樣把聯想網路硬碟放在關鍵地位。因此，沒有硬體，就會被競爭對手捉住痛腳，無法培育自己的行動網路服務。看看蘋果公司現在的動作，就更能體會軟硬一體化的優勢。很多原先排在 iPhone 首頁的圖示，都一個一個地替換成蘋果自家的應用程式。

　　小米 2 代手機的熱銷，已經顯示其階段性的成功。這種軟硬一體化的思想，不僅僅適用於手機的生產。放眼各類智慧型消費電子產品，無不遵循這一模式。小米完全有可能把小米手機的經驗複製到其他的電子產品上：小米電視、小米平板等。缺少這種能力的公司，在擴張產品路線時，必將受制於人。

## 企業市場的軟硬一體化

　　在企業應用市場，可以觀察到軟硬一體化模式帶來的變化，海外甲骨文公司最先引領這個風潮。拉里・埃里森是蘋果傳奇創始人史蒂夫・賈伯斯的密友，《賈伯斯傳》中提到埃里森非常讚賞蘋果的軟硬一體化的思想，並準備大刀闊斧地用到企業市場。的確，軟硬一體化是簡化企業 IT 應用、運作的最新嘗試。

　　甲骨文公司的 ExaData 一體機，融合甲骨文公司的商用軟體產品，包括資料庫軟體、中介軟體等，以及 Sun 公司的主機平台 (Sun 已經被甲骨文公司收購，但是依然銷售 Sun 品牌的主機 )。這是一個典型的軟硬一體化的產品，儲存伺服器採用 Oracle Enterprise Linux 作業系統，包括開放原始碼 Apache Hadoop、Oracle NoSQL 資料庫、Oracle 資料集成 Hadoop 應用適配器、Oracle Hadoop 裝載器、open source Distribution of R、Oracle Linux 和 Oracle Java HotSpot 虛擬機。

　　IBM 的 Netezza 一體機將資料儲存、資料庫、資料處理、以及資料探勘集成在一體機中。其中硬體部分分為磁片倉、SMP 主機、Snippet Blade(S- Blade) 和網路結構。SMP 主機是兩台高性能的 Linux 伺服器，兩台伺服器中一台是活動的，另外一台是備機。S-Blades 是智慧的處理節點，每個 S- Blades 是一台獨立的伺服器，它包含了個一台 IBM 刀片伺服器和一塊 Netezza 特有的資料庫加速卡。Netezza 的架構結合了 SMP( 對稱多處

理 ) 和 MPP( 大規模並行處理 ) 的優點，建立了一個能以極快的速度分析 PB 量級數據的設備。Netezza 系統將複雜的非 SQL 演算法嵌入到 MPP 流的處理元件中，對龐大的資料量能夠以「流水線」方式對複雜資料進行分析處理，消除將資料轉移到單獨硬體的延遲和開銷，同時其性能也提高了幾個數量級。

EMC 作為硬體廠商，一直以來都是儲存方面的翹楚。但在硬體的附加價值低、利潤日漸微薄和 Oracle 等競爭對手「軟硬兼施」趨勢的夾擊下，EMC 開始實行軟硬一體化，加強大數據時代的實力。在大數據方面，EMC 佈局已久。2008 年，EMC 收購了網路管理軟體開發商 Smarts，以增強網路管理能力；2011 年收購了具有資料分析與探勘能力的 Greenplum，進入了資料庫 / 商業智慧市場。Greenplum 能夠交付超出傳統資料庫軟體 10～100 倍的性能，是 Oracle、Teradata 和 Netezza 等老牌廠商的挑戰者。2011 年 10 月，EMC 收購資料庫優化公司 Zettapoint， 2012 年收購具有靈活研發計算能力的公司 Pivotal Labs、IT 績效管理軟體供應商 Watch4Net。併購後的 EMC 不再是一個硬體廠商，其基於自身在儲存方面的實力把硬體和軟體整合在一起，通過資料儲存，幫助企業有效地管理內部的資料資產，轉型為能創造更高的商業價值的綜合解決方案供應商。

EMC 在大數據方面主要提供儲存和統一分析平台，在併購 Greenplum 後，EMC 推出了 Greenplum 統一分析平台。EMC Greenplum 是資料庫雲端平台，EMC 又將 Greenplum Database、Greenplum HD 和 Greenplum Chrous 整合推出大數據 Greenplum 統一分析平台 (UAP)，使整個組織能夠協作改變資料使用方式。

回顧本章的內容，當大家以資料的視角審視產業變遷的規律時，也許會對公司的價值和未來走向有一個全新的判斷。

# 第 7 章

# 全面網路化是發揮大數據價值的最佳模式

軟體或者終端的價值，是由其承載的資料流量與活性來決定的。

未來網路功能將內置在所有軟體、硬體設備之中，是其功能不可或缺的一部分。網路瀏覽器依然是大家查看網頁的首選工具，但是越來越多的人選擇專用的軟體工具，尤其是當大家透過智慧手機、平板電腦等行動設備上網的時候，還可以通過掃描 QR code，直接訪問某些新潮的網站。有些書籍於多年前就提出未來家用電器應該全部具備網路的功能，像電冰箱、微波爐之類。當時這些看起來還比較遙遠，但現如今網路功能的電視機都已經走入人們的生活了，只是操作稍顯繁瑣。車用網路亦是大勢所趨，舉例來說，當大家在手機上享受即時更新的地圖導航服務時，車用軟體店依然不緊不慢的每年給用戶升級一次車用導航地圖，還要收取不菲的費用。這種模式必將被網路服務所取代，汽車即將成為大型的行動網路終端，人們即使在駕車的時候，也可以從網上即時獲取資訊，如擁堵路段、加油站方位等。下載更新地圖只是車用軟體的一個基本功能，無需司機們關心。

未來網路是「無所不在」的，人們可以通過任何軟體、任何設備在任何地點和任何時間獲取網路服務。行動網路、桌面網路、汽車網路等都是全面網路化的一種表現形式，這種命名方式是根據網路硬體設備種類來劃分的，更強調它們之間的差異，而沒有抽取它們之間共同遵循的產業規律。本章忽略網路終端的外在形態，抽出網路功能本質的特徵，來探討一種具備產業生命力的範本。當超越行動網路、桌面網路等概念後，未來的商業圖景反而變得更加清晰明瞭。對於全面網路化模式的思考，基於兩點假設：第一，人們越來越需要便捷的個性化服務，而非標準化的應用軟體；第二，人們需要的是資訊，而非承載資訊的設備。

終端、平台、應用，加上大數據資產，構成「三位加一體」的全面網

路模式 ( 後文簡稱模式，參見圖 1-14)。終端在本模式詞意下，包括個人
電腦、平板電腦、智慧型手機、智慧電視、汽車等硬體終端，也包括音樂
和影片的播放軟體、編輯軟體以及等軟體終端。平台有兩方面的意義，具
備其中任何一方面，均可稱為平台。第一是合作夥伴間利益共用的機制，
強調其承載商業模式的特性；第二是不同應用共用資料的技術架構，強調
其承載不同合作夥伴提供的應用程式的特性。在資訊世界，這兩個特性往
往互為表裡，商業模式通過技術手段來實現，所以用一個術語來指代。應
用則是指滿足用戶某些需求的軟體程式。無論是終端、平台還是應用，在
使用或者營運過程中，均產生各種各樣的資料，包括日誌、用戶生成的文
檔資料、付費購買資訊等等。這些都被精心地蒐集起來，形成「大數據資
產」。在後續的章節中，大家會瞭解到資料資產可以演繹出不同的商業模
式。

終端最典型的特徵是入口化，無論是硬體還是軟體，都可能成為使用
者完成某類工作、獲取某類服務的必備之物和必經之地。使用者有排他性
和唯一性的特點，如某個軟體一旦具備了使用者的特徵，那它就基本走在
贏者通吃的路上，甚至給第二名都不留下多少機會；再如智慧型手機成為
大家隨時隨地聽音樂的首選後，MP3 類的消費電子產品，也就壽終正寢
了。

軟體產品具備使用者特徵的前提條件是具備在多種硬體設備上運行的
能力。譬如 Evernote，迅速在 Windows、Android、iOS[1]等各種設備上開
發應用程式，無論入口使用什麼設備，都能有一致的軟體使用體驗。如微
博應用程式、Google 搜尋服務等等，都具備這個特點。

入口化的價值在於吸引足夠多的用戶、足夠快的使用頻率，為碎片化
應用奠定基礎。

平台化是指能夠承載相關產品、服務，或者是第三方產品、服務的機
制。承載自有產品、服務的核心在於底層資料架構及技術架構的一致性和
拓展性。承載第三方產品、服務的核心在於利益共用的商業模式。一旦完

---

[1] iOS 是由蘋果公司開發的作業系統，最初是設計給 iPhone 使用，後來陸續套用到 iPod
Touch、iPad 以及 Apple TV 產品上。就像其基於的 Mac OS X 作業系統一樣，它也是以
Darwin 為基礎的。原本這個系統名為「iPhone OS」，直到 2010 年 6 月 7 日 WWDC 大會
上宣佈改名為「iOS」。

成平台化，就具備了給用戶提供全面服務的能力。平台也即成為多方獲利的機制。平台擁有者，獲得制定遊戲規則的權力。維護平台的繁榮是偉大公司的必然選擇。在美國，網際網路領域最新的四大平台是 Google、蘋果、Facebook 和 Amazon。

應用程式最具未來趨勢的特徵是碎片化。把原來大型臃腫的軟體，拆分成多個獨立的功能元件，用戶可以按需求下載使用。最典型的例子就是蘋果的 App Store，每個「碎片」完成一個小功能，聚合起來，就可以滿足人們各方面的需要。到 2012 年 10 月，蘋果應用商店中有 70 萬種不同的應用程式，下載量已經超過 300 億次。

碎片化的最大價值在於破解了廠商提供標準化產品和用戶需要個性化服務之間的矛盾。碎片化衍生出小額支付，用戶可以只花幾元錢就買到很實用、很好玩的東西。如果一些大型應用軟體通過碎片化方式提供，還可以顯著降低用戶的總體擁有成本。

碎片化應用是平台擁有者的主要盈利來源。是靠終端產品獲取收入，還是乾脆從資料裡面淘金？這是不同行業、不同發展階段需要仔細斟酌的問題。但是最基本的原則是清晰的，就是不能傷害用戶的體驗。蘋果的主要收入來源是終端類產品，包括 iPhone、iPad 等，應用商店中碎片化的應用，僅僅是終端收入的小零頭。Google 公司雖然現在也開始賣終端，如 Nexus 手機和平板電腦，但本質上，Google 是靠深入挖掘資料來盈利的。即便 Google 賣手機，也要比蘋果便宜得多。

缺少終端，就失去了戰略的主動權，很可能淪為別人平台上的一個碎片化應用程式。缺少平台，則難以做大，無法形成有效的產業協同效應、聚集效應；缺少碎片化應用，就無法滿足用戶多層次的需求，難以解決標準化產品和用戶個性化服務間的矛盾。

全面網路化模式比較抽象，後續小節將通過幾個例子來詳細闡述。首先從蘋果應用程式商店模式的前身—— iPod 音樂播放器開始介紹，便於大家理解伴隨著智慧型手機 iPhone 同時誕生的應用程式商店的意義。然後介紹 Evernote，一款讓大家隨時隨地記錄資訊的軟體。開發 Evernote 的公司，目前在資本市場的估值為 10 億美元。最後通過對比 Evernote、微軟辦公軟體、Google 線上文檔三類不同的產品，闡述泛網際網路化帶給軟體產品在商業模式、軟體架構等方面的改變。

## 第一節 蘋果——終端崛起

### iPod 的豐碑

iPod 是便攜音樂播放器發展史上的一座豐碑，至今仍無人超越。「蘋果公司先開發了 iPod 還是先開發了 iTunes 軟體？」這個問題恐怕連最資深的蘋果粉絲也難以回答。

在 2000 年左右的美國，人們熱衷於從 P2P 軟體中下載音樂並燒錄到 CD 上，但下載軟體、燒錄軟體以及燒錄機的操作具有一定的門檻，只有發燒級的音樂愛好者才會鑽研如何使用這些東西。賈伯斯從中看到了巨大的商機，他收購了音樂管理程式 Rio 的創業團隊，並用他一貫苛刻的要求使得該產品變得更簡單易用，使用戶體驗更優，這款產品就是後來的 iTunes[2]。

有了 iTunes 之後，賈伯斯希望能有一個和 iTunes 配套的產品，讓用戶更輕鬆地收聽音樂，這樣 iPod 才被創造出來。事實上是先有 iTunes，後有 iPod，這和許多讀者的認識恐怕有所不同。iTunes 創立之初面臨著「巧婦難爲無米之炊」的困境，而當時的唱片公司日子也不好過，整天在一系列的盜版案件中垂死掙扎。賈伯斯憑藉其在好萊塢的創業經驗和天才的商業頭腦，說服了五大唱片公司向其提供數位音樂的銷售權。賈伯斯計劃把每首歌曲的價格定爲讓人心動的 99 美分，唱片公司將從中抽取 70 美分。於是 iTunes 商店誕生了，「音樂公司能獲利，藝術家能獲利，蘋果公司也能獲利，而用戶也會有所收穫」的「四贏」商業模式最終被確立起來。iTunes 商店在推出後的 6 天內就賣出了 100 萬首歌曲，在第一年賣出了 7,000 萬首歌曲；2006 年 2 月，iTunes 商店賣出了第 10 億首歌曲；2010 年 2 月，iTunes 商店賣出了第 100 億首歌曲。

在「iPod + iTunes 商店」模式中，人們發現硬體、軟體、內容 ( 音樂 ) 首次完美的結合在一起，形成最佳的客戶體驗。蘋果通過大量的 iPod，控

---

[2] iTunes 是一款媒體播放器的應用程式，2001 年 1 月 10 日由蘋果公司在舊金山的 Macworld Expo 推出，用來播放及管理數位音樂與影片文件，至今依然是管理蘋果電腦最受歡迎的 iPod 的文件的主要工具。此外，iTunes 能連接到 iTunes Store ( 在有網路連接且蘋果公司在當地有開放該服務的情況下 )，以便下載購買的數位音樂、音樂影片、電視節目、iPod 遊戲、各種 Podcast 以及標準唱片。

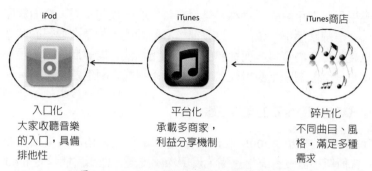

圖 7-1　iTunes + iPod 開創了全面網路化模式的雛形

制了音樂發行的管道，從而引起整個音樂產業的變革，如圖 7-1 所示。

　　在這個模式中，iPod 作為一款獨立的音樂播放設備，非常受人歡迎。同類的 MP3 播放器，跟 iPod 的相比就像廉價的山寨貨。iPod 已成為人們收聽音樂的首選，沒有人在使用 iPod 的時候，還會使用其他播放器。iPod 客觀上具備了音樂入口的特徵。

　　iTunes 商店則構建了和唱片公司的商業模式，分成比例接近 7：3，唱片公司占大頭。在 iTunes 商店中，唱片公司不用擔心盜版的困擾。蘋果公司更進一步，直接和有才華的音樂人簽約，他們可以跳過唱片公司，直接在 iTunes 商店中，發行他們的最新作品。蘋果公司取代了唱片公司部分職能，同時通過 iTunes 商店獲利的第三方也大大增加，iTunes 已成為一個廣受歡迎的音樂發行平台。

　　消費者自然眾口難調，蘋果打破了按照唱片發行的慣例，用戶可以購買單獨的曲目，不再把好聽的歌曲和差的歌曲混在一起強迫消費者購買。把唱片碎片化成單獨歌曲，從而最大限度地滿足了用戶個性化的需求。

　　以消費者的立場，從資料的角度再來總結「iPod + iTunes」模式。音樂同時保存在 iPod 和 iTunes 中，這兩者之間通過「同步」的機制來保持一致性。另外，同步的資料中還包括「播放列表」資料。播放列表就是消費者的「偏好」，極具個人色彩，你的播放列表和我的播放列表肯定是不一樣的。在「iPod + iTunes」機制中，「播放列表」並不完全依賴 iPod，這就保證當人們換一個新 iPod 時，依然能夠非常容易地找到自己喜愛的歌曲。

　　這種資料「同步」的機制，和純粹的網路應用程式是不同的。純粹

網路應用程式在用戶的「終端」是沒有資料的。換句話說,全面網路化的終端,在離線狀態下,依然可以發揮核心的功能,如果在連線的狀態下,則可以獲得更多的資料。而純粹的網路應用程式在離線狀態下,是不可用的。這也是全面網路化應用程式與網路應用程式之間重要的差別。

## 應用程式商店打造全新的產業生態

iPod 非常成功, 2005 年 iPod 設備的銷售收入佔據蘋果公司收入的45%。賈伯斯不但沒有志得意滿,反倒深感擔憂,他認為能搶走 iPod 風頭的,一定是手機。當每部手機中都內置了音樂播放軟體時,iPod 的路就走到了盡頭。

幸運的是,蘋果公司開發出了風靡世界的智慧型手機—— iPhone。iPhone 的確如賈伯斯所言,內置了 iPod 音樂播放器,不僅如此,還繼承了 iPod 時代行之有年的「音樂商店」的做法,把音樂商店,擴展成「應用程式商店」。消費者可以通過應用程式商店下載各種各樣有趣的應用程式,如:給照片裝飾一個相框,或者記錄自己每天跑步的里程數等等。

2008 年 3 月 6 日,蘋果對外發表了針對 iPhone 的應用程式開發包,供免費下載,以便第三方應用程式開發人員開發針對 iPhone 及 iPod Touch 的應用程式。3 月 12 日,僅用不到一周時間,蘋果宣佈已獲得超過100,000 次的下載;三個月後,這一數字上升至 250,000 次。眾所周知,蘋果公司一直以來在產品及技術上都具有一定的封閉性。在 IBM 推出相容個人電腦之後,微軟等一系列軟體公司圍繞 PC 開發了很多辦公、娛樂軟體,通過增強用戶對軟體的習慣性爭奪了很大一部分個人電腦用戶。而蘋果的 Mac 電腦[3]由於其軟體和硬體的相容性問題一直不被蘋果公司重視,因此只擁有 10% 左右的「死忠粉絲」。蘋果這次推出 SDK 之舉可以說是第一次向個人和企業開發者拋出了橄欖枝。另外,用戶購買應用程式所支付的費用由蘋果與應用程式開發商按照 3:7 的比例分成,那些一戰成名的暴富神話吸引了全球眾多的企業開發者和個人開發者。在眾多開發者眾星捧月般的簇擁到 App Store[4]這個平台之後,一個商業生態系統悄悄地形成

---

3　Mac 電腦:麥金塔電腦,俗稱 Mac 機或蘋果機,是蘋果公司設計生產的個人電腦系列產品。

4　App Store 即 application store,通常理解為應用程式商店。App Store 是一個由蘋果公司

了。7月11日蘋果App Store正式上線，可供下載的應用程式已達800個，下載量達到1,000萬次。2009年1月16日，數字刷新為逾1.5萬個應用，超過5億次下載。截至2012年10月，其應用程式數量已經突破70萬，累計下載量也突破300億。

「應用程式商店」催生了內容創造產業，其影響力波及整個資訊行業，大家不約而同地在思考相同的問題，是成為蘋果應用程式商店裡一個碎片化應用程式，還是另起爐灶，創建自己的應用程式商店？

iPhone作為最流行的手機之一，扮演「大入口」的角色，無論是打電話、玩遊戲、上Facebook還是閱讀電子雜誌，總是離不開iPhone；應用程式商店扮演平台的角色，解決了與廣大開發者之間的利益分配問題，並成為推廣軟體應用的主要管道；應用程式商店裡形形色色的各種碎片化應用，滿足人們工作、娛樂、休閒、購物等多種需求，如圖7-2所示。

圖7-2　App Store + iPhone引發智慧型手機的變革，重新定義了產業生態，全面網路化模式形成

再回到大數據的視角，來審視應用程式商店模式。用戶只是在下載或者更新應用程式時，會使用應用程式商店，而用戶使用應用程式而產生的「行為資料」和「內容資料」，並沒有被蒐集和記錄。換句話說，僅僅擁

<hr>

為iPhone和iPod Touch、iPad以及Mac創建的服務，允許用戶從iTunes Store或Mac App store瀏覽和下載一些為了iPhone或Mac開發的應用程式。用戶可以購買或免費試用，讓該應用程式直接下載到iPhone或iPod Touch、iPad、Mac。其中包含遊戲、日曆、翻譯程式、圖庫，以及許多實用的軟體。App Store在iPhone和iPod Touch、iPad以及Mac的應用程式商店都是相同的名稱。

有消費者在應用程式商店中下載應用軟體資料,還不足以構成「大數據」,因為這些資料的活性不足。

當 iPad 平板電腦推出後,資料問題就更加突顯了。人們在 iPhone 中有大量的照片、通訊錄、音樂、文檔等等資料,但是如何也可以在 iPad 上看到呢?如果手機丟了,這些資料又如何找回呢?就這樣,iCloud 應運而生了。

## iCloud「個人資料中心」應運而生

2011 年 5 月 31 日,蘋果公司官方發佈 iCloud 產品,提供了郵件、日曆和聯絡人的同步功能。除此之外,iCloud 還具有強大的儲存功能,它可以儲存人們購買的音樂、應用程式、電子書,並將其推送到所有匹配設備。可以說 iCloud 第一次使得包括 iPhone、iPod Touch、iPad,甚至是 Mac 電腦在內的所有蘋果產品無縫連接,借助 iCloud 蘋果也實現了從多個資料源蒐集資料並進行統一儲存和索引的功能,為搭建大數據中心鋪平了道路,如圖 7-3 所示。

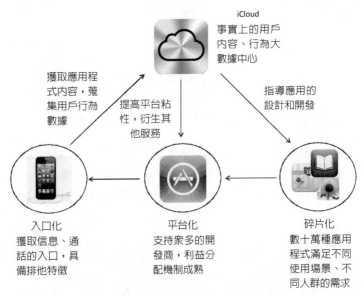

圖 7-3　推出 iCloud,標誌蘋果完成全面網路化模式的最後一塊拼圖

iCloud 具有以下幾大功能：照片串流、文檔和應用程式雲端服務、日曆、通訊錄、郵件、iBooks 備份和還原。我們發現，每個功能都是蘋果蒐集用戶資料的來源之一。

照片串流。這一功能使得用戶用一部 iOS 設備拍攝照片，影像就會出現在其他設備上，包括 Mac 或 PC。將照片從數位相機導入到電腦之中，iCloud 會即刻通過 WLAN 將它們發送到用戶的 iPhone、iPad 和 iPod Touch 上。用戶無需人為地去同步或是添加照片到電子郵件的附件中，也不必傳輸文件，照片就會出現在每一部蘋果設備上。同時，用戶可以選擇指定的人群來共用照片。用戶也可以讓觀眾對照片發表評論，並可以回復他們的評論。照片串流的功能使得用戶影像資料得到統一保存，為影像資料的蒐集提供了方便。

文檔和應用程式雲端服務。用戶可以在 Mac、iPhone、iPad 和 iPod-Touch 上創建文檔和簡報。同樣地，iCloud 可讓該文件在 Mac 和所有 iOS 設備上保持更新。iCloud 已內置於 Keynote、Pages 和 Numbers[5]等 App 中，此外還可與其他支援 iCloud 的 App 配合使用。同時，用戶在某一設備上購買的應用程式也將自動同步到其他設備中。這一功能具有革命性的意義，開發者通過蘋果提供的 iCloud API[6]，可以將自己開發的應用產生的資料保存到雲端。用戶在使用這個支援 iCloud 的應用時，無需手動上傳或同步資料即可實現在多設備上同步地編輯文檔。蘋果公司也通過這種方式獲得了更具價值的應用程式資料，進而為應用程式大數據打下了基礎。

日曆、通訊錄和郵件。iCloud 可以存放用戶的私人資料，包括日曆、通訊錄和電子郵件，並讓它們在所有設備上隨時更新。如果用戶刪除了一個電子郵件地址，添加了一個日曆事件，或更新了通訊錄，iCloud 會在各處同時做出這些更改。同樣地，用戶的備忘錄、提醒事項和書籤也會進行

---

5　Keynote、Pages、Numbers 是適用於 Mac 的辦公軟體。Keynote 用於播放投影片，類似 PowerPoint；Pages 用於編輯文字，類似 Word；Numbers 用於處理試算表，相當於 Excel。

6　API (Application Programming Interface) 又稱為應用程式編程介面，就是軟體系統不同組成部分銜接的約定。由於近年來軟體的規模日益龐大，常常會需要把複雜的系統劃分成小的組成部分，編程介面的設計十分重要。程式設計的實踐中，編程介面的設計首先要使軟體系統的職責得到合理劃分。良好的介面設計可以降低系統各部分的相互依賴，提高組成單元的內聚性，降低組成單元間的耦合程度，進而提高系統的維護性和擴展性。

同步。日曆、通訊錄和郵件這三個資料源提供了用戶最為私密的、也是價值最高的資料。蘋果公司能夠蒐集到用戶的私人資料無疑會大大地提升其提供個性化服務的水平。

iBooks。由於行動閱讀具有最為廣泛的潛在客戶群以及更為廣闊的市場空間，因此其一直是各個終端廠商、服務提供商、應用程式開發商以及電信業者爭奪的地盤。蘋果公司憑藉其統一、流暢的用戶體驗贏得了眾多用戶。iCloud 出現無疑進一步鞏固了 iBooks 的市場地位。一旦用戶從 iBooks 獲得了電子書，iCloud 會自動將其推送到用戶的所有其他設備中。對於其他操作，iCloud 也會進行資料的同步。比如，用戶在 iPad 上開始閱讀，加亮某些文字，記錄筆記，或添加書籤，iCloud 就會自動更新用戶的 iPhone 和 iPod Touch。

備份和還原。用戶的 iPhone、iPad 和 iPod Touch 上存放著各種各樣的重要信息。在接通電源的情況下，iCloud 每天都會通過 WLAN 對它們自動備份，而用戶卻無需進行任何操作。當用戶設置一部全新的 iOS 設備，或在原有的設備上還原資料時，iCloud 雲端備份都可以擔此重任。只要將設備接入 WLAN，再輸入 Apple ID 和密碼就行了。備份和還原不僅是方便客戶的功能，對蘋果也極具意義，它最大化蒐集了用戶的數據，可以衍生出其他服務，並指導應用設計程式和開發。

如果把時間切換到 60 年前，人們將發現 iCloud 的意義遠遠超過 iPhone 的成功。自電腦誕生以來，電腦一直扮演「資料中心」的角色。人們所有的文件、資料都保存在個人電腦中。iCloud 橫空出世，將取代個人電腦的「資料中心」角色。iCloud 也不同於純粹的網路應用程式，其思想和 iPod 時代的音樂管理一脈相承，即全面網路化。

## 「遊戲中心」的戰略意義

2010 年 9 月 9 日，蘋果正式發佈了 iOS 4.1，其中有一款具備戰略意義的產品：「Game Center」遊戲中心，如圖 7-4 所示。

遊戲中心是專為遊戲玩家設計的社交網路平台，Game Center 簡化了相容遊戲中多人對戰的配對流程。另外，它不但可以通過成就系統，同時也可以通過積分榜為玩家提供炫耀的資本。借助 Game Center，用戶可以收發好友請求，可以邀請好友通過網路參與多人遊戲。除此之外，系統還

圖 7-4 2010 年 9 月，蘋果發佈了 Game Center

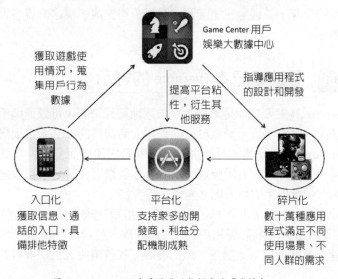

圖 7-5 Game Center 成為蘋果遊戲領域的「資料中心」

可以自動為用戶尋找遊戲玩伴。用戶可以在 Game Center 中看到遊戲中的玩家排名和成績，並且可以借助好友推薦來尋找新遊戲，也可以直接進行聊天。

Game Center 一經推出就受到了用戶的歡迎。考慮到 iPhone、iTouch 和 iPad 的操作性和螢幕尺寸，Game Center 的用戶多數並非某大型遊戲的

玩家，他們可能更熱衷於一些打發時間的休閒遊戲，如憤怒鳥等。他們通過 Game Center 玩遊戲更多地是滿足自己好奇炫耀的心理。蘋果抓住了用戶的使用心理，為他們搭建了 Game Center 這個平台，並且借助 SNS 自我發展用戶的特性吸引了大量的用戶。在 2012 年 WWDC 大會上，蘋果宣佈其 Game Center 用戶數量超過了 1.3 億。Game Center 在短短兩年時間內發展到如此規模的用戶數，這在電玩遊戲領域是史無前例的，可以毫不誇張地說，Game Center 再一次改變了電玩遊戲的世界。

通過 Game Center，蘋果獲取了用戶玩遊戲的行為資料以及遊戲社交資料，提高了平台慣性，從而構建起大型的娛樂消費資料中心，利用這些資料也衍生出了其他服務，如指導應用的設計和開發，如圖 7-5 所示。

總結上述三種模式，蘋果公司完成了從應用程式商店的爭奪到對用戶行為資料的爭奪，並通過三個階段，蘋果公司完成了構建消費者大數據中心的全部過程。

## 第二節　雲端筆記本 Evernote 的啓示

Evernote 其主要功能是幫助大家快速地記錄筆記，可以通過手寫、鍵盤、錄音、拍照等手段，類似於微軟公司大名鼎鼎的 Office 系列辦公軟體中的 OneNote 筆記軟體。對於用過這款軟體的讀者而言，對其易用性、多平台同步等特點肯定有所瞭解。對於大多數讀者而言，一個筆記類的軟體，又能有什麼出色的地方呢？先看一組資料。

截止到 2012 年 6 月，Evernote 全球用戶突破 3,400 萬，付費用戶 140 萬。而在 5 月，其註冊用戶數才 2,500 萬，付費用戶數 100 萬。Evernote 快速的發展速度令人震驚，照此發展，其營業收入很快就會突破 1 億美元。

對比 Evernote、微軟的 Office 辦公軟體和 Google 公司的 Google Docs 這三款產品，可以清晰地發現具備全面網路化特徵的產品蘊含的巨大商業價值。筆者依時間為序，首先分析微軟的辦公軟體，接下來看看和微軟一直打對台的 Google，最後剖析 Evernote 的商業模式和產業特徵。

## 面向個人電腦的微軟 Office 辦公軟體

　　微軟的 Office 辦公軟體早在 1983 年就伴隨著 MS-DOS 誕生了，隨著微軟系統版本的升級，Office 也同步升級到 95、Server、98、XP、2000、2003、2007、2012 等版本。很長一段時間裡，用戶安裝完作業系統後第一件事情就是安裝相應版本的 Office 辦公軟體。Office 辦公軟體已經成為用戶辦公、生活不可或缺的軟體之一。因此很難講是 Windows 系統成就了 Office 辦公軟體，還是 Office 辦公軟體帶動了 Windows 系統的高市場佔有率。

　　大家對微軟的視窗作業系統印象最為深刻，但實際上，Office 系列辦公軟體，才是微軟最大的搖錢樹。在過去 3 年多的時間裡，掌管 Office 辦公軟體的商業部門曾經在 10 個季度為微軟貢獻最高的利潤。2012 年第一季度，微軟總營收為 174 億美元，商業部門營收的 58 億美元，占到總營收的 33.4%。同期，Windows 和 Windows Live 部門營收 46 億美元，僅占總營收的 26.6%。

　　歷史上，有眾多的競爭對手試圖挑戰微軟在辦公軟體領域的統治地位，包括 IBM、Sun 等巨擘，但皆無功而返。微軟的辦公軟體，憑藉豐富的功能、正確的市場策略，佔據了壟斷地位。

　　可以把文檔當成一種電腦交互的「語言」，把辦公軟體當成人們分享文檔時的「翻譯」，這樣就非常容易理解這類軟體具有天然的壟斷優勢。因為隨著更多人使用這種「語言」，就會自然而然地離不開翻譯，形成正向反饋。在如圖 7-6 所示的迴圈中，使用的人越多，產生的文檔就越多，文檔越多，需要使用相同辦公軟體的人就越多。微軟公司是靠賣軟體的「拷貝」盈利的，每個人都必須購買一份「拷貝」。所以，可以觀察到微軟辦公軟體的功能越來越多，支援的文檔類型也越來越多。在發展初期，增加功能和支援更多類型的文檔，的確增強了不同辦公軟體之間的交叉銷售能力。微軟幾十年來壟斷了辦公軟體市場，現在微軟辦公軟體功能之強大，遠非競爭對手的產品可比。下面簡單回顧一下微軟辦公軟體的發展歷程。

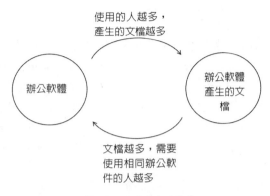

使用的人越多，
產生的文檔越多

辦公軟體

辦公軟體
產生的文
檔

文檔越多，需要
使用相同辦公軟
件的人越多

圖 7-6　辦公軟體和文檔相互促進

## 案例：微軟辦公軟體發展簡介

　　Microsoft Office 3.0 是第一版針對視窗系統所發表的辦公軟體。這個版本於 1992 年發佈，包括 Word( 文字處理軟體 )、Excel( 試算表軟體 )、Power-Point( 簡報軟體 ) 三個主要軟體，自此有了「辦公套件」的概念，具有一定的歷史意義。

　　Microsoft Office 4.0 於 1994 年推出，增加了 Mail( 郵件軟體 ) 和 Access( 資料庫軟體 )。

　　Microsoft Office 4.3 是最後一版 16 位元的版本，同時也是最後一版支援 Windows 3.x、Windows NT 3.1 和 Windows NT 3.5 的版本。

　　Microsoft Office 97 是一個重大的里程碑。這一版中包含了許多新功能和改進，其同時也引入命令欄 (Command Bars) 的功能以及拼寫檢查的功能。

　　Office 的以上各個版本均被稱作「辦公套件 (Office suite)」，顧名思義，以上各個版本 Office 將辦公常用功能軟體打包，一併銷售。基本上說，用戶購買了完整的套件後，就可以完全應對一般的辦公任務了，因此並不需要額外的設備和軟體的開銷了。但隨著網際網路的發展，企業對內部網路、協同辦公的要求越來越高。當然微軟不會對這股強勁的需求坐視不理，從 Office 2003 開始，微軟將其命名為「辦公系統 (Office System)」，旨在為辦公環境提供完整的解決方案。

　　Microsoft Office 2003 於 2003 年發佈。作為一個整合平台的解決方案，

Office System 2003 所包含的產品多得令人瞠目結舌。Office 2003 中文版包括 6 個元件、11 個產品、4 個伺服器元件、1 項服務以及解決方案加速軟體。Office 2003 中文版產品除了原有的 Office Word、Excel、PowerPoint、Out-Look、Access 外，還包括 Office Publisher( 發佈軟體 )、Front Page ( 網頁編輯軟體 )、InfoPath( 製表軟體 )、OneNote( 筆記軟體 )、Visio( 工程繪圖軟體 )、Proj-ect( 專案管理軟體 )。伺服器元件則包括 Office Live Communications Server、SharePointPortal Server、Exchange Server、ProjectServer，以及 Visual Tools 等共計 16 款產品。將這麼多的應用整合在一起，直接導致了其昂貴的價格。另外，如果企業要享用 Office 2003 的全部新功能，技術授權費用至少還會增加 10% 以上。

Microsoft Office 2007 是爲了配合 Windows Vista 而推出的。從這個版本的升級創新，可以看到微軟已經充分意識到單機時代的 Office 已經不再是辦公軟體的發展趨勢，溝通、協作將成爲今後辦公軟體的主要特徵描述詞。從 Office 2007 這個版本開始，微軟在 Office 網路化的歷程上投入逐漸加大，其快速發展也讓用戶對其重拾信心。

從 Office 2010 開始，微軟推出了網路免費版本 Office Web Apps，涵蓋軟體有 Word、Excel、PowerPoint 和 OneNote，用戶可利用瀏覽器來編輯文件和簡報等。這個功能因使用體驗較差，並未獲得用戶青睞。

Office 2013 也是一個應用廣泛的版本，同時也是目前爲止最爲龐大的版本。

微軟辦公軟體的發展規律，也是傳統的工具型軟體的一般發展規律。在以賣「拷貝」爲主的商業模式中，必須擴展產品功能，豐富品類，來滿足更多人的需求，在這一點上微軟是成功的。但是對於絕大部分的使用微軟辦公軟體的人來說，譬如 Word( 文字處理軟體 )，大家日常使用的功能，遠遠不及其總功能的 1%，但是不得不爲 Word 軟體的所有功能付費。因爲軟體是標準化生產出來的，不得不滿足所有人的需要。難以平衡標準化生產和客製化需求之間的矛盾。

另外一個不足之處，就是辦公軟體產生的文檔由用戶自行管理，如圖 7-7 所示。許多不具備基本電腦知識的人，就被拒之門外。大家不得不通過上電腦課程，來解決這個問題。事實上，微軟也帶動了龐大的電腦教育市場。

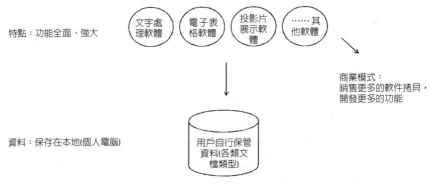

特點：功能全面、強大

文字處理軟體

電子表格軟體

投影片展示軟體

……其他軟體

商業模式：
銷售更多的軟件拷貝，
開發更多的功能

資料：保存在本地(個人電腦)

用戶自行保管資料(各類文檔類型)

圖 7-7　微軟辦公軟體與資料的關係及商業模式

　　繼續用大數據的視角來分析微軟辦公軟體商業模式。微軟的盈利來源是銷售更多的軟體拷貝。在個人電腦主宰的時代，微軟辦公軟體功能擴張路線，市場推廣策略行之有效，取得了空前的成功。事實上，這些辦公軟體產生的大量資料 ( 形形色色存在各種文檔之中的資料 ) 蘊含著更加巨大的商業價值。

　　以前微軟的競爭對手，都在辦公軟體功能上跟微軟比拼，同樣的商業模式下，它們無法撼動微軟利用先發優勢建立的壟斷地位，逐漸退出這一市場。Google 公司最先看到辦公軟體資料的商業前景，建立了數位廣告的商業模式，從而開始了和微軟的長期競爭之路。

### 依賴網路瀏覽器的 Google Docs

　　Google 公司是在「Don't be evil」的口號下發展起來的。所謂「evil」就是指微軟的壟斷。微軟也把蒸蒸日上的 Google 當作頭號競爭對手。Google 作為後起之秀，能趕上微軟的實力，就是來自其嶄新的商業模式。Google 是最早在資料中掘金的公司之一，把數位媒體 ( 數位媒體的詳細介紹，參見本書第四章 ) 的商業模式提升到一個嶄新的水準。

　　2006 年，Google 推出了 Google Docs 服務，包括線上文檔、試算表和簡報三類文檔，與 Office 辦公軟體中的 Word、Excel 和 PowerPoint 類似，此工具可以輕鬆地執行所有基本操作，包括編製專案列表、按列排序、添加表格、添加圖片、添加注釋、添加公式以及更改字體等。並且，其風格和傳統桌面辦公處理軟體類似，熟悉的風格可以讓用戶無需學習便輕鬆上手。

具體而言，Google Docs 與微軟 Office 有兩點最大的不同：Web 應用軟體[7]和免費。

第一，Google Docs 是基於瀏覽器的一套線上軟體，通過 Google 帳號登錄後便可以使用。與微軟 Office 把資料保存到本地的模式不同，Google Docs 將資料保存到雲端，用戶可以通過瀏覽器新建、打開、編輯或是刪除一個線上文檔。同時，同一個工作組中的用戶可以共用文件，多用戶可以對同一個文檔進行即時的編輯和更新，而且這些操作歷史也會被保存到雲端。協同辦公平台創造了許多有趣的使用場景，英國作家 Silvia Hartmann 就利用 Google Docs 玩了個行為藝術，她公開了自己使用 Google Docs 寫作的地址，任何人都可以進去看看她的新小說《The Dragon Lords》寫到哪裡了，如果你碰巧遇到她正在寫作，那麼可以看到她一個字母一個字母地輸入單詞直至完成整部小說的過程。

第二，Google Docs 是免費軟體。眾所周知，微軟 Office 主要靠銷售更多的軟體拷貝盈利。因此為了滿足不同類型用戶日益差異化的需求，微軟必須不斷研發新的功能，直接導致的結果是微軟 Office 體積越來越大，價格也越來越高。這與網際網路的「免費」精神是相悖的。而 Google Docs 完全免費，並且用戶可以擁有 5GB 的 Google Drive 儲存空間，已經基本滿足用戶日常使用。對於對儲存容量有更高要求的企業用戶來說，可選擇升級至 25GB 空間，目前其費用為每月 2.49 美元；還可升級至 100GB 空間，目前每月費用為 4.99 美元；或是升級至 1TB 空間，目前每月收費 49.99 美元。單位容量的價格相對於 DropBox 等其他主流雲端儲存平台要低廉一些。同時，由網路巨頭 Google「生下」的 Google Docs 當然也會「繼承」Google 的優秀商業模式基因，廣告也是其主要收入來源之一。《連線》雜誌主編克里斯·安德森在《免費》一書中極力推崇「少數人付費，多數人免費或只需花費極少費用享用」的商業模式，他認為免費經濟才是商業的未來。

Google 針對微軟，完完全全地反其道而行之，推出一系列的免費 Web 應用軟體。Google 公司的作業系統是開放原始碼的，辦公軟體是免

---

7　所謂 Web 應用軟體，是指僅僅通過網頁瀏覽器就可以線上使用的一類軟體。用戶不需要額外下載、安裝任何第三方軟體。上網即可使用。

費的，和微軟的商業模式截然相反。Google 的辦公軟體產品是以網路服務的形式提供，用戶享受免費服務的同時，自然而然地把文檔無償地交由 Google 來管理和保存。如圖 7-8 所示，Google 利用用戶文檔中的資料進行加工分析後，可以提供更加精準的廣告。

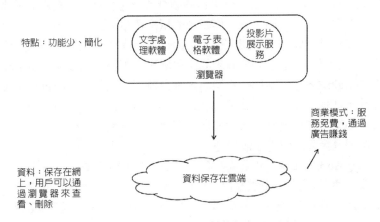

特點：功能少、簡化

商業模式：服務免費，通過廣告賺錢

資料：保存在網上，用戶可以通過瀏覽器來查看、刪除

圖 7-8　Google 辦公軟體與資料的關係及商業模式

　　Google 公司並沒有公開 Google Docs 的營運資料，人們無從瞭解它現在的用戶數量。這款產品是 Google 早期的開發成果之一，目前並不引人注目。作為一個普通用戶，筆者感覺 Google Docs 在功能方面和微軟辦公軟體相比，距離較大。Google Docs 依然處於不斷地發展中，未來的走勢有待觀察。

　　Google Docs 和微軟 Office 分別處於平衡木的兩端，一邊是桌面應用軟體的極致，一邊是 Web 應用軟體的極致。Evernote 恰恰位於平衡木的中間，取兩者之長，避兩者之短，這幾年飛速成長，引入注目。

### 全面網路化的 Evernote

　　探究起 Evernote 的成功原因，有人說是其強大的筆記捕捉功能和先進的文字識別技術，也有人說是其穩定的出色用戶體驗，但是這些功能以往一些軟體都具備。事實上，Evernote 地文字編輯功能相比微軟 Office 辦公套件中的筆記軟體而言，功能要少很多。但是快速上升的裝機量，證明

Evernote 是一款廣受歡迎的產品。

　　Evernote 可以在個人電腦、蘋果系列電腦以及各種智慧手機和平板電腦上使用，如圖 7-9 所示。對於一款軟體而言，在不同的硬體平台上通用非常重要。這是成為「入口化」特徵的基礎，也是軟體產品和硬體產品在成為「入口」方面的差異。無論用戶用哪款硬體設備，都可以使用 Evernote。雖然使用的硬體設備不同，但是通過 Evernote 卻可以保證內容都是一致的、完整的。在個人電腦上，記錄的一些文章，在路上掏出手機可以查看；或者參加會議，通過手機錄音，回家打開電腦，就能直接編輯、收聽這段音頻。不需要繁瑣的同步操作，印象筆記靜悄悄地完成了所有內容在所有設備上的自動同步。這是軟體產品入口化的第二個特徵：一致的用戶體驗。

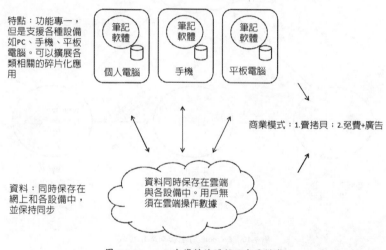

圖 7-9　Evernote 與資料的關係及商業模式

　　相比之下，早期的微軟筆記軟體 (OneNote) 並不具備網路同步功能。升級後的 OneNote 的同步功能仍然顯得薄弱很多，在重新安裝軟體之後，如果用戶需要找回之前備份的資料，需要連接微軟的網路儲存服務，並且其操作對於普通用戶而言非常複雜。在 2012 年之前，OneNote 對行動設備的支援相當乏力，在 iPhone、iPad 和 Android 手機大行其道的當下，對「入口化」的忽視導致了 OneNote 流失了大量用戶。

Evernote 在搶佔「筆記類」應用程式入口的競爭中撥得頭籌後，立即開始了平台化的征途。2010 年，Evernote 推出了自己的應用程式商店——「百寶箱」，展示了其欲打造與蘋果 App Store 分庭抗禮的平台野心。目前其已經收納了音樂、新聞、閱讀、生產力、旅行、繪畫、手寫、無紙化等眾多分類的許多應用程式。截止 2012 年 3 月，百寶箱中的應用程式已經達數百款，為 Evernote 開發周邊應用程式的第三方開發者也達到了 2 萬多人。平台化的意義在於明確了平台的創建者和第三方參與者的利益劃分機制，形成眾人拾柴火焰高的局面，如圖 7-10 所示。

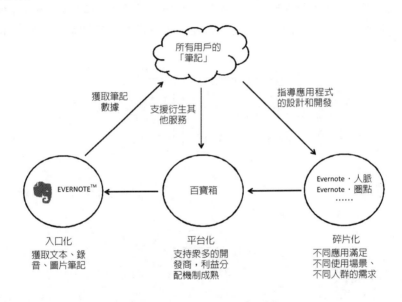

圖 7-10　Evernote 的全面網路化模式

此處通過 Evernote 百寶箱中的幾款「小」應用程式，來闡述「碎片化」的意義和要點。

前文筆者反復強調過一點，就是碎片化的機制解決了標準化生產和個性化需求之間的矛盾。微軟辦公軟體為滿足所有用戶的需求，不得不把 Word( 文字處理軟體 )、Excel( 試算表軟體 ) 變得龐大無比，而大多數用戶僅僅使用其中不到 1% 的功能。這種方式依然是工業時代標準化生產的思維，既增加了普通用戶的學習成本，也讓大家花費了不必要的金錢。

Evernote 就聰明得多。它僅僅實現了滿足 80% 用戶需求的 20% 的功能，其餘 80 的功能通過其他的應用程式來實現。譬如手寫功能，保存原始的筆跡，對一部分用戶而言有相當的吸引力，尤其是當用戶寫一手好字的時候，但是在個人電腦上，手寫輸入不一定比得過鍵盤輸入的速度，而在 iPad 等平板電腦上，連續的手寫識別，肯定要遠遠強過平板電腦自備的手寫輸入功能。總之，手寫功能是需要的，但是小眾的，只適合某些特定的場合。

沿襲工業時代標準化生產思維，就不得不為 Evernote 添加手寫功能模組，而不管用戶是否需要。但「碎片化」思想完全不同，「兩個獨立，一個融合」。首先手寫功能作為一款獨立的應用程式存在，其次用戶需要單獨付費購買，但是使用過程中產生的資料，卻是和 Evernote 中的「筆記」融合在一起。也就是說，當你在開會時，在 iPad 上手寫記錄的會議綱要，打開個人電腦上的 Evernote 軟體，就能立刻查看和修改。

具備程式設計素養的讀者，一定會明白，碎片化對應用程式功能的規劃和設計要求是非常高的，把「高內聚，低耦合」的設計思想離散化，在網路之上，保障應用程式資料的一致性。

在商業模式上，碎片化的應用程式也有大幅突破，完美地體現了《免費》、《長尾》兩本書中提到的主旨。通過免費的方式提供滿足 80% 用戶的功能，大家不需要支付任何費用，就可以自由享用 Evernote 軟體，而且完全可以滿足絕大多數用戶的需要。這裡需要著重指出的是，免費不意味著缺斤短兩，也不代表服務質量低劣。具體提供哪些免費功能，是要精心規劃的，但原則是吸引儘量廣泛的用戶。20% 用戶特殊的需要，通過大量的碎片化應用來滿足，也就是長尾[8]。這部分應用程式大部分是收費的。全面網路化模式中，收費也和原有的軟體定價有了本質的差別。價格非常便宜，也就是「小額支付」。小額支付結合碎片化的長尾類應用程式，迸發出驚人的商業力量。

---

[8] 長尾 (The Long Tail)，或譯長尾效應，最初由《連線》的總編輯克里斯・安德森 (Chris Anderson) 於 2004 年發表在自家的雜誌中，用來描述諸如 Amazon 公司、Netflix 和 Real.com/Rhapsody 之類的網站的商業和經濟模式。它是指那些原來不受到重視的銷量小但種類多的產品或服務由於總量巨大，累積起來的總收益超過主流產品的現象。在網路領域，長尾效應尤為顯著。

對比 Evernote、Google Docs、微軟辦公軟體，可以清晰地發現全面網路化軟體商業的前景，如圖 7-11 所示。毫無疑問，Evernote 目前最受資本市場追捧和青睞。

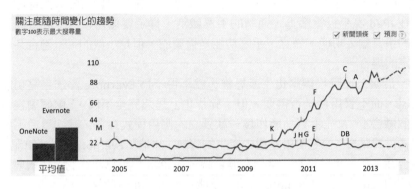

圖 7-11　Google trend 中 OneNote 和 Evernote 搜尋次數對比

## 第三節　小軟體的大夢想

### 中小企業資訊化──尋尋覓覓的十年後，依然在燈火闌珊處

中小企業以其龐大的數量，一直令大型公司垂涎。據統計，2011 年中國有 4,600 多萬家中小型企業，其中僅僅不到 300 萬家獲得有支援的資訊服務。微軟進入企業應用軟體市場後，力圖佔領更多的小型企業，但是收效甚微。從 2000 年以來，三次中小企業管理資訊化浪潮，前兩次皆無功而返，如圖 7-12 所示。

2000 年前後，正值 COM 泡沫頂峰，ISP[9]、ICP[10]、ASP[11] 等等概念層

---

9　ISP：網路服務供應商 (Internet Service Provider，ISP) 即指提供網路服務的公司。通常大型的電信公司都會兼任網路供應商。

10　ICP：線上內容提供者 (Internet Content Provider，ICP，又譯網路內容供應商 )，其業務範圍為向用戶提供網路資訊服務和增值業務，主要提供有智慧財產權的數位內容產品與娛樂，包括期刊、雜誌、新聞、CD、On-line Game 等。線上內容提供者模式的收益包括

出不窮。尤以 ASP( 應用託管服務供應商 ) 概念因為有微軟、IBM、Sun 等公司力推，而領一時之風騷。所謂的應用程式託管服務，就是把軟體安裝在遠端的伺服器，用戶通過網路來使用。允許小型企業客戶多人使用一套軟體的授權許可，這種做法雖然降低了用戶的採購成本，但是在使用中更加繁瑣。大家無法理解，好端端的 Word 軟體非要在網上用。加上當時頻寬嚴重不足、應用程式託管服務商要和盜版作鬥爭等原因，ASP 最終毫無懸念地以失敗告終。這完全是軟體供應商一廂情願的做法。

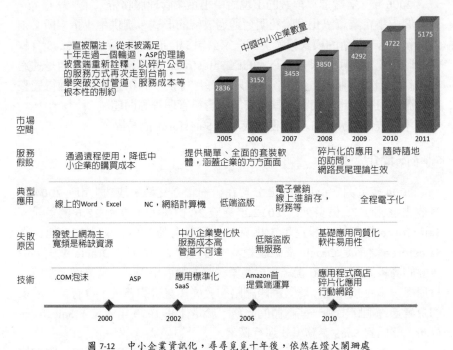

圖 7-12　中小企業資訊化，尋尋覓覓十年後，依然在燈火闌珊處

---

廣告收入、下載收入、訂閱收入、仲介傭金收入等。但 ICP 目前受到消費者自行創造內容的 Web 2.0 的強大威脅。

11　ASP：應用程式服務供應商 (Application Service Provider, ASP)，是一種提供電腦應用軟體服務的供應商，如租車公司，令顧客有更多的選擇，共用不菲的軟體。

2002 年以後，微軟、IBM 等公司又重提 SMB( 即中小型企業 ) 的概念，希望把給大型企業提供的業務管理軟體，經過簡化後，賣給中小企業，聯合許多合作夥伴共同開拓 SMB 市場。這個出發點也不錯，國際巨頭們提供標準化、簡化的解決方案，眾多合作夥伴們幫著中小企業削足適履。事實上，中國的中小企業發展變化非常迅速，可能三五年就成長為中大型公司，也可能兩三年就銷聲匿跡。用標準化的方法為中小企業提供業務管理軟體，無疑是死路一條。

2006 年，雲端運算模式的出現給中小企業管理服務帶來了一絲曙光，一時間中小企業資訊化柳暗花明。通過雲端的形式，提供中小企業所必須的服務。這一創新的模式經過美國一家公司 Salesforce 驗證成功，SaaS[12]( 軟體即時服務 ) 的理念深入人心。的確 Salesforce 不再銷售軟體，而是通過網際網路出租「服務」。中小企業只要每月付很少的租金就可以獲得完整的軟體使用權，也不用擔心軟體安裝、資料管理等等問題。

下面先詳細介紹在美國獲得成功的 Salesforce 的特點。

## Salesforce 簡介

2004 年 6 月，Salesforce 公司在紐約證券交易所成功上市。2004 年其收入達到 1.75 億美元，2012 年突破 20 億美元，達到 22.6 億美元。Salesforce 的創始人貝尼奧‧馬克是一個具有傳奇色彩的人物，他創立 Salesforce 之前是 Oracle 高級副總裁，當時才 27 歲，是 Oracle 歷史上最年輕的高級副總裁。20 世紀末，網際網路的發展出現了一個高潮。當時，貝尼奧‧馬克預見到，隨著網際網路的發展和寬帶的普及，會有越來越多的企業通過網路得到一些軟體的服務。於是他在 1999 年成立了 Salesforce 公司，開始對 SaaS 業務模式進行探索。

Salesforce 通過雲端運算的業務模式，解決了用戶購買硬體、開發軟體等前期投資以及複雜的後臺管理問題等麻煩。公司強大的線上開發平台，允許用戶與獨立軟體供應商訂製並整合其產品，同時建立他們各自所

---

12　SaaS：軟體即時服務 (Software as a Service，SaaS) 有時被作為「即需即用軟體」(on-demand software，即「一經要求，即可使用」) 提及。它是一種軟體交易模式，在這種交易模式中，軟體及其相關的資料在雲端集中式地託管。用戶通常通過一個全球網路瀏覽器來訪問軟體即時服務。

需的應用軟體，解決了標準化產品和個性化服務的問題。事實上，Sales-force 把個性化需求的問題拋給了用戶，公司僅僅提供技術支援。

幾個月前，筆者曾經和一個公司的董事長爭論：「企業 SaaS 基礎服務是否應該免費」。他的答案是不能。理由是企業擔心免費的服務靠不住。「你要是免費，人家反而不敢用了。」這話聽起來不無道理，但是錯的。

《免費》和《長尾》書中，分別提出的免費理論和長尾理論是網路通行的法則之一。注意，這裡的免費指的是接近於零的極低價格。長尾理論是對二八定律的顛覆，公司的利潤不再依賴傳統的 20% 的「優質客戶」，而是許許多多原先被忽視的客戶，他們數量龐大，足以讓你掙得盆滿缽滿。從公司產品的角度分析，產品主打主流市場的老套路將趨末路，而免費則是吸引龐大客戶群的殺手鐧。免費不是指提供不可靠的服務，而是把最重要、最常用、用戶最廣泛的應用，做到極致的簡化、易用和穩定後，再用免費的模式培育廣泛的客戶群，用長尾效應來盈利。

所以 SaaS 基礎服務是否免費的問題，歸根到底是能否找到一款可以帶來長尾效應的終端 ( 注意，這裡的終端可以是軟體，也可以是硬體 )。如果你不能挖掘此類終端，根本就不能談免費的問題。這類終端一定符合幾個特點：第一，使用的人群要足夠多；第二，使用的頻率要足夠高；第三，使用非常便利，具有門戶化特徵。再者，必須要化解標準化軟體和個性化需求之間的矛盾，有效地控制成本並提升客戶體驗。

## 第四節 全面網路化模式啟動大數據飛輪效應

有些公司在經營中，已經積累了大量的資料，如網路公司、電信業者、銀行等。這些公司面臨的首要問題是發展資料探勘技術，充分釋放資料資產中蘊含的商業價值。

但對於初創的公司，或者新的業務方向，泛網際網路範式提供了一個可能的路徑來啟動大數據的飛輪[13]。一點一滴地蒐集資料的過程是艱辛和

---

[13] 飛輪效應指為了使靜止的巨大的飛輪轉動起來，一開始你必須使很大的力氣，一圈一圈反復地推，每轉一圈都很費力，但是每一圈的努力都不會白費，飛輪會轉動得越來越快。達到某一臨界點後，飛輪的重力和衝力會成為推動力的一部分。這時，你無須再費更大的力氣，飛輪依舊會快速轉動，而且不停地轉動。這就是「飛輪效應」。——引自百科全書

枯燥的，必須精心地打磨終端，讓更多的人接受、使用、喜愛它。有了終端基礎，才有積累資料的可能。圍繞這款終端產品，構建起利益分享的機制，吸引更多的人、更多的團隊開發相關的碎片化應用程式，蒐集更多的資料。在這種日復一日的艱苦努力下，大數據的飛輪開始慢慢轉動。當資料的累積足夠多時，就可以利用這些精心累積的資料，展開衍生的商業模式，如圖 7-13 所示。

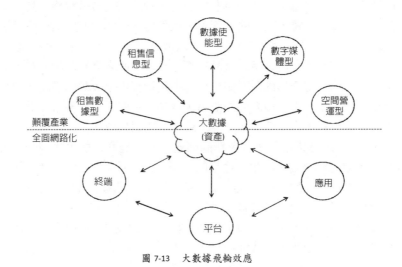

圖 7-13 大數據飛輪效應

在和產業界頻繁接觸的過程中，筆者接觸到許多有思想、有志向的人，談起網路領域的創業，都是神采飛揚，但是真正理解全面網路化模式的人並不多見。他們往往忽視了終端的重要性，或者過於依賴終端而忽視了終端帶動的平台、應用程式、大數據。在推動大數據飛輪轉動的時候，終端是至關重要的推手，平台是聚攏合作夥伴的機制，而應用程式則滿足用戶多方面的需求。比拼到最後，決勝還是要靠對資料資產的壟斷和運用。

蘋果這個模範生，是以 iPod、iPhone、iPad 等一系列創新型的硬體終端啟動了其大數據飛輪。騰訊是中國網路公司的代表，憑藉其無處不在的 QQ 聊天軟體，蒐集大量的用戶行為資訊，也是大數據的典範。Amazon 擁有全球最多的商品交易資料，它是憑藉電子商務應用，推動了大數據的

飛輪。

　　蘋果和 Google 公司由合作到反目的過程，以及觀察它們在大數據飛輪上的戰略定位，非常有趣，也有助於大家理解大數據的意義。

## 蘋果與 Google 的資料之爭

　　最近蘋果和 Google 之間的爭鬥頗為引人注目。這兩家公司曾經有一段蜜月時光，Google 的總裁施密特一度擔任蘋果公司的獨立董事。Google 是旗幟鮮明的網路公司，提供免費的網路服務；蘋果是特立獨行的設備製造商，生產讓人過目不忘的電腦、音樂播放器和智慧型手機。二者的收入來源也完全不同，Google 的主要收入來源是廣告收入，占其全部營業收入的 90% 以上，而蘋果銷售硬體的收入幾乎可以使得網路服務的收入忽略不計。看起來兩家是井水不犯河水。

　　但是這兩家巨頭發展的最終模式，就是在全面網路化模式中擁有完整的佈局。Google 目前的弱項是終端，蘋果的弱項是變現資料資產的能力。如果 Google 不去佔領終端市場，則有可能被蘋果扼住其蒐集資料的咽喉要道，從而使 Google 的資料面臨枯竭的危險；如果蘋果不去開發關鍵應用程式，則辛辛苦苦建立的商業帝國，將成為源源不斷為 Google 輸送資料的通道。所以這兩家的戰爭在終端層面開始，但是競爭的核心是用戶的資料。

　　蘋果公司入口化的終端產品非常強勢，iPhone 賺取了大量的利潤，iPad 幾乎壟斷了平板電腦產業。在蘋果的收入結構中，iPhone 和 iPad 貢獻了絕大部分，因此它可以更多的向第三方，那些碎片化應用程式的開發者們讓利。但是蘋果卻不能允許自家平台上用戶資料的流失，其推出的 iCloud、Game Center 都是直接獲取用戶資料的方式。

　　Google 公司一直是從大數據裡面淘金的。入口化的終端產品能盈利最好，不能盈利，只要不虧損也行，它要的是能夠蒐集用戶行為資料的碎片化應用程式可以遍佈各種硬體終端。所以，Google 的 Android 作業系統是免費授予手機開發商使用的。免費使用 Android 的前提條件之一：必須包括 Google 的搜尋、地圖、郵件等服務。最近 Google 剛剛推出 4 核心的智慧型手機，價格不足 10,000 元。Google 的戰略很明確，我要「大數據」，其他都可以商量。

蘋果公司和 Google 曾是緊密合作的夥伴，它們曾經同心協力對付它們共同的敵人——微軟。但是最終對於「大數據」的爭奪，使這對盟友反目。

蘋果推出 iPhone 後，直到最後一刻，才決定在首頁上增加 Google「地圖」應用程式。沒想到地圖應用程式如此受歡迎，大量的第三方提供的應用程式中，都使用了 Google 地圖。這意味著，蘋果通過昂貴的 iPhone 智慧手機，吸引來的用戶群、訪問流量，幾乎都被 Google 拿走了。如果放任這個局面繼續下去，蘋果很可能淪為 Google 公司蒐集用戶行為資料的一個管道。而未來是大數據的競爭，失去了資料的控制權，蘋果無疑會失去未來。

終端強勢的蘋果開始限制應用程式強勢的 Google，而 Google 也覺察到蘋果的企圖。於是大家看到現在的這幅商業圖景：Google 推免費的智慧型手機作業系統，推低價易用的智慧型手機；蘋果開始提供自家免費的地圖服務，剔除手機中 Google 的產品。無疑，這兩家都把資料當成最為重要的資產來看待。

## 對於汽車網路的預測

2012 年 7 月 14 日，通用汽車公司解除了與惠普的 IT 服務合同。而此前惠普為通用汽車服務已經長達 25 年，惠普承擔了通用汽車 90% 的資訊服務。通用汽車要在未來三到五年招聘 1 萬名 IT 員工，成立 IT 創新中心，對內部資訊化、汽車設計、製造流程、生產線的平台、供應鏈、銷售管道、質量控制等 IT 服務進行內包。事實上，汽車業內的有識之士，也將汽車看成另類的「行動終端」，開始全面擁抱網路，就像蘋果的 iPhone 一樣，承載巨量的資訊服務。

用全面網路模式來思考，汽車無非是另一個行動終端。當人們坐在自動駕駛的汽車中，可以使用的車載網路應用程式，不會僅僅局限於導航服務，而是將變得非常豐富，也許和駕駛另外一輛車的同伴閒聊兩句，再讓汽車幫忙找個餐廳。

相比於消費電子產品的更新周期，汽車的更新換代無疑慢如蝸牛。汽車網路領域，也並非汽車製造商的禁忌之地。蘋果、Google 等都是站在汽車業門口的「野蠻人」。筆者個人認為 Google 的能量更為巨大，因為在

Google 看來，汽車是另外一個資料來源的管道。Google 牢牢控制大數據
入口的策略，很可能在汽車市場上演。

## 預測 HTML5 和原生 App 創業者的投資價值

對投資者而言，可能對業界廣泛爭論的 HTML5 技術 ( 基於瀏覽
器，理論上任何瀏覽器都可以通用，因而具備了跨平台的特徵 ) 和原生
App( 針對某款行動裝置，開發的應用程式。如果要移植到其他平台，
需要重新開發 ) 難以取捨。對分析師而言，也需要判斷這兩種方式走向的
前景。

利用全面網路化模式，可以簡單的預測。HTML5 技術依然是標準化
的思維，似乎並沒有爲個人化服務提供解決之道。原生 App 不管採用哪些
開發技術，目標是簡單明確的，滿足用戶特定需求，跨平台的事情與用戶
無關。也許很長一段時間內，儘管採用 HTML5 的開發技術，也需要披著
原生 App 的皮。

這個結論看起來比較武斷，畢竟沒有仔細去研究 HTML5 的技術細節，
也沒有去廣泛的調研，只是站在用戶的角度來思考和預測。這個結論正確
與否，尚待檢驗。

# 第 8 章

# 大數據掀起的企業組織變革

大數據是一種思維方式，必須融入到企業的每個毛細孔中。

杜拉克認為企業存在的理由就是創造客戶，企業家必須要清楚「誰是你的客戶」[1]。「以客戶為中心」的企業運用大數據，創造出一個個精彩的商業模式：多變平台、客製化生產、客戶參與產品創新 …… 這些商業模式都有一個共同的主線，就是它們內部的價值鏈以客戶需求為起點，而不是傳統地以企業的資產或核心能力為起點。

運用大數據，客戶細分從大眾化、模組化向顆粒化、個人化方向轉變，客戶定義從標準化向客製化轉變，需求資訊從階段性處理向即時性處理轉變，客戶實質性介入並掌握了企業的控制權，「以客戶為中心」成為企業營運的核心主線，驅動組織內部價值鏈向智慧化和柔性化方向發展，如圖 8-1 所示。

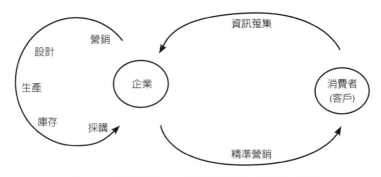

圖 8-1　以消費者為中心，進行組織變革，重構業務流程

傳統的企業是相對封閉的結構，與外界的接觸多集中在供給環節和銷售環節。在大數據時代，企業的圍牆一一瓦解，各種資源向企業聚合以延

---

1　參見杜拉克，《管理的實踐》，機械工業出版社，2009 年。

伸企業的邊界。企業在以平台為中心的生態體系中互惠共榮，過去相互獨立的企業也以資料為紐帶，開始共同編織一張大網，共生共長。

在內部價值鏈和外部環境的共同作用下，企業的組織模式開始發生劇烈的變化。傳統的組織是高度專門化的，通過清晰的部門劃分和明確的指揮鏈實現高效運轉，企業內部的垂直邊界和水平邊界十分明確。而在大數據時代這一切都在改變，企業的垂直邊界和水平邊界開始消融，以任務或問題為導向的團隊成為企業組織的常態，組織從原來的分工走向現在的合作，尊重員工、充分授權成為必然趨勢；決策體系真正由原來的自上而下變成現在的自下而上，由原來的精英經驗決策變成現在的資料驅動決策。

大數據正在掀起企業組織變革的新一輪狂潮，企業領導者要站在大數據的浪潮之巔，為組織變革做好準備。

## 第一節　大數據重塑企業內部價值鏈

杜拉克問「誰是你的客戶」，這個問題可以再深入地問下去：我的客戶在什麼地方，可以分為哪幾個細分市場，各有什麼需要 …… 這些問題對一個負責任的管理者來說並不難回答。

再進一步，「你是在以客戶為中心思考嗎？你是在以客戶為中心工作嗎？」我們早已進入供給過剩的時代，以客戶為中心思考和工作的理念也傳播了很久，但是我們一直在偏離。管理者習慣以市場份額、銷售收入、銷售增長率等指標作為衡量標準，但這些指標並非必然指向以客戶為中心，甚至會出現違背客戶意願的行為。比如國內市場上，經常會出現擠壓通路、強制鋪貨、捆綁銷售等短期行為，這些行為損害了企業的客戶基礎，不利於企業的長期發展。

脫離客戶其實是企業成長過程中普遍的困擾。在創業階段，運作團隊小，企業的重心必然在客戶，否則無法生存；當企業發展起來後，重心開始轉移，逐步從面向客戶轉移到面向自己；當企業壯大之後，企業的重心離客戶越來越遠，很容易變得只關心自己，因為有太多的內部問題需要去解決。引導這幾個階段變化的主要原因是企業領導者的關注重心和工作重心從客戶轉移到了內部。

以客戶為中心思考和工作，需要企業領導者改變自己的關注點，改變企業價值鏈的方向，從傳統價值鏈向現代價值鏈轉變。

## 傳統價值鏈和現代價值鏈[2]

傳統價值鏈以企業的資產和核心能力為中心，然後投入人、財、物，提供產品或服務，通過銷售管道，最終到達客戶，如圖 8-2 所示。傳統的價值鏈在供給短缺的時代非常實用，直到目前仍然是許多大中型企業領導決策的基礎。

圖 8-2 傳統企業價值鏈

現代價值鏈以客戶為中心，始於弄清楚客戶的偏好，以何種方式滿足客戶的偏好，然後是最適合的產品或服務，最後才是人、財、物，以及支撐這些人、財、物的關鍵資產和核心能力，如圖 8-3 所示。

圖 8-3 現代企業價值鏈

以客戶為中心的現代價值鏈的概念幾乎已成為普遍性的知識，企業領導者通過諮詢顧問、培訓班、專業書籍經常接觸到，每次看都有所悟，似乎抓住了問題的關鍵，可是面對自己的企業時，卻總覺得難以下手。企業內部沒有形成以客戶為中心的思考和工作的習慣，或者說缺乏這樣的核心能力。

## 大數據帶來業務和商業模式創新

在大數據時代，每個客戶都能發出清晰的聲音，每個客戶的聲音也越來越強，消費者的力量無可忽視。一個企業如果沒有重視客戶的意識，必然會被競爭對手所替代，「以客戶為中心」成為必然的選擇。企業領導者

---

2　參見亞德里安・斯萊沃斯基，《發現利潤區》，中信出版社，2010 年。

必須要思考如何有所作爲，這將帶來商業模式的根本變化。比如正在發生的典型商業模式：多邊平台、訂製化生產、依託海量資訊開發新產品或服務……這一切無不取決於對客戶的理解。

多邊平台[3]將兩個或更多的不同客戶群體集合在一起，通過他們相互依賴的關係獲取價值。平台必須能夠同時吸引多個客戶群體，並通過服務他們來創造價值。平台對某一客戶群體的價值，取決於這個客戶群體通過平台能夠接觸到什麼樣的目標客戶，以及多少目標客戶。大數據爲平台的多邊客戶精確匹配、提供必要的工具，促進平台多邊的客戶規模相互激發、增長。淘寶就是這樣的平台。2012 年 11 月 11 日，在這無中生有的「光棍節」，淘寶的商家和買家達成了 1.058 億筆訂單，銷售額 191 億人民幣，是 2011 年「光棍節」的 3.61 倍。Google 的 AdWords 服務也是這樣的平台，廣告主可以在 Google 搜尋頁面上發佈廣告，當使用者使用 Google 搜尋引擎時，這些廣告就會顯示在搜尋結果的旁邊，Google 的搜尋業務收入也在持續強勁增長。在淘寶和 Google 的 AdWords 平台的背後，就是大數據的存儲、處理、分析和應用能力。

運用大數據，新的商業模式將以超乎人們想象的速度和形式出現，而這一切都被一條主線串起，就是企業價值鏈的徹底轉變。

## 從理解客戶開始重塑價值鏈

以客戶爲中心，從理解客戶開始。大數據是理解客戶的利器，在客戶劃分、客戶定義、即時需求等方面，大數據都展現了它的精準和高效。

## 客戶劃分

運用大數據，客戶劃分可以從大眾化、細分化變爲微分化、個人化。

傳統的市場一般分爲大眾市場、利基市場、細分市場等幾個類別。在大眾市場，企業的產品、服務、管道、營銷推廣等聚焦於一個大範圍的客戶群，在這個客戶群內，客戶的需求基本相同，如個人電腦、電信業者的通信服務；在利益基礎市場，企業的產品、服務、管道、營銷推廣針對某一特定市場的特定需求訂製，如專供高檔汽車的零部件、高檔的跑車；在

---

3　參見亞歷山大・奧斯特瓦德，《商業模式新生代》，機械工業出版社，2012 年。

細分市場，企業的產品、服務、管道、營銷推廣等策略在不同需求的市場群體之間會有所區別，如 SMH 不同品牌的手錶、寶僑的三大品牌洗髮精。

運用大數據，市場可以不再用上述的概念劃分，直接實現微分化，甚至個人化，這得益於以下兩個條件：

第一，豐富的資料量，爲市場微分化、個人化提供了資訊基礎。傳統的企業，除了電信、銀行等個別行業，很少有具體到單個客戶的詳細資料。大數據時代，客戶的資料在爆發性增長。「網路型組織」即開放內部的資訊通道並通過網路使客戶和供應商參與進來的組織，優先具有了這個基礎，如淘寶、百度等網路企業。傳統企業中，賓士、海爾等也都在走向「網路型組織」。

第二，不斷進步的大數據技術，讓市場微分化、個人化並從中發現價值成爲可能。Amazon 蒐集了上億客戶的單體客戶行爲：你搜尋了什麼，看了哪些產品的詳細介紹，最終購買了什麼產品，都會被 Amazon 記錄下來。而其他用戶的歷史購買行爲在這裡也將派上用場，成爲相關推薦。因爲大部分用戶做購物決策的時候，很希望知道和自己有相似愛好的人看了什麼，買了什麼，有什麼評價。

## 客戶定義

運用大數據，客戶定義從標準化向客製化轉變。

傳統的企業要瞭解客戶，一般根據客戶價值，或者通過問卷訪問、小組訪談等市場調研技術去分析客戶，通過一個或者幾個維度來定義細分市場，給一個客戶群一個標準化的面孔，再配套企業的產品、服務、通路、營銷推廣。

大數據給出的客戶定義，不再是一個群體標準化的面孔，而是立體、全面的客戶形象。這個形象由兩方面資料組成：一是結構化的交易資料，如消費水準、消費頻率、生命周期等；二是非結構化的交互資料，如文本、圖片、多媒體等，這些資料以遠大於交易資料的增長速度呈指數增長。利用大數據技術，對交易資料和交互資料綜合分析，客戶的定義就成爲一個個豐滿、立體的個性化形象，而不再是抽象出來的標準面孔，這無疑更精準地反應了客戶的需求。

部分零售企業走到了利用「大數據」的前沿。它們運用「情感分析」

技巧，發掘使用社交媒介的消費者產生的海量資料流程，及時掌握客戶的情感變動，適時調整推薦產品及對應的活動，提升了商品的周轉速度和毛利空間。

Google 是利用大數據定義客戶的先驅，通過免費的軟體及服務來更精確地理解客戶行為和習慣。Google 提供的免費軟體越多，對客戶的理解就越深刻，如 Google 圖片、Google 音樂、Google 郵箱、Youtube 等都為企業提供了從不同角度理解客戶的機會。Google 在精確理解客戶的基礎上再向企業提供精準的廣告服務，創造了高利潤的商業模式。

## 即時需求

客戶的即時行為傾向是最有效的客戶需求資訊，但這樣的資訊稍縱即逝，用傳統的方法很難捕捉。大數據能準確獲取客戶即時的個性化資訊，幫助企業做出高效、有針對性的決策。

傳統的零售企業稍加改進就可以獲取客戶的即時行為資訊。比如，在購物車上裝上感測器，可以跟蹤客戶的行進路線，獲取在不同位置的停留時間，以及實際購買的物品。利用這些資訊，有助於賣場及時調整貨架陳列、上架商品，提高銷售額和利潤率。

網路零售企業不僅可以獲取即時資訊，還可以即時分析用戶行為、即時調整公司經營策略。通過網路點擊率可以即時追蹤客戶的行為、更新他們的偏好，並建立客戶行為的可能性模型，即時推薦優選商品，提供省錢的獎勵性計劃，使整個銷售流程圓滿結束。

傳統商家可以通過即時的位置資訊向周邊客戶推送最新的優惠活動。智慧型手機在迅速普及，基於手機位置資訊的應用程式將會蓬勃發展。當智慧型手機用戶靠近一個運動服裝店時，這個服裝店可以向周邊的智慧型手機用戶推送最新的限時打折消息以提高銷量。基於位置資訊的社交用戶端也可能被用來展開此類的推廣。

## 大數據驅動價值鏈向智慧化和柔性化方向發展

當商品出現過度供給後，企業價值鏈開始從生產驅動轉向需求驅動。在大數據時代，客戶實際上介入了企業，引導企業價值鏈趨於深度整合，驅動組織價值鏈智慧化和柔性化。這在研發和設計、生產、供應、營銷、

售後服務等價值鏈環節都有所體現。

## 營銷和售後服務的變化

運用大數據的企業可以定位微分化、個人化的客戶，即時、全面地把握客戶的需求特徵，以傳統企業前所未有的智慧和柔性程度高效營銷。Kindle 的推送功能就具有這樣的特徵。用戶把想要在 Kindle 上閱讀的文檔以附件的形式發送到 Amazon 分配給其的一個郵箱地址，那個郵箱地址不是真的可以用來收發郵件，而是每台 Kindle 專屬的雲端儲存空間。當用戶的 Kindle 連結上網路的時候，就會自動下載用戶沒有下載過的文檔，用戶也可以選擇在任意時間反復下載其在雲端儲存空間中的任意文檔。

在售後服務領域，大數據同樣展現了智慧化的潛力。企業通過遠端智慧監測、遠端輔導等方式，可以有效降低人員投入，提高服務質量和服務效率。比如，設備製造商如電梯製造商、飛機製造商、機床製造商等，在售出的設備中植入感測器，感測器即時記錄設備的運行情況，並回傳給設備製造商，設備製造商就能立刻獲知設備運行中的問題，迅速做出診斷，無需到現場即可遠端指導企業維護調整。在遠端智慧維護中，長期積累的資料是設備保證系統有效運轉的核心。

## 生產的變化

大數據對生產流程的改變包含以下方面：柔性化生產，滿足個性化需求；運用類比技術，降低生產風險；遠端即時監控，改善操作環境。

未來當每個消費者的聲音越來越強，消費者群體的力量越來越大的時候，價值鏈第一推動力就必定來自於消費者，那時「訂製」商業模式會是主流。客製化需求要求的是多品種、小批量和快速反應，率先實現柔性生產的企業將具有極大的競爭優勢。柔性化生產的重大難題是成本問題，技術的進步，尤其是資訊技術在生產中的大量應用，使柔性化生產的成本大幅下降，基於客製化需求的生產計劃實現柔性化，同時生產線流程也被資訊技術加以改進以實現柔性化。柔性化的基礎是資料的獲取、傳輸、運用，而這在汽車、家具等製造行業已有深入的應用。

生產過程中難免遇到種種風險，可能會導致鉅額的損失。基於大量歷史經驗資料和規律，可以對生產過程進行類比分析，提前發現風險，做好

防範措施。

當生產環境不適於人工作業，或人工成本大幅上升時，機器將代替人力。在這些機器中植入感測器，依賴感測器回傳的資料，可以遠端監控設備營運，操作人員遠端操作指導機器工作。

## 供應鏈的變化

供應鏈管理最關鍵的環節就是市場需求預測。大數據可以高效分析大量個性化的需求，結合各種輔助資訊，通過合理的預測，靈活、適時地安排供應鏈各個環節的工作。

一般供應商可以通過自身積累的資料，改進需求預測，安排供應計劃。當供應鏈上下游的資料變得透明時，供應商將能夠更合理地安排生產和供應。比如，當生產消費品的企業獲取到零售商的資料、生產零件的企業獲取到設備生產商的資料後，可以更合理地安排物流、生產、原材料等供應鏈環節。除此之外，還可以創新整合上下游以外的資料來創造價值。比如，一家全球性飲料企業將外部合作夥伴的每日天氣資訊集成，進入其需求和存貨規劃流程，通過分析特定日子的溫度、降雨和日照時間三個數據點，該企業減少了在歐洲一個關鍵市場的存貨量，同時使預測準確度提高了大約 5%[4]。

## 研發和設計的變化

在過去，研發設計、供應、生產、銷售、服務等環節的資訊都侷限在相互獨立的部門中。因為對結構和非結構化資料處理技術的進步，上述各個環節的資訊被有效地整合起來，研發設計人員可以方便地從其他環節的資料中即時提取到有價值的資訊，如新產品在生產過程遇到的問題、新產品的銷售狀況、客戶對新產品的反應等。這些資訊原來需要通過定期的分析才能獲取，而運用大數據，研發設計人員可以即時得到這些資料，從中提取出有價值的資訊，即時改進產品的設計方案，加速產品更新的進程和對客戶的回應。

如果企業的買賣關係都已經電子商務化了，大數據對企業價值鏈的影

---

[4]　參見《麥肯錫季刊》(china.mckinseyquarterly.com)。

響將更全面地顯現出來。阿里巴巴集團總參謀長曾鳴說：「當網際網路繼續推動到整個價值鏈的各個環節，資訊都能在網路、不同的 Player 之間即時協同分享的時候，那個時候電子商務才真正發揮出它的威力，它是一種全鏈條的價值再造過程，是一個價值創新的過程」。

## 第二節　大數據改變組織的外部邊界

　　科斯 (Ronald Coase) 用企業內部的管理成本和外部的交易成本來解釋企業的邊界。當內部的管理成本小於外部的交易成本時，企業傾向於通過內部管理配置資源；當內部的管理成本大於外部的交易成本時，企業傾向於通過外部市場配置資源。企業擴張會帶來組織內部的管理成本增加，當內部的管理成本等於外部的交易成本時，企業將停止擴張。

　　大數據讓企業的內部管理成本和外部交易成本都大幅下降，這兩者下降的速度在不同的企業是不平衡的，有些企業管理成本下降的速度快於交易成本，有些企業交易成本下降的速度快於管理成本。因此，企業的組織形式將朝著兩個方向發展：前者的企業規模將不斷擴大，企業規模的記錄將不斷被打破，典型發展路徑是掌握客戶的企業沿著產業鏈向上整合；後者的企業規模將變得更小，更依賴於外部的資源，典型發展路徑就是依託一個平台實現資源的快速、低成本交換。

### 大數據推動資源聚合，延伸企業的邊界

　　整合外部資源是企業重要的戰略選擇，一般需要比較嚴格的條件，不是要在市場上或者在產業鏈上有很強的話語權，就是要付出巨大的經濟代價。大數據給企業提供了便利的工具，創造整合外部資源的機會，降低整合外部資源的成本。接近客戶的企業因為能夠更精準地接觸客戶、理解客戶，有很強的話語權，得以聚合周邊的資源以延伸企業的邊界。

　　2000 年，寶僑新任 CEO 雷福禮臨危受命，為重振寶僑將創新作為公司的核心。其關鍵因素之一就是連接和發展戰略，旨在通過外部夥伴關係促進內部的研發工作，計劃將公司與外部夥伴的創新工作提高到總研發量的 50%。為了連接企業內部資源和外部夥伴的研發活動，寶僑建立了三個橋樑：技術創業家，他們是來自寶僑內部的高級科學家，與外部的大學或

其他研究人員建立良好的關係，還扮演「獵人」角色，尋找外部的解決方案以解決內部的挑戰；網路平台，寶僑把一些自己研究上的難題，通過該平台透露給全球各地寶僑以外的科學家，成功開發出解決方案就可以獲得獎勵；寶僑還通過 YourEncore.com 網站從退休專家那裡徵求知識。在過去，這些橋樑很難建立，而有了網際網路和大數據，寶僑能夠很方便地獲得大量的外部資源，方便地管理、運用這些外部資源。2007 年寶僑就完成了既定目標，研發生產率也大幅提升了 85%。

客戶參與產品研發和推廣也是網路公司的通用做法。網路公司開發一款新產品，一般都會邀請客戶測試，或者把產品放到玩家客戶群中，讓他們使用、提意見，把客戶的設計體驗融入到產品研發中。這些客戶很樂意無償提供自己的才智，在幫助企業改進產品的過程中獲得樂趣，當這些產品符合自己的想法或者滿足了自己的需求時，又很樂意擔任這些產品的免費推廣員。

接近客戶的企業利用客戶賦予的話語權，可通過以下幾種方式聚合資源以延伸企業的邊界。

1. 將供應商或經銷商整合進自己的價值鏈。當能夠利用資料交互提高整合後的效率，或者能夠擴大企業收益基礎時，這些接近客戶的企業就有了整合的動力。鴻海集團最厲害的就是有強大的垂直整合的產業結構：接近重要策略客戶，與客戶即時聯動研發、設計、測試、發佈新產品；建立全球物流追蹤系統，依據客戶需求及時調整存貨，客戶要貨時有貨，不要貨時零庫存；當市場低落，產品利潤比較低時，上游零件商就可以補貼下游組裝廠，製造的成本永遠比競爭對手低，毛利率永遠比競爭對手高。

2. 通過供應鏈優化整合上游企業。這種整合情況多發生在供應商、經銷商不具有獨特的核心價值，但通過資料交換可以提高效率的時候。蘋果的核心力在其創新能力和品牌影響力，製造相對來說就沒有核心價值，因此蘋果只是選擇、協調、監控供應商，借助完善的零部件資料、生產過程資料、質量監測資料等優化供應鏈的效率，以降低生產成本和供應風險。

3. 聚集其他資源創造出新的商業模式。Google 正試圖利用大數據創造一個個絢麗的新商業模式。如 Google 無人駕駛汽車通過攝影機、雷達感測器和雷射測距儀來「看到」其他車輛，並使用詳細的地圖來進行導航。這基於 Google 強大的資料中心來實現的：資料中心蒐集了大量的手動駕駛車輛的資訊，並對這些資訊進行了處理轉換。Google 還在研究類比人

腦：Google 的科學家將 1.6 萬片電腦處理器連接起來，創造了全球最大的神經網路之一，讓它們在網際網路中「自學成才」。這個神經網路已經依靠自學認出了貓咪。這項研究是大數據遠大前景的代表，充分利用了下滑的計算資源成本，以及日益增多的龐大數據中心。此外該技術還大力推動了眾多領域的進步，包括機器視覺與感知、語音識別、語言翻譯等，將創造出一個又一個突破人們想像力的商業模式。

## 以平台為中心的生態體系共生共長

以平台為中心的生態體系是大數據時代的主流商業模式，這些平台有優秀的消費者資源和商家資源的吸收能力和服務能力，平台和平台上的商家互惠互利，共生共長。

平台生態體系具有典型的網路效應，一旦突破臨界點，平台的生態體系將不斷向外發育，飛速成長。如果網路中只有少數用戶，他們不僅要承擔高昂的營運成本，而且只能與數量有限的用戶交易，價值很低。假設淘寶只有很少的買方、賣方，買方就買不到需要的商品，賣方也掙不到足夠的利潤，淘寶平台也就無法持續營運。隨著用戶數量的增加，這種不利於規模經濟的情況將不斷得到改善，所有買方和賣方都可能從擴大的網路規模中獲得更大的價值。賣方數量增加就能吸引更多的買方，因為他們能很方便地買到需要的商品，而且可以「貨比三家」，獲得較好的性價比；買方數量增加就會有更多的賣方進駐，因為賣方的利益基礎在擴大，可以獲得更多的收益。一旦賣方或買方的數量突破臨界點，對買方或者賣方來說邊際效應得到顯著提高，更多的買方和賣方會依附到這個平台的生態體系，整個生態體系也就不斷向外擴張，蠶食那些孤立的領地，進入「贏家通吃」的階段。

淘寶在建立的初期採用免費的策略，迅速突破了生態發展的臨界點，不到兩年用戶數就超過了 700 萬。2003 年 8 月 17 日，淘寶網對外宣佈，前 10 萬名經過身份認證並在淘寶上有過一次買賣經歷的會員，將享受 3 年內不收取交易服務費的優惠，使得淘寶在與收費的 eBay 競爭中極具吸引力，吸引了大量賣家遷移，很快 eBay 在中國就沒落了，而現在的其他電子商務網站對於淘寶也只是難以望其項背。

建立強大的平台生態體系是眾多企業的夢想，但並非所有企業都能做平

台，現實中大量存在的是圍繞平台的小而美的企業，它們與平台共存共榮。

「小就是美」成為趨勢主要受兩個因素驅動：第一，平台生態體系為企業提供了豐富的個性化需求資訊，匹配個性化需求的企業將會優先得到發展，獲得較高的利潤率。滿足個性化需求需要柔性化訂製，實現個性化製造，但柔性化訂製也限制了規模的擴大，在平台上很難出現一個一統江湖的企業。第二，平台生態體系上的企業依賴平台獲取客戶、開展營銷、管理營運，這些工作原來需要企業投入很多的人力、財力和物力等資源，而依託平台的大數據能力，這些工作都將被簡化，只需精心做好自己的產品，就能依託平台實現快速增長，相較於以前的同等收入級別的同類企業，人員規模、資產規模的需求要小得多。

2012 年美國 Ever-Pretty Garment( 艾娃貝蒂 ) 企業創始人 Anna 女士，主營婚紗禮服產品，從 eBay 網路商店起步，後來通過阿里巴巴平台走向了全球市場。雖然企業規模小、資源不足，但是通過電子商務，她為客戶創造了獨特且舒適的購物體驗。

「平台 + 商家」的雙層結構在資訊產業中的應用將更加普遍。如今的行動網路時代，大量的第三方開發商為蘋果的 App Store 開發應用，截至 2012 年 9 月，App Store 的應用程式數已經超過 70 萬。

「平台 + 商家」的雙層結構，對客戶來說有了前所未有的豐富選擇，對企業來說降低了 IT 設施的投資成本，以及各種營運管理成本，其必然會成為未來的主流商業模式。

在過去，資產的專用性為組織確定了明確的邊界。「平台 + 商家」的雙層結構生態體系中，所有權與使用權出現了分離，大量的商業流程被平台上流動的資料驅動，並在企業之間、企業與消費者之間靈活組合。以平台為中心的、以企業和消費者為兩翼的平台生態體系成為新的組織形態。

## 大數據將相互獨立的企業串成一張大網

人與人之間的網路化聯繫在不斷地被深化。基於交通網的物流是最底層的網路化，馬道和馬車、公路和汽車、鐵路和火車、機場和飛機一次又一次地幫助人們突破與外界交往的空間，人類生產和生活的物資被快速地運送到更遠的距離；基於金融網的資金流是第二層的網路化，錢莊和飛錢、銀行和紙幣、股市和股票、債市和債券……，每一種新的資金形式

出現都加快了資金流轉的速度，擴大了資金到達的範圍，資金流最初基於物流產生，後來又脫離物流形成純粹的資金流，如金融衍生品的買賣；基於電話、傳真、網際網路的資訊流是第三層的網路化，資訊流提升了溝通的效率，促進了物流和資金流的流通，資訊與資訊之間的交互會產生更多的資訊，Facebook 上的內容多是基於虛擬的資訊交流產生的。

大數據豐富了資訊流即第三層網路化的內容，大數據技術提升了資訊網路化的價值，相互獨立的企業被緊密地聯繫在一起，所有的企業都成為網路的一個節點，共同為這個網路貢獻資料，也從這個網路上獲取資料。

資料不同於有形資產。有形資產分享的越多，自己擁有的越少；而資料分享的越多，產生的越多，使用的人越多，其價值也就越大。因此，資料具有天然的公用性和價值性。當資料成為一項重要的資產後，原來基於資產專用性的企業邊界也變得模糊了。

將一些私有資料公用化將產生巨大的價值。很多醫院目前都已經實現了資訊化管理，擁有客戶的年齡、病情、用藥、手術、費用、治療效果等資料，這些資料成為醫院的私有資產。如果這些資訊被集合在一起公用化，醫藥企業、醫生、病人、政府圍繞這些資料形成相互支援的網路，將有極高的醫療價值，大幅度降低社會的成本。當很多醫院的客戶資訊被集合在一起後，關於病情、用藥、手術、費用、治療效果之間的關係就有了以下幾方面的價值：醫藥企業利用這些資訊可以降低研發成本，提高研發效率；醫生利用這些資訊可以降低醫療事故發生率，提高醫治水平；政府利用這些資訊可以很容易評估過度治療的現象，懲罰過度用藥的醫院，降低病人醫療費用和國家醫保費用負擔，合理規劃醫保投入。[5]這些資料有極大的社會福利效應，政府應該積極推動公用化，同時處理好醫院的利益和知識產權間的關係。

企業應該重新評估自己的資料管理政策，讓一部分資料公開化，做到在為網路創造價值的同時，自己也獲取更多的收入。騰訊在 2011 年前是一個相對封閉的企業，不開放自己的平台，利用用戶規模優勢，模仿其他企業的創新，迅速超越、擠垮對手，激起了網路上聲勢浩大的反對浪潮。

---

5　參見麥肯錫，《Big data: The next frontier for innovation, competition, and productivity》，2011 年。

2011 年認識到開放可以放大自身價值後，騰訊將開放平台列為長期策略，目前已經開放了 Qzone、財付通、微博客，推出了類似 Facebook 按讚功能的 QQ 空間的「喜歡」，並且為了開放戰略全資收購了著名的開放原始碼軟體 discuz 的所屬企業康盛創想。騰訊開放的領域對其自身而言，是「增量市場」，既不會影響騰訊自身的現有業務，又能讓騰訊分享其他企業依靠其平台獲得的增長和收益。

　　擁有資料的企業如果主動開放，審慎地與其他企業建立資料和收益的分享機制，將會創造出巨大的商業空間，網路上的資料流程量及其價值也將會繼續呈指數級增長。網路企業已經率先開放，電信業者、保險、銀行、醫院等等傳統的擁有大量客戶資料的企業是否也能走出各自獨特的資料開放之路呢？

　　任何網路都有突破的臨界點，大數據網路的臨界點一旦突破，人的衣、食、住、行、醫、娛等都可以從這個網路上獲得滿足，所有的企業都在這張大網上共生共長。大數據是穿透企業圍牆的利劍，無論你是否願意，你都將在這個網路上生存。與其等待，不如主動擁抱！

## 第三節　大數據推動企業組織管理變革

　　傳統企業組織發展一般會經歷以下的過程：誕生時是幾個人的小團隊，分工不明確，每個人都承擔著多種任務；隨著業務成長、規模擴大，開始專業化分工，建立職能制，相同的任務組成專業部門以提高工作效率，形成層級，規定誰向誰彙報工作，保證組織的政策、策略上通下達；當有多種業務或者在多個地區經營時，原有的職能制決策負擔過重，不能有效行使決策權，就出現了事業部制；再往前發展就會出現矩陣制……在組織進化的過程中，企業的員工會越來越多，溝通效率越來越低，「以鄰為壑」的現象時有發生，同時各層級的管理人員也大幅增加。現在，幾乎每個大企業的領導都在與大企業通病鬥爭。

　　在大數據時代，也許可以提供解決此類頑疾的藥方。不同專業、不同類型的資料都能被廣泛獲取，在組織內有序傳播，被合理地解讀，組織內部的透明度和溝通效率大幅提升；同時一些可以用運算解決的決策工作也被資料替代，不再需要那麼多的管理人員。這些特徵帶來了組織管理模式的劇烈變化。

## 大數據推動分工走向合作

大數據時代，資料傳遞透明、迅速、全面，企業近似於一個全息的有機體。有機體有血液，依託血管網路迅速完整地傳遞到身體的每個角落。而企業的每個崗位都會產生資料，可經網路即時、全面地流轉。大數據相對於企業就像血液相對於有機體，資訊網路就像血管；有機體的一個動作需要全身肌肉即時配合，企業的一項工作，也能基於資訊網路和資料迅速調動企業內的各項資源。

在類似有機體的企業內，每個人的工作都是為了整體的成功。傳統的分工是為了分解某項工作，提高工作效率，在某個部門內、在某個崗位很難看到整體的目標。運用大數據，企業的垂直和橫向都能夠實現即時、高效的溝通，每個人都能夠通過正規管道即時瞭解企業各方面的動態資訊，在相互透明的環境下，每個人都關注整體的成功，互相協作。就像人一樣，各個部分的動作都是為了完成大腦的某個指令。部門的界限和層級分工會仍然存在，但是跨越界限的合作必然將成為組織運作的主流。

## 大數據重組組織的垂直邊界

大數據實現了資訊的扁平化。網際網路普及以來，多數企業都或多或少利用了資訊化，如 OA 系統、CRM 系統、ERP 系統等等，這些系統提高了企業的工作效率和溝通效率，但是仍有幾個問題需要解決：

1. 多種資料分散在不同的系統，如何去整合？
2. 如何即時獲得資料、把握經營狀況？
3. 如何自動分析系統中的資料，提高分析的效率？

這些問題都需要依賴大數據的技術去解決。支援結構化和非結構化資料的資料中心，將是大企業的核心資產；小企業也可以利用公共的資料中心。資料中心支援即時獲得經營資料，並通過多種終端推送到需要這些資訊的崗位；大數據的演算法也被用來自動分析資料，在海量資料基礎上形成分析報告。

資訊的扁平化支援業務流程的扁平化。運用大數據，中間環節將被壓縮，業務流程將有巨大的效率提升空間。比如，傳統的電信業者在制定一線營銷任務、評估完成情況時，一般要經過以下幾個流程：

1. 企業每月召開生產經營分析會，確定下階段工作任務重點；

2. 根據企業工作任務重點，各部門將本部門工作分解成一個個專案；

3. 針對一個個專案，提取目標客戶，下發給一線營銷人員；

4. 一線營銷人員根據專案任務，針對目標客戶推廣；

5. 管理人員按天或者按周追蹤完成情況。

當資料中心建立後，每個客戶都有訂購、終端、行為、服務等方面的資訊。分析這些資訊，電信業者就可以事先預測每個客戶還需要哪些業務、哪些服務，甚至可以即時更新並利用客戶的資訊。比如，當用戶產生大量流量而沒有辦理流量專案時，電信業者就可以通過簡訊提醒，推薦優惠的流量專案，在給客戶帶來優惠的同時也給電信業者提供了穩定的收入。運用大數據中心，電信業者在制定一線營銷任務時，可以將流程做到非常簡化：

1. 企業事先研究資料中心對客戶需求分析的準確性，以及對一線營銷支撐情況；

2. 各部門事先圍繞資料中心，優化分析模型，對每個客戶形成業務和服務「拼盤」；

3. 一線營銷人員根據「拼盤」推廣業務，管理人員可即時獲得完成情況。

由上可見，新的流程和原流程相比，有以下三個優點：第一，新流程的溝通環節比原流程少，資訊衰減少；第二，新流程的支撐工作可以預先進行處理，營銷結果也可即時獲得，整個流程的時間跨度短；第三，新的業務流程以客戶為中心，改變了原流程的以管理為中心的方式。

業務流程的扁平化需要組織的扁平化。傳統的業務流程基於職能層級制定，帶有許多職能層級的色彩，這些對於扁平化的業務流程顯得多餘，也必然帶來干擾。當扁平化業務流程的優點呈現在眼前時，組織領導應該勇於改革，刪減多餘的部分，設計扁平化的組織結構，從管理控制為主向支撐服務為主轉變。

## 大數據融合組織的水平邊界

在傳統企業內，各部門專業不一樣，資訊格式也不一樣：市場的資訊多是結構化資料和多媒體資料，客服的資訊多是文書資料，研發的資訊則多種多樣……各個模組相互獨立，互不瞭解，各部門之間的「以鄰為壑」

的現象時有發生。這樣做造成了企業對市場反應遲鈍，內部協同和溝通成本過高，以及部門工作重點和組織工作重點發生偏離。

企業家和管理學家已經爲跨部門的問題的解決設計了多種方案，形成了矩陣型組織、跨職能團隊等等。這些組織形式在增進相互瞭解的同時，又產生互相推諉、職責不清等問題，實質上並沒有有效解決跨部門的問題。

大數據時代，部門間資訊變得透明，資訊能即時傳遞。因爲資料存儲技術的進步，市場、客服、生產、供應、研發等不同部門的資訊第一次被有效整合起來，資料之間還建立了即時的聯繫，共同組成完整、全面的資訊流。一個客戶看到促銷活動購買了一個產品，又向客服部門反應了不滿或者要求提供後續服務，這都在系統中被即時記錄下來。向上溯源，可以看到這個產品的生產批次、質檢人員，研發人員又可以把這些資訊和研發時的參數進行比對……這些資訊相互之間的聯繫可以被即時獲取並分析，部門間資訊的透明在技術上已經沒有障礙了。

透明即時的資訊促進部門間邊界的融合。以前部門間資訊傳遞是單向、線性發生的，時間跨度長，資訊被按照本部門的利益進行篩選。爲了解決這個問題，有的企業建立了服務於整個組織而不是服務於某個部門的分析團隊，這有利於解決部門間的矛盾，但是也人爲造成了分析團隊與業務脫離、分析結果有可能浮於表面的問題。當資料是全方位、即時產生並相互關聯的時候，各部門的協作就像網路一樣並發、即時地協同；透明的資訊促使資訊節點之間互相監督，「以鄰爲壑」的節點將會被孤立，部門將自動服務於整個組織。同時因爲即時並發，部門之間協同效率也將今非昔比。

大數據也會推動部門重組。部門間邊界融合的下一步就是部門重組，以客戶爲中心組織價值鏈，需要靈活、即時、動態協同。按專業分工的部門總會存在影響效率的問題，具有未來眼光的企業將會重組部門、改變流程，最有可能形成網狀的組織結構，讓每個節點都能獲得足夠的資訊支撐，並承擔決策的功能，來適應流動的、非結構化的資料。

## 小團隊成為組織的常態

有了大數據資源和大數據技術，一個小團隊發揮的作用將超出人們的

原有理解。Google 等網路企業都採用了小團隊的管理方式，以產品經理
為核心的產品團隊，貢獻了很多創新的、具有巨大市場前景的業務。

　　Google 採用的是一種小團隊管理方式，這種小團隊方式有利於高效
的創新、高效率的工作，相當於在大企業內有了創業企業的良好氛圍。
Google 的前 CEO 施密特說：「小團隊管理方式主要有三個好處：一是它能
夠增加嘗試的可能性，讓我們不斷嘗試儘量多的新生事物，這樣我們成
功的幾率就比較大；二是能夠給我們的員工更多的責任感，讓他們覺得不
是在一家大企業工作，在開發過程中讓他們覺得自己擁有決定方向的自
主權，同時又可以為用戶來服務；三是能夠降低團隊內部協調的成本。」
Google 幾乎每個專案都是小組專案，每個小組之間都必須進行交流合作，
小規模的團隊讓交流簡單、有效。Google 是「大數據」技術的奠基人，
一個個小團隊之所以能夠發揮巨大的作用，背後離不開 Google 豐富的客
戶資料以及大數據分析技術的支援。

## 大數據使企業有序地充分授權

　　授權是很多企業管理者糾結的問題，一收就死，一放就散；不放企業
就無法應對多變的市場，很多企業管理者就在這二者之間來回搖擺。大數
據時代，客戶已經完全介入企業的行為，授權給接觸客戶的一線是必然趨
勢。大數據也是實現有序授權的有效工具，運用大數據，因授權導致失控
的現象將一去不復返。決策體系真正由原來的自上而下變成現在的自下而
上，由原來的精英經驗決策變成現在的資料驅動決策。

　　海爾「人單合一雙贏」模式走過了油水分離到水乳交融的過程，通過
充分授權再造了海爾的組織結構。「人」是員工，「單」不僅是訂單，還是
市場目標，也就是一種廣義的用戶。用戶深刻影響企業，每個一線員工不
僅是一個員工，還是一個資訊終端，他們瞭解客戶需求，創造客戶需求，
將需求傳輸到資訊中心，企業再根據需求提供足夠的資源支援。以前員工
聽企業的，現在變成了員工聽用戶的，企業聽員工的，其中資料能夠透明、
迅速、全面傳遞是保證模式順暢的關鍵和前提。

　　海爾的組織形式從正三角 ( 見圖 8-4) 變成了倒三角 ( 見圖 8-5)。員工
在最上面發現需求和創造需求，領導在最下面由原來的指揮者變成支持者
一同為客戶的需求服務。

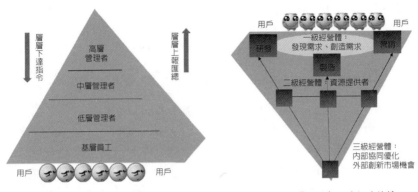

圖 8-4　傳統的「正三角」組織結構　　　圖 8-5　「倒三角」的組織結構

原來一個人只能管 8 個人，現在一線擁有多個經營體，每個經營體面向客戶需求自組織、自驅動、自創新、自運轉，極大提高了一線員工的活力和創新力，更好地適應了網際網路時代營銷碎片化和客製化需求的特點。

在這樣的企業，企業的一切節奏都自發加快，不需要等待自上而下的推動。在客戶需求的牽引下，企業中的每個人都不斷地獲取客戶需求資訊，改善產品和服務，否則將被不斷變化的市場所淘汰。大數據讓企業有序地充分授權，充分授權讓企業自發地適應客戶成長。企業家應該做好引導，讓企業面向未來，走上自我進化、自我超越、自我發展的健康道路。

## 第四節　企業領導人要為組織變化做好準備

企業中組織變革常常是反應式的，在企業業績下降、員工士氣低落、指揮不靈等等徵兆下，才會想到要改變。具有預見性的領導，不等這些問題出現，就會主動做好改革的準備。大數據時代，一切的變化都在加速。企業的領導應該更有前瞻性，看到大數據帶來的深刻改變，面向未來，為組織變化做好準備。

### 喚起員工的覺醒

組織改革首先會遇到的阻力是人的惰性。多數人喜歡維持現狀，喜歡

過去的方式，會對變革產生巨大的抗拒力量。企業領導人面對巨大的抗拒要做好準備，有意識地創造出使員工覺醒的環境。

員工的覺醒一般是從領導者直接以改變現狀的方式震撼組織成員開始的。面對現狀的改變，組織成員會開始擔心：「那我該怎麼辦？」

第一，充分展現大數據，建立足夠的緊迫感，以克服員工的惰性。要讓員工認識到，若不擁抱大數據將是一件非常危險的事情，企業就會喪失客戶，管理者就會喪失競爭力，基層員工也會喪失工作機會。領導者應該在企業內部坦誠分析一些容易使人們產生危機感的事件，如競爭對手通過大數據計劃，營運效率、客戶規模、客戶重複購買率、客單均價等都在上升，而我們的客戶正在向競爭對手轉移。大數據被應用的越多，這樣的事例也會越多，行業內外都能找到足夠多的震撼員工的事件。外部的專家也能幫助企業認識到這樣的危險，讓員工感到危機逼近。

第二，建立強有力的指揮組織。除了傳達組織急迫需要改革的資訊外，領導者還要把一些人聚集起來，成立強有力的改革小組。小組裡的成員首先要瞭解、支援、能夠運用大數據，其次從職位、內部影響力及所擁有的資訊與專業能力上，都要能影響到變革的關鍵部門和環節，他們不僅要有堅定的信念，而且願意全力投入改革行動，以追求卓越的績效。

## 培養和招聘合適的人才

企業要有效獲取並運用大數據，應該具備三種大數據人才：能夠實施大數據 IT 基礎設施的人才，能夠對大數據深度分析的人才以及知道怎麼運用大數據分析結果的經理和經營分析師[6]。

能夠實施大數據 IT 基礎設施的人才，要能夠合理評價企業原有的 IT 設施，評估原有設施在實現獲取、儲存、聚合、分析大數據等方面與目標的差距，在既有存量資產基礎上測算所需的新的硬體、軟體以及專業服務的投資。

能夠對大數據深度分析的人才，要運用專業知識把系統中原始的資料化為有用的資訊，他們是企業所倚重的重心。鑒於這類高端人才比較短

---

6　參見麥肯錫，《Big data: The next frontier for innovation, competition, and productivity》，2011 年。

缺，企業應該積極招聘。如果需要建立一個團隊，早期招聘的人才將至關重要，因為他們的水準很可能就決定了這個團隊的最高水準，畢竟誰也不願意被迅速替代。

知道怎麼運用大數據分析結果的經理和經營分析師，這類人是大數據能夠發揮作用的關鍵。他們需要經過必要的培訓來獲得基本的能力。企業也應該提供機會、傳遞壓力，讓經理、經營分析師與大數據分析人才充分合作，在解決問題中不斷提升自我。

### 展望藍圖，獲得支援

組織變革的過程一般是痛苦的，很多企業因此半途而廢，或者偏離了以前的方向。這其中有機構的設置問題，有思想意識問題，有利益衝突問題，有業務能力問題，也有相互信任的問題 …… 作為企業家，要善於勾勒組織的未來藍圖，為實現藍圖建立足夠的共識。

推動組織改革需要將遠景變得觸手可及。優秀的企業家不僅具有優秀的戰略能力，還能把戰略演繹出堅實的邏輯，並與企業的組織能力建立關聯。

### 用里程碑指引未來的方向

改革需要時間。在走向未來的路上，需要一個個看得見的里程碑指引方向。如果沒有這些，參與者很容易迷路，就可能失去改革的動力。換言之，如果企業只是花費大量的金錢建立了大數據系統，但是一兩年內，在預測客戶需求、客戶服務、銷售產品、產品製造、產品研發等方面都沒有看到具體的應用成果，大多數參與者會感到不耐煩，整個改革方案也就無以為繼，會有許多人不得不放棄改革，甚至加入反對變革的隊伍中。

建立了一個個堅實的里程碑，也不能過早地宣佈改革成功。過早宣佈成功會減弱變革的動力，阻礙變革。既然成功了，一些改革還未到位的部分就會懈怠下去，甚至重新抬頭，吞噬已經取得的部分成果。在眾多的企業改革案例中，太早慶祝勝利，被抗拒者看成是改革推動者的妥協，他們讚揚推動者的改革成果，同時力勸推動者見好就收。

面對不斷演進的大數據，企業領導人應該乘勝追擊，推動更多的改革行動。每到達一個里程碑，應以此建立員工的信心，從而組織起更多的資

源拓展更大的發展空間。

　　推動組織改革要剛柔並濟，做好改革的過程管理。改革組織必然會損害一部分人的利益，特別是那些曾經爲企業做出特別貢獻的人。企業家應堅定地以企業的長遠目標爲出發點，通過再培訓、換崗、示範等方法，完善改革過程的管理，保證推行力度，才能實現組織的有效變革。

　　大數據是推動組織改革的動因，但並不能必然帶來健康的組織改革。只有創新企業管理，善於運用大數據，才會讓企業的組織改革走向成功。大數據浪潮也終將埋葬企業傳統的組織形態，不斷發育出新的組織形態。我們站在浪潮之巓是，與之共舞，還是被它淹沒？

**Part Ⅱ**

# 資料科學

　　大數據給科學和教育事業的發展提供了前所未有的機會，同時也提出了前所未有的挑戰。它將對現有的科學研究和教學體制、科學與產業之間的關係、科學與社會之間的關係帶來大幅度的變革。用資料來研究科學，科學地研究資料。資料科學地興起和發展，將深刻改變人類探索世界的思維和方法。

# 第9章

# 資料科學

資料科學將逐漸達到與其它自然科學分庭抗禮的地位。

大數據時代在科學領域裡的表現是資料科學的興起。常常聽到有人問：多大才算是「大數據」？「大數據」和「海量資料」有什麼區別？其實根本沒有必要為「大數據」這個名詞的確切含義而糾結。「大數據」是一個熱門名詞，它代表的是一種潮流、一個時代，它可以有多方面的含義。「海量資料」是一個技術名詞，它強調資料量之大。而資料科學則是一門新興的學科。

為什麼要強調資料科學？它和已有的資訊科學、統計學等學科有什麼不一樣？

## 第一節　資料科學的基本內容

作為一門學科，資料科學所依賴的兩個因素是資料的廣泛性和多樣性，以及資料研究的共性。現代社會的各行各業都充滿了資料，而且這些資料也是多種多樣的，不僅包括傳統的結構型資料，也包括網頁、文字、圖像、影片、語音等非結構型資料。正如後面將要討論到的，資料分析本質上都是在解反問題，而且是解隨機模型的反問題。所以對它們的研究有著很多的共性。例如，自然語言處理和生物大分子模型裡都用到隱式馬氏過程和動態規劃方法，其最根本的原因是它們處理的都是一維的隨機信號。再如圖像處理和統計學中都用到的正則化方法，也是處理反問題的數學模型中最常用的一種手段。所以用於圖像處理的演算法和用於壓縮感知的演算法有著許多共同之處。這在新加坡國立大學沈佐偉教授的工作中就可以很明顯地看出來。

除了新興的學科如計算廣告學之外，資料科學主要包括兩個方面：用資料的方法來研究科學和用科學的方法來研究資料。前者包括生物資訊

學、天體資訊學、數位地球等領域，後者包括統計學、資料探勘、資料庫等領域。這些學科都是資料科學的重要組成部分，但只有把它們放在一起，才能形成整個資料科學的全貌。

用資料的方法來研究科學，最典型的例子是克卜勒關於行星運動的三大定律。

克卜勒的三大定律是根據他的前任，一位名叫第谷的天文學家留給他的觀察資料總結出來的。表 9-1 是一個典型的例子，這裡列出的資料是行星繞太陽一周所需要的時間 ( 以年為單位 ) 和行星離太陽的平均距離 ( 以地球與太陽的平均距離為單位 )。從這組資料可以看出，行星繞太陽運行的周期的二次方和行星離太陽的平均距離的三次方成正比。這就是克卜勒的第三定律。

表 9-1　太陽系八大行星繞太陽運動的資料

| 行星 | 周期 / 年 | 平均距離 | 周期$^2$ / 距離$^3$ |
|---|---|---|---|
| 水星 | 0.241 | 0.39 | 0.98 |
| 金星 | 0.615 | 0.72 | 1.01 |
| 地球 | 1.00 | 1.00 | 1.00 |
| 火星 | 1.88 | 1.52 | 1.01 |
| 木星 | 11.8 | 5.20 | 0.99 |
| 土星 | 29.5 | 9.54 | 1.00 |
| 天王星 | 84.0 | 19.18 | 1.00 |
| 海王星 | 165 | 30.06 | 1.00 |

克卜勒雖然總結出行星運動的三大定律，但他並不理解其內涵。牛頓則不然，牛頓用他的第二定律和萬有引力定律把行星運動歸結成一個純粹的數學問題，即一個常微分方程組。如果忽略行星之間的相互作用，那麼這就成了一個兩體問題。因此很容易求出這個常微分方程組的解，並由此推出克卜勒的三大定律。

牛頓運用的是尋求基本原理的方法，遠比克卜勒的方法深刻。牛頓不僅知其然，而且知其所以然。所以牛頓開創的尋求基本原理的方法成了科學研究的首選模式。這種方法在 20 世紀初期達到了頂峰：在它的指導下，

物理學家們發現了量子力學。從原則上來講，日常生活中的自然現象都可以從量子力學的角度來解釋。量子力學提供了研究化學、材料科學、工程科學、生命科學等幾乎所有自然和工程學科的基本原理。這應該說是很成功的，但事情遠非這麼簡單。正如狄拉克指出的那樣，如果以量子力學的基本原理為出發點去解決這些問題，那麼其中的數學問題太難了。所以如果要想有進展，還是必須做妥協，也就是說要對基本原理作近似。

儘管牛頓模式很深刻，但對複雜的問題，克卜勒模式往往更有效。克卜勒模式最成功的例子是生物資訊學和人類基因組工程。正是因為它們的成功，材料基因組工程等類似的專案也被提上了議事日程。同樣，天體資訊學、計算社會學等等也成了熱門學科。這些都是用資料的方法來研究科學問題的例子。圖像處理是另外一個典型的例子。圖像處理是否成功是由人的視覺系統決定的，所以要從根本上解決圖像處理的問題，就需要從理解人的視覺系統著手，並瞭解不同質量的圖像對人的視覺系統產生什麼樣的影響。這樣的理解當然很深刻，而且也許是大家最終所需要的。但從目前來看，它過於困難也過於複雜。解決很多實際問題時並不需要它，而是用一些更為簡單的數學模型就足夠了。

用資料的方法來研究科學問題，並不意味著就不需要模型了。只是模型的出發點不一樣，不是從基本原理的角度去找模型。就拿圖像處理的例子來說，基於基本原理的模型需要描述人的視覺系統以及它與圖像之間的關係，而通常的方法則可以是基於更為簡單的數學模型，如函數逼近的模型。

怎樣用科學的方法來研究資料？這包括以下幾個方面的內容：資料的獲取、儲存和資料的分析。下面將主要討論資料的分析。

## 資料分析的中心問題

比較常見的資料有以下幾類：

1. 表格：這是最為經典的資料。

2. 點集 (point cloud)：很多資料都可以看成是某種空間中的一堆點。

3. 時間序列：文本、通話、DNA 序列等都可以看成是時間序列。它們也是一個變數 ( 通常可以看成是時間 ) 的函數。

4. 圖像：可以看成是兩個變數的函數。

5. 影片：時間和空間座標的函數。

6. 網頁、報紙等：雖然網頁或報紙上的每篇文章都可以看成是時間序列，但整個網頁或報紙又具有空間結構。

7. 網路資料。

還可以考慮更高層次的資料，如圖像集、時間序列集、表格序列等等。

資料分析的基本假設就是觀察到的資料都是由背後的一個模型產生的。資料分析的基本問題就是找出這個模型。由於資料獲取過程中不可避免地會引入雜訊，通常這些模型都是隨機模型，見表 9-2。

表 9-2　資料類型與模型

| 資料類型 | 模型 |
| --- | --- |
| 點集 | 概率分布 |
| 時間序列 | 隨機過程(如隱式馬氏過程等) |
| 圖像 | 隨機場(如吉布斯隨機場) |
| 網絡 | 圖模型、貝葉斯模型 |

當然，在大部分情況下，整個模型並不令人感興趣，而找到模型的一部分內容是需要關注的東西，例如：

1. 相關性：判斷兩組資料是不是相關的。

2. 排序：如對網頁作排序。

3. 分類、聚類：把資料分成幾類。

很多情況下，還需要對隨機模型作近似。最常見的是把隨機模型近似為確定模型，所有的迴歸模型都採用了這樣的近似，基於變分原理的圖像處理模型也採用了同樣的近似。另一類方法是對其分佈作近似，如假設概率密度是正態分佈，或假設時間序列是馬爾可夫鏈等等。

分析資料的第一步是賦予資料一定的數學結構，這種結構包括：

1. 度量結構：在資料集上引進度量，也就是距離，使之成為一個度量空間，餘弦距離函數。

2. 網路結構：有些資料本身就具有網路結構，如社交網路。有些資料

本身沒有網路結構,但可以附加上一個網路結構。例如,度量空間的點集,可以根據點與點之間的距離來決定是否把兩個點連接起來,這樣就得到一個網路結構。

3. 代數結構:例如,可以把資料看成是向量或矩陣,或更高階的張量。有些資料集具有隱含的對稱性,這也可以用代數的方法表達出來。

在這基礎上,可以問更進一步的問題,例如:

1. 拓撲結構:從不同的尺度去看資料集,得到的拓撲結構可能是不一樣的。最著名的例子是 3×3 的自然圖像資料集裡面隱含著一個二維的克萊因瓶[1]。

2. 函數結構:尤其對點集而言,尋找其中的函數結構是統計學的基本問題。這裡的函數結構包括:線性函數,用於線性回歸;分片常數,用於聚類或分類;分片多項式,如樣條函數;其他函數,如小波展開等。

## 資料分析的主要困難

人們碰到的資料通常有這樣幾個特點:一是資料量大,大家只要想一想有多少網頁,這些網頁上有多少資料,就可以對現在碰到的資料量之大有點感覺了;二是維數高,前面提到的 SNP 資料是 64 萬維的;三是類型複雜,如這些資料可以是網頁或報紙,也可以是圖像、影片;四是雜訊大。

這裡面最核心的困難是維數高。維數高帶來的是維數詛咒 (curse of dimension):模型的複雜度和計算量隨著維數的增加而指數增長。例如,非參數化的模型中參數的個數會隨著維數的增加而指數增長。

怎樣克服維數高帶來的困難?通常有兩類方法:一類方法就是將數學模型限制在一個極小的特殊類裡面,如線性模型,假設概率密度遵循正態分佈、假設觀測到的時間序列是隱式馬氏過程等;另一類方法是利用資料可能有的特殊結構,如稀疏性、低維或低秩、光滑性等等,這些特性可以通過對模型作適當的正則化而實現。當然,降維方法也是主要方法之一。

---

[1] 參見:Robert Ghrist, BARCODES: THE PERSISTENT TOPOLOGY OF DATA, BULLETIN (New Series) OF THE AMERICAN MATHEMATICAL SOCIETY,Volume 45, Number 1, January 2008, Pages 61-75.

　　總而言之，資料分析本質上是一個解反問題。因此，處理反問題的許多想法，如正則化，其在資料分析中扮演了很重要的角色。這也正是統計學與統計力學的不同之處。統計力學處理的是正問題，統計學處理的是反問題。

## 演算法的重要性

　　跟模型相輔相成的是演算法以及這些演算法在電腦上的實現。特別是在資料量很大的情況下，演算法的重要性就顯得尤為突出。

　　從演算法的角度來看，處理大數據主要有兩條思路：

　　一是降低演算法的複雜度，即計算量。通常要求演算法的計算量是線性標度的，也就是說計算量跟資料量成線性關係。但很多關鍵的演算法，尤其是優化方法，還達不到這個要求。對特別大的資料集，許多人希望能有次線性標度的演算法，也就是說計算量遠小於資料量。這就要求採用抽樣的方法。但怎樣對這樣的資料進行抽樣，如對社交網路進行抽樣，仍還是一個未解決的問題。

　　二是雲端運算，或平行計算。它的基本想法是把一個大問題分解成很多小問題，然後分而治之。著名的 MapReduce 軟體就是一個這樣的例子。

　　下面舉幾個典型的演算法方面的例子。這些例子來自於 2006 年 IEEE 國際資料探勘會議所選舉出來的資料探勘領域中的 10 個最重要的演算法。

　　1. k- 平均 (k- means) 方法：這是對資料作聚類的最簡單有效的方法。

　　2. 支援向量機：一種基於變分 ( 或優化 ) 模型的分類演算法。

　　3. 期望最大化 (EM) 演算法：這個演算法的應用很廣，典型的應用是基於極大似然方法 (maximum likelihood) 的參數估計。

　　4. Google 的網頁排序演算法，PageRank：它的基本想法：網頁的排序應該是由網頁在整個網路中的重要性決定的。從而把排序問題轉換成一個矩陣的特徵值問題。

　　5. 貝葉斯方法：這是概率模型中最一般的代法框架之一。它告訴人們怎樣從一個先驗的概率密度模型，結合已知的資料來得到一個後驗的概率密度模型。

　　6. k- 最近鄰域方法：用鄰域的資訊來作分類。跟支援向量機相比，這種方法側重局部的資訊。支援向量機則更側重整體的趨勢。

7. AdaBoost：這個方法通過變換權重，重新運用資料的辦法，把一個弱分類器變成一個強分類器。

8. 其他的方法：例如，決策樹方法和用於市場分析的 Apriori 演算法，以及用於推薦系統的合作過濾方法等。

就現階段而言，對演算法的研究被分散在兩個基本不相往來的領域裡：計算數學和電腦科學。計算數學研究的演算法基本上是針對像函數這樣的連續結構，其主要的應用物件是微分方程等。電腦科學處理的主要是離散結構，如網路。而資料的特點介於兩者之間，資料本身當然是離散的，但往往資料的背後有一個連續的模型。所以要發展針對資料的演算法，就必須把計算數學和電腦科學研究的演算法有效地結合起來。

## 第二節　對學科發展的影響

回到本章的主題，資料科學對學科發展提供了前所未有的機遇和挑戰。要充分利用好這個機會，就必須建立起一套新的科學和教育體系。在大學的層面，要賦予資料科學應有的地位，建立起跨學科、全方位的資料科學研究平台；進一步完善和企業合作創新的機制；培養適應學術界和企業界需求的資料科學人才。

資料科學也將對許多傳統學科的發展帶來極大的影響。首先是對數學，數學的發展主要來自兩個方面的推動力：一是來自數學內部，學科自身的完善帶來的推動；二是來自外部，由其他學科、社會或工業發展的需要而帶來的推動。就目前的現狀而言，第一方面的推動力對數學的影響要遠遠超過第二方面的推動力。這樣造成的結果是：一方面，數學作為一門學科，其重要性已經得到廣泛的認可；而另一方面，數學家作為一個群體，其對社會和科學整體發展的影響卻難以得到承認。在很多學校以及在整個科學界，數學家這個群體正顯得越來越孤立。這就是為什麼數學家們經常發現自己處在一個很尷尬的位置。這是一件極為不幸的事情，它不僅大大影響了數學的發展，更是影響其他學科、技術乃至社會的發展。事實上，至少在理論研究方面，很多學科的瓶頸問題都是數學問題。這在近一百年前狄拉克就已經指出來了。所以在很多學科裡，人們看見的都是非數學出身的科學家在進行數學方面的研究。

數學家們為什麼不擅於幫助解決其他學科的問題呢？在自然科學領

域，有一個基本的原因，那就是要解決自然科學的問題首先要有基本原理，也就是通常所說的模型。人們把它們叫做數學模型。但實際上這些模型都是來自於物理學的基本原理。對數學家們來說，這是一個基本障礙。

資料科學不一樣，如前所述，資料科學的基本原理本身就來自於數學。所以資料科學在數學和實際應用之間建立起了一個直接的橋樑。而這些實際應用正是來自於如資訊服務等現代產業中最為活躍的一部分。這對數學來說，實在是一個千載難逢的機會。

不僅如此，資料的分析幾乎涉及到了現代數學的所有分支，甚至於像表示論這樣的極其抽象的分支在資料的領域也有其發揮作用的餘地。所以資料科學對數學的要求和推動是全面的，而不是僅僅侷限在幾個領域。資料應該成為數、圖形和方程之外數學研究的基本物件之一。

資料科學對計算機科學的發展也會帶來很大的影響。圖靈獎得主 John Hopcroft 曾經指出，在過去的幾十年裡，計算機科學的研究物件主要是電腦本身，包括硬體和軟體。以後計算機科學的發展將主要圍繞著應用展開。而從計算機科學自身來看，這些應用領域提供的主要研究物件就是資料。雖然計算機科學一貫重視資料的研究，但資料在其中的地位將會得到更進一步的加強。

再看統計學。統計學一直就是一門研究資料的學科，所以它也是資料科學最核心的部分之一。但在資料科學的框架之下，統計學的發展也會受到很大的衝擊。這種衝擊至少表現在兩個方面。一是關於資料的模型將會跳出傳統的統計模型的框架，更一般的數學概念，如拓撲、幾何和隨機場的概念將會在資料分析中扮演重要的角色；二是演算法和電腦上的實現將成為研究的中心課題之一，這在前面已經討論過，這裡不再重復。

應該說，在很長的一段時間裡，統計學這門學科沒有受到足夠的重視。普林斯頓大學還取消了統計系。近年來，學術界和應用領域都已經逐漸地認識到統計的重要性。許多學校都有計劃要發展統計學，但苦於難以吸引到高質量的統計人才而遲遲沒有開展。如果把視野拓寬一點就會發現，發展資料科學則是更加有利的做法，因為它既更加適應未來的需要，又能儘快地把應用數學、計算數學和計算機科學等學科中的力量調動起來以開展工作，如圖 9-1 所示。

圖 9-1　資料科學的基礎性作用

## 對傳統學科的衝擊

　　這裡舉兩個例子。第一個例子是社會學。作爲社會科學的一個分支，社會學一直是一門基於資料的學科。大到國家和社會層面的資料，小到家庭和個人的資料，這些是社會學研究的基本資料。從這個角度來看，社會學和資料之間的關係不是什麼新的現象。但即便以此，資料科學的興起仍然對社會學的研究有著巨大的影響。這至少表現在以下幾個方面。

　　一是社交網路的產生和網路科學的研究爲社會學帶來了一個新的研究層面，即介觀層面。這不僅給社會學提供了新的研究方向，而且也給社會學的研究提供了新的實用價值，如資訊傳播、廣告投放、熱門分析等。

　　二是使社會學的研究進一步量化、去經驗化。在過去很長的時間裡，由於資料的稀缺，社會學在很大程度上是一門經驗科學。大量資料資源的獲取爲社會學的更進一步量化提供了可靠的途徑。

　　三是更多更加嚴密和系統的科學方法被引進到社會學的研究中，如資料獲取的方法。

　　在人們眼裡，社會學往往不是一門技術型的或實用型的學科。但隨著社會學的進一步量化，人們對社會學的看法將會發生很大的變化。在不遠的未來，社會學的研究將對產品推銷、資訊傳播和輿論預警等實用領域產生深刻的影響。

　　第二個例子是語言學。跟社會學一樣，語言學在歷史上也是一個離實用技術比較遠的學科。但近年來蓬勃發展起來的機器翻譯、自然語言處理、語言識別、文本分析等技術給語言學的實際應用提供了一個絕好的機會。但值得注意的是，在所有這些領域，基於概率模型的處理方法的有效

性遠遠超過了基於文法的處理方法的有效性。這對傳統的語言學來說，不能不說是一個非常令人失望的結果。

在麻省理工學院成立 150 周年的一個紀念會上，當代語言學的奠基人喬姆斯基教授針對這一問題提出了他的看法。他認為概率模型的成功是有限的，而且其成功只是僅僅侷限於逼近未被分析的資料這一方面。他的言下之意是說概率模型只是技術上的成功，不能算作是傳統科學意義上的成功，因為它沒有給傳統的語言學問題如文法問題，帶來新的認識。應該說，這種看法是比較保守的，按照這種邏輯，生物資訊學也只是工程上的成功，不是科學意義上的成功。按照前文的說法，自然語言的概率模型可以看成是一種克卜勒模式的做法，而喬姆斯基只認可牛頓模式。科學發展的歷史已經告訴人們，這兩種模式都十分重要。而具體到語言學來說，承認並認真應對概率模型的成功才是真正可取的方法。

### 新學科的誕生：計算廣告學

廣告有著十分悠久的歷史，但它一直都很難算得上是一門科學。近年來，由於 Yahoo、Google 等搜尋引擎選擇商業廣告作為其主要盈利模式，一門新的學科——計算廣告學，由此誕生。

計算廣告學所處理的主要問題是怎樣有針對性地投放廣告。網路上的廣告有兩個最基本的指標：點擊率和轉換率。點擊率是廣告被點擊的概率。轉換率是廣告被點擊以後引起商品成交的概率。由於後者更難估計，所以網路上的廣告往往以點擊率作為主要指標。這就需要根據用戶提供的資訊，如其所輸入的關鍵字，預測不同廣告的點擊率。這是計算廣告學的一個基本問題，解決這個問題的主要想法就是構造一個 utility 函數來估計用戶對不同廣告感興趣的程度。

目前斯坦福大學、加州大學伯克利分校等重要學校都已開設了計算廣告學這門課。美國國家基金委所屬的幾個數學研究所之一，地處北卡羅來納州的統計與應用數學研究所也針對計算廣告學舉辦了專題研討會。

## 第三節　科學能從 Google 那學到什麼？

「科學能從 Google 那學到什麼？」是 2008 年美國《連線》雜誌 (Wired Magzine) 主編安德森在他的一篇評論文章 (The end of theory: The data deluge makes the scientific method obsolete, Wired Magazine, 06.23.08) 結尾時的問句。的確，Google 不僅僅是資訊產業界成功的典範，同時還是資料科學領域的先鋒和開拓者。Google 的成長史是一部創新和開拓的歷史。

Google 的起步是源於網頁搜尋排序的新概念和演算法開發。在 Google 之前早已經有了其他的搜尋引擎，最著名的是 Yahoo。但所有這些引擎都沒有解決好對搜尋結果作排序的問題。佩奇和布林的想法是把網路的結構利用起來。事實上，每個網頁都是網際網路上的一個節點，它們不是孤立的，不同的網頁之間通過超連結聯繫在一起。如果一個網頁有很多超連結指向它，就說明它具有權威性，應該排在前面。怎樣給網頁的權威性一個定量的刻劃呢？設想一個醉漢在網路上作隨機遊動，他訪問的最多的網頁就最具有權威性。這樣就可以把網頁排序的問題描述成為一個由網路結構而派生出來的馬氏鏈的不變測度的問題，也就是一個轉移矩陣的特徵值問題。這就是佩奇關於網頁排序的基本想法。通過這種想法，佩奇和布林大大提高了網路搜尋結果的質量。

Google 也是第一個將雲端運算由概念變為現實的企業。不言而喻，Google 從一開始就需要處理大量的網頁。它最初開發雲端運算的目的是建立一個能把大量的廉價伺服器集合在一起，以完成大型計算和儲存的功能平台。這個平台必須是可擴展的、並行的，並且允許其中一些伺服器出現故障。為了達到這一目的，Google 開發了一系列的新技術和新的資料儲存模式，其中包括 Google 文件系統 (Google File System)、MapReduce 等。這些新概念和新技術已成為大數據處理的標準方法。與此同時，也建立起了面向未來的資料中心和雲端運算平台。這些基礎設施使得 Google 在資訊服務產業高居於一個得天獨厚的位置。

Google 之所以能做到這些，最根本的一點是它高瞻遠矚的眼光和寬廣的胸懷。Google 創始人佩奇和布林認識到，Google 的根本利益在於網際網路能否成為普通大眾生活中必不可少的工具。做好了這一點，Google 的商業利益就自然而然地來了。為了做到這一點，Google 堅持了由 Yahoo 開創的網路免費的原則。這個原則對網際網路的普及起到了最為關鍵的作用。

事實上，Google 的商業模式也是可圈可點的。它的盈利是靠網路廣告，而不是靠對用戶的收費。在 Google 之前，Overture 公司就已經在開

展網路廣告業務，但 Google 把網路廣告推到了更高的層次。Google 開發的 Adwords 系統是計算廣告學最早的實踐典範。

網路是一個極大的資源，一個由全世界的億萬使用者共同構建的資源。而 Google 這樣的公司，通過構建一系列新的概念和技術平台，十分有效地把這些資源變成了他們自己的資源。而在此同時，又給全世界的使用者提供了十分有益的服務。Google 的例子是創新和產業發展密切結合、相互推動最成功的例子。

## 第四節　資料科學的教育體系

在資料科學領域裡工作的人才需要具備兩方面的素質：一是概念性的，主要是對模型的理解和運用；二是實踐性的，主要是處理實際資料的能力。培養這樣的人才需要數學、統計學和計算機科學等學科之間的密切合作，同時也需要和產業界或其他擁有資料的部門之間的合作。目前還沒有任何一所學校具有這樣的平台。

資料科學的教育體系應該包括以下幾方面的內容：

1. 數學的基礎知識：除了微積分、線性代數和概率論這三大基礎中的基礎以外，還需要隨機過程、函數逼近論、圖論、拓撲學、幾何、變分法、群論等方面的基礎知識。目前，可能還不是所有人都能看到這些內容跟資料的直接關係。但隨著資料科學的不斷深入發展，它們的作用會越來越明顯。這些內容也不需要一門一門地教，數學系應該開出一些新的「高等數學」課程來覆蓋這些方面的內容。

2. 計算機科學的基本知識：例如，程式語言、資料庫、資料結構、視覺化技術等。

3. 演算法方面的基本知識：例如，數值代數、函數逼近、優化、蒙特卡洛方法、網路演算法、計算幾何等等。

4. 資料的模型：例如，迴歸、分類、聚類、參數估計等。

5. 專業課程：例如，圖像處理、時間序列分析、影片處理、自然語言處理、文本處理、語言識別、圖像識別。推薦系統等等。

6. 其他專業課：例如，生物資訊學、天體資訊學、金融資料分析等等。

這裡 1～4 屬於基礎課，5～6 屬於專業課。專業課的設置還可以跟企業界合作，以滿足不斷變化著的實際需求。與企業界的合作也更有利於向

企業界輸送合適的人才。

## 結語

　　大數據給科學和教育事業的發展提供了前所未有的機會，同時也提出了前所未有的挑戰。它不僅將給現有的科研和教學體制帶來大幅度的變革，也會給科學與產業之間的關係、科學與社會之間的關係帶來大幅度的變革。總結一下，大數據的影響將主要來自以下幾個方面：

　　1. 資料科學將成為科研體系中的重要部分，並逐漸達到與包括物理、化學、生命科學等學科在內的自然科學分庭抗禮的地位。未來的科研和教育體制應該由兩條主線組成：一條是以基本原理為主線。現在的物理學、化學、機械工程，以及生命科學、材料科學、天體物理、地球科學等學科的大部分都是沿著這樣一條主線展開的。另一條是以資料為主線。它包括統計學、資料探勘、生物資訊學、天體資訊學、以及許多社會科學的學科。它還包括一些新興的學科，如計算廣告學。資料科學的興起，將極大地推動許多社會科學學科朝著量化的方向發展，使他們逐步由經驗性的模式轉變成科學性的模式。

　　2. 科學研究和市場、產業的聯繫將變得更加密切，從發現基本原理到產業化的周期將會被大大地縮短。這可以從 Google 的例子看出來。Google 的發展，從搜尋引擎的一個概念和演算法上的突破到進入市場、變成產業，只經過了短短幾年的時間。這樣的例子在資料科學和資訊產業領域並不陌生。但在傳統的自然科學領域，從基本原理的突破，到技術、到產業，往往要經過一個漫長的過程。

　　3. 資料的主要來源之一是社會，如網際網路、社交網路、公共交通、智慧城市等等。所以資料科學的研究與人們的日常生活和社會有著密切的聯繫，如 Google 的網路搜尋演算法就對人們的日常生活產生了很大的影響。所以人們日常生活中的需要以及社會的需要將成為資料科學的主要問題來源之一。

　　4. 科學研究最重要的一環是提出前瞻性的問題。提不出問題，就只能跟在別人後面，走一條從文獻到文獻的路。

# 第 10 章

# 資料技術：當前進展及關鍵問題

欲工其事必先利其器。

大數據時代，企業的核心競爭力將取決於其佔有資料的規模、活性及對資料的分析和運用能力。網際網路、物聯網等技術在各個行業的普及，使企業內部或外部產生的資料規模急劇增加，並且資料種類繁多，企業和個人用戶資訊使用模式也千變萬化。所有這些都對企業大規模資料的蒐集、儲存和處理能力提出了越來越高的要求。

資料技術是為滿足企業在大數據時代的資料處理需求而發展起來的資料獲取、過濾、儲存、變換、分析和探勘等一系列相關工具、技術的總稱。由於資料規模龐大，對即時性要求高，原有的資料獲取、存儲等技術已無法應對大數據時代的需求。所謂工欲善其事，必先利其器。對先進資料技術的掌握和運用能力是企業在大數據時代保持領先水平的技術基礎。幸運的是，目前在資料獲取、儲存、分析及應用的各個層面，都有相對比較成熟的技術可供選擇。其中很多甚至是能夠滿足企業級應用的開放原始碼軟體。

這方面值得關注的是 Google 的大數據處理能力及在其基礎上發展起來的 Hadoop 相關技術。如同 PC 時代的 Windows 作業系統，這些技術為企業構建大數據處理平台提供了基礎的系統架構，及相關的資料庫、資料流程等資料管理工具。

雖然資料體量龐大是大數據時代的特點，但這並不意味著資料的價值高，對資料的理解要求低。事實上，龐大的資料中往往摻雜著各種雜訊或無效資料，其單位價值更低。簡單粗放式的資料統計和分析往往不能得到真正有價值的內容，甚至可能是相左的結論，所以需要更加有效的、精工細作模式的處理能力。這些，無論是從資料處理規模，還是從演算法的健全性等方面來看，都對相關的資料探勘技術提出了更高層次的挑戰。

本部分從 Hadoop 系統和資料探勘技術兩個角度講述當前資料技術的進展和面臨的挑戰。最後介紹在大數據時代企業需要什麼樣的資料分析和探勘能力，及大數據時代的當紅炸子雞——資料專家是如何煉成的。

## 第一節　大數據管理系統——Hadoop

似乎從誕生之日起，Hadoop 便與大數據有著千絲萬縷的聯繫。Hadoop 的設計原理來源於 Google 的 GFS 和 MapReduce 模型，可以看作是後者的開放原始碼實現。由於其可以運行在對硬體配置要求低、擴展性好、容錯能力強及強大的並行處理能力等特點的設備上，在多個行業得到廣泛應用，成為當下大數據領域的熱門技術。

那麼為什麼企業的資料處理需要 Hadoop 技術？相對其他系統，它能為企業帶來什麼樣的技術優勢？該系統具體包括哪些技術？首先用兩個例子說明 Hadoop 在大數據儲存和管理中的獨特優勢。

首先以 Facebook 為例說明用戶行為資料的極大膨脹為資料存儲帶來的挑戰。做為最大的社交網站，Facebook 擁有超過 5 億的活躍用戶，在 Facebook 上分享了 2,400 億張圖片，僅圖片儲存容量就達 20PB 的規模，且仍以每天 3,000 多萬新增圖片的規模迅速擴張[1]。此外，每月還會產生超過 250 億條的分享內容資訊，及超過 5,000 億次的頁面流量記錄。要存儲如此大規模的資料內容，且支援內容的隨機讀取操作，無疑給系統的存儲和處理能力帶來了極大挑戰。

同時，如果僅僅是靜態的儲存資料，對企業來說無疑是毫無價值的。Facebook 的迷人之處在于其對海量資料的快速研究應用能力，讓原本雜亂無章的資料真正流動起來。從簡單的統計功能，如不同頁面的瀏覽量、用戶行為資料，到諸如用戶興趣類別劃分、內容推薦等複雜模型的建立，可以想像完成這麼多大規模資料處理任務需要什麼樣的運算能力。

早期 Facebook 的資料倉庫是基於 Oracle 系統實現，隨著用戶資料的增多，在系統可擴展性和系統性能方面都遇到了瓶頸。2008 年之後，Facebook 開始採用 Hadoop/Hive 等技術搭建其資料倉庫。截至 2011 年，其資料倉庫已擁有 4,800 個內核，每個節點可儲存超過 10TB 的資料[2]。

圖 10-1 所示為 Facebook 的資料倉庫架構。Facebook 每天產生的所有日誌資料都會儲存在文件管理系統—— HDFS 中。擁有如此龐大的用戶

---

[1]　Julie Bort. Facebook Stores 240 Billion Photos And Adds 350 million More A Day. Jan. 2013. http://www.businessinsider.com/facebook-stores-240-billion-photos-2013-1.

[2]　陳嘉恒，Hadoop 實戰。機械工業出版社，2011 年 9 月。

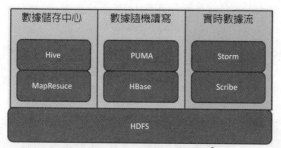

圖 10-1　Facebook 的資料倉庫架構[3]

群，對資料安全的要求是異常之高的。很難想像，如果用戶某天突然發現其 Facebook 頁面的資料丟失或出錯了，用戶體驗和公司的聲譽會受到什麼樣的影響。HDFS 通過採取資料冗餘設計機制從而具有良好的容錯特性，避免由於硬體損壞帶來的資料丟失影響。同時，HDFS 良好的可擴展性，使其能夠支援資料不斷增長帶來的挑戰。採取這種架構，Scribe 元件可以支援海量用戶行為日誌的連續讀寫，實現快速的資料蒐集。以 Hive 為基礎的資料倉儲中心可以即時將蒐集的日誌寫入 HDFS，並支援各種資料分析進行的統計工作。用戶載入頁面時需要即時從資料庫中獲取相關資訊，以 HBase 為核心的即時隨機讀寫模組則可以有效實現該需求。

　　Hadoop 系統為企業面臨資料規模急劇膨脹、對系統可靠性和即時性要求較高的應用軟體提供了良好的解決方案。由於其良好的特性，目前已經在學術界和工業界受到廣泛重視。多所科研院所對 Hadoop 集群展開了研究，其中包括史丹佛大學、CMU、加州大學柏克萊分校等。內容涵蓋了存儲結構、計算資源管理、任務調度、系統安全、HBase 等方面。Hadoop Summit 作為 Hadoop 社區的年度盛會，向人們展示了學術進展和商業案例。

　　在商業應用方面，Hadoop 技術已經在多個領域得到廣泛應用，以滿足企業存儲和處理海量資料的需求。在使用者中，不乏像 IBM、Facebook、Amazon、Yahoo、推特這樣的網際網路巨頭。除了網際網路行業，線上旅遊、能源開發、圖形圖像處理、醫療保健等多個領域的應用都逐步

---

3　董思穎，Facebook 開發的 HDFS 和 HBase 新特性，Hadoop 與大數據技術大會，2012 年 11 月。

展開。美國國家航空局也在採用相關技術和系統處理包括星空圖像在內的龐大數據。

那麼 Hadoop 技術具體包括哪些內容？其作用分別是什麼？圖 10-2 畫出了當前 Apache 框架下 Hadoop 相關專案的組成結構，不同的子專案適用於大數據處理中的不同場景，專案之間是互補的關係。

圖 10-2　Hadoop 子專案組成[4]

1. Core 和 Avro 為底層支援框架，其中 Core 提供了一系列分散式文件系統和通用 I/O 的元件和介面，Avro 是一個高效、跨語言的資料序列號工具，用於資料的持久化儲存。

2. HDFS 是一個塊結構的分散式文件系統，用於集群中資料的儲存和管理。

3. MapReduce 提供了一種並行處理大規模資料的編程邏輯。

4. Zookeeper 主要用於分散式資料管理的服務框架，如統一服務命名、集群管理等。

5. Pig 是基於類SQL語言進行海量資料檢索的資料流程語言編程平台。

6. Hive 是基於 Hadoop 的資料倉庫工具，可以將結構化資料映射為一張資料表，並提供 SQL 查詢功能。

7. HBase 是一種基於 HDFS 的分散式、列式資料庫系統，其實現原理是基於 Google 的 Bigtable[5]。

8. Chukwa 是一種基於 HDFS 的分散式資料蒐集和分析系統。

這些專案涵蓋了基本的文件操作、基於分散式文件系統的分散式編程

---

4　Tom White 著，曾大聃、周傲英譯，Hadoop 權威指南，清華大學出版社，2010。

5　C. Fay, D. Jeffrey, G. Sanjay, H. Wilson C, W. Deborah A, B. Michael, C. Tushar, F. Andrew. "Bigtable: A Distributed Storage System for Structured Data". Research Google, 2006.

模式、資料庫操作及資料分析等方面，形成了一個相對比較完善的大規模資料管理和處理體系，以滿足不同的業務需求。

圖 10-3 所示為 Hadoop 的體系結構圖。在 Hadoop 中有三種不同的角色：用戶端 (Client)、名稱節點 (NameNode，也稱元資料節點 ) 和資料節點 (DataNode)。

用戶端可以通過應用程式對 Hadoop 中的文件進行創建、刪除、移動等操作。除了具體操作命令不同，對用戶端來說 HDFS 與傳統的文件系統沒有什麼區別。

名稱節點是 Hadoop 的核心節點，負責整個文件系統的管理和協調工作，其功能包括四個方面：①中介資料和文件塊的管理 — 名稱節點保存了文件基本屬性、每個文件所對應文件及存儲位置資訊等。根據這些資訊系統可以快速定位到用戶端所需要處理的資料，是文件系統最重要的基礎資料，因此稱為中介資料 (Meta-data)；②文件系統命名空間管理，記錄文件系統中介資料被修改的情況；③監聽並回應用戶端和資料節點的請求 — 用戶端的任何操作，包括命名空間的創建與刪除，文件的創建、刪除和修改等，以及資料節點的文件塊資訊變化心跳回應等事件，均由名稱節點統一調配、回應；④心跳檢測 — 資料節點要定期向名稱節點發送心跳資訊以表明該節點仍然處於活躍狀態，對長時間未檢測到心跳資訊的節點會認為出現故障並執行故障處理邏輯。作為 HDFS 核心的名稱節點通常只有一個，如果發生故障將會出現系統癱瘓，甚至丟失所有資料檔案。為

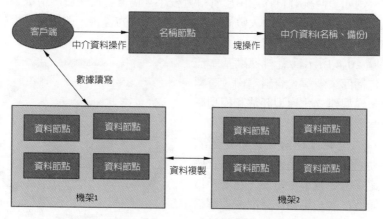

圖 10-3　HDFS 體系結構圖

保證名稱節點的健全性，有時會將其設計爲主從結構，當提供服務的主節點失敗時可以立即切換到從節點，從而不影響服務的正常運行。

資料節點是基本的資料儲存單元，負責文件內容的儲存。由於大集群中硬體故障是常態，爲防止硬體故障帶來的資料丟失，HDFS 採取了冗餘複製的策略。文件會被分爲不同的資料塊，每個資料塊被複製到多個資料節點中（默認爲三份）。它將每個資料塊儲存在本地文件系統中，並保存文件塊的中介資訊，同時周期性地將所有中介資訊發送給名稱節點。

## 第二節 資料探勘技術和流程

Hadoop 系統的發展解決了企業大數據的存儲和處理能力的問題。但是系統本身並不能對資料進行分析和理解。如何從海量的資料中發現有用的知識並爲企業發展提供幫助和指導，是資料探勘技術的研究目標。

簡單來說，資料探勘就是利用人工智慧、統計學、模式識別等技術，從大量的、含有雜訊的實際資料中提取其中隱含的、事先不爲人所知的有效資訊的過程。一方面，資料探勘所處理的資料物件是眞實的、包含雜訊，因此是一門實際應用科學；另一方面，其目的在於發現人們感興趣的知識，與市場邏輯存在著緊密聯繫。大數據時代的資料探勘技術並不是一門新的學科，其基本原理與傳統資料探勘並無本質區別。只是由於所需要處理的資料規模龐大、且價值密度低，在處理方法和邏輯上被賦予了新的含義。例如，傳統資料探勘由於資料量較小，爲眞實反映實際情況，需要構建相對複雜的模型；而大數據時代提供了海量的資料，即使使用相對簡單的模型也可以滿足需求。

圖 10-4 所示爲資料探勘基本流程，包括商業理解、資料準備、資料理解、模型建立、模型評估和模型應用幾個步驟。

首先是商業理解，也就是對資料探勘問題本身的定義。所謂做正確的事比正確地做事更重要，在著手做資料模型之前一定要花時間去理解需求，弄清楚眞正要解決的問題是什

圖 10-4 資料探勘基本流程

麼，根據需求制定工作方案。這個過程需要比較多的溝通和市場調查，瞭解問題提出的商業邏輯。在溝通交流過程中，為了便於對溝通效果進行把控，可以採取思維導圖等工具對溝通結果進行記錄、整理。

明確需求後，接下來就是要蒐集並整理資料建模所需要的資料。這個過程是資源調配的過程，需要與企業的相關部門明確可以使用的資料維度有哪些，哪些維度與建模任務相關性比較高。這個過程通常需要一定的專業背景知識。

資料理解指的是對用於探勘資料的預處理和統計分析過程，有時也稱為 ETL 過程。其主要包括資料的抽取、提煉、轉換和載入，是整個資料探勘過程最耗時的過程，也是最為關鍵的一環。資料處理方法是否得當，對資料中所體現出來的業務特點理解是否到位，將直接影響到後面模型的選擇及模型的效果，甚至決定整個資料探勘工作能否完成預定目標。該過程需要有一定的統計學理論和實際經驗，並具備一定的專案經驗。

模型建立是整個資料探勘流程中最為關鍵的一步，需要在資料理解的基礎上選擇並實現相關的探勘演算法，並對演算法進行反復調試、實驗。通常模型建立和資料理解是相互影響的，經常需要經過反復地嘗試、磨合，多次疊代後方可訓練出真正有效的模型。

模型評估是在資料探勘工作基本結束的時候對最終模型效果進行評測的過程。在探勘演算法初期需要制定好最終模型的評測方法、相關指標等，在這個過程中對這些評測指標進行量化，判斷最終模型是否可以達到預期目標。通常模型的評估人員和模型的構建人員不是同一批人，這能保證模型評估的客觀性、公正性。

最終，當探勘得到的模型通過評測後可以安排上線，正式進入商業化流程中。為了避免由於建模資料與線上真實情況不一致而導致模型失效的狀況出現，通常在應用過程中採取 A/B 測試的步驟，對模型在實際線上環境中的運行狀況進行觀察跟蹤，確保模型線上上環境中符合預期。

瞭解了資料探勘的基本流程，常用的資料探勘任務和所用到的探勘技術有哪些？總而言之，資料探勘任務可以概括為描述性和預測性兩大類。描述性任務主要是對現有資料進行理解和整理，從中發現其中的一般特性，是對歷史知識的總結和歸納。預測性任務則是利用當前資料對事務的未來發展趨勢進行推斷，是知識的外延和推理過程。

比較常見的資料探勘技術有以下幾類：

1. 關聯規則分析：包括頻繁模式探勘、序列模式探勘，用於發現能夠描述資料項目之間關係的規則。典型應用是用戶購物車分析，發現用戶經常一起購買的商品集合，如購買啤酒的人經常也會順手購買小孩尿布；用戶購買某商品之後後續最有可能購買的其他商品，如用戶購買自行車兩個月左右後通常會再購買打氣筒。前者可以用來指導商場的商品陳列，將用戶最可能在一起購買的商品擺列在一起；後者則可以用來對用戶的未來消費行為進行推薦引導。

2. 分類和預測：分類是按照已知的分類模式找出資料物件的共同特點，並將樣本劃分到相應的類別中，是最為基本的資料探勘技術，廣泛用於客戶喜好分析、滿意度分析等場景。如銀行根據用戶的消費能力和還款記錄對其信用評級進行劃分等。預測是將樣本映射到連續的數值型目標值，從而發現屬性間的依賴關係。例如，對產品未來一段時間的銷售狀況進行預測等。

3. 群集分析：將一組物件按照相似性和差異程度劃分到幾個類別，使同一類別中樣本的相似性盡可能大。例如，在金融行業中對不同股票的發展趨勢進行歸類，找出股價波動趨勢相近的股票集合。

4. 推薦技術：根據用戶的興趣特點和歷史的行為，向用戶推薦其感興趣的資訊或商品。其最為成功的應用是在購物網站中，向用戶推薦其可能購買的商品，從而增加商品的銷售規模並提高用戶使用習慣。

5. 連結分析：根據樣本或資料物件之間的關聯，可以構建物件之間的鏈結網路。連結分析是指利用圖論模型對這些鏈結網路進行分析挖掘的一系列技術，其中最為知名的當屬 Google 通過分析網頁之間的跳轉關係對頁面權威度進行排序的 PageRank 演算法。

其他相關挖掘技術還包括孤立點分析、資料演變分析等。

上述挖掘技術均在網路、金融、生物醫學、零售業等多個行業和領域得到廣泛應用，並為相關企業帶來豐厚的收益。以下將通過具體行業案例說明資料探勘技術的使用方法及其價值。

## 啤酒與尿布——沃爾瑪的營銷神話

「啤酒與尿布」的故事已經成了營銷界的神話，人們對資料探勘技術的瞭解也幾乎都是從這個故事起步。世界著名零售連鎖超市沃爾瑪擁有

世界上最大的資料倉庫系統，其中蒐集了各個連鎖店一年多詳細的原始交易資料。為了能夠準確把握消費者的購物習慣，沃爾瑪利用資料探勘工具對其顧客的購物行為進行了購物車分析。系統通過不同物品之間的關聯分析，瞭解哪些商品被顧客一起購買。一個令人驚奇的發現是，「啤酒」與「尿布」這兩個看似完全不相干的商品經常出現在同一購物籃中。這一結論是對歷史資料統計挖掘的結果，體現的是資料的真實情況。實際情況是這樣嗎？這一發現會給沃爾瑪帶來什麼樣的有用價值？

通過市場分析人員的調查發現，這一現象發生在年輕父親身上。原來，在美國很多有嬰兒的家庭中，通常是母親在家照顧嬰兒，年輕的父親下班後去超市買嬰兒尿布。父親在買尿布的同時，也會順手為自己買些啤酒。同時，如果年輕的父親只能在賣場買到二者之一，他很可能會放棄購物而轉去另一家超市，直到可以同時買到兩種商品。

通過對海量購物行為的挖掘分析，沃爾瑪不僅發現了一種有趣的現象，還偶然揭示了隱藏在其背後的每個人的一種生活模式。面對這一奇特現象，沃爾瑪該如何應對？通過將啤酒與尿布並排擺放在一起使二者的銷量雙雙增長。

按照常規思維，很難想象啤酒和尿布這兩種商品會存在任何的邏輯關聯。若非借助資料探勘技術對海量購物行為資料進行分析，沃爾瑪幾乎很難發現資料中的這一內在價值，而這一關聯關係的發現離不開關聯規則分析技術的發展。常用的關聯規則分析演算法為 Apriori 演算法、FP-tree 演算法等。其中 Apriori 演算法的基本原理構成了後續其他所有關聯分析演算法的理論基礎，其基本挖掘流程如 10-5 所示。

這一故事帶來的啟示是什麼？首先，為什麼沃爾瑪能夠發現二者之間的關係？一個很重要的原因在於沃爾瑪對資料技術的重視。其構建了先進的資料倉庫系統對上千家賣場產生的海量用戶購物行為進行分析，該系統不僅提供了龐大的資料儲存能力，還需要具備強力的資料運算和挖掘能力。其次，該案例充分展示了資料探勘技術在幫助把握用戶購物習慣、幫助改善用戶購物體驗從而提升企業營銷能力中所具備的巨大潛力。

啤酒與尿布的故事開啟了資料探勘技術在零售業應用的先河。目前越來越多的賣場開始重視對用戶購物車的分析，並用於指導其商品陳列、消費導引等。當然，不同類型的商場需要從購物車中挖掘的內容可能有所區別，需要視企業需求而定。例如，日本的 7-11 便利店通常面積很小，所

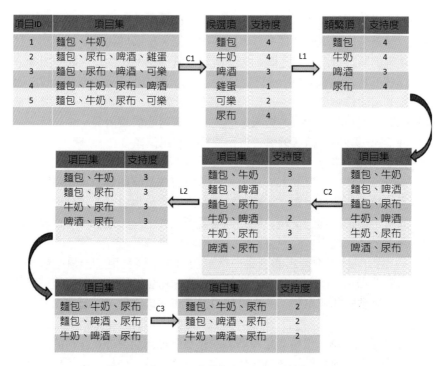

圖 10-5　利用 Apriori 演算法進行關聯規則探勘流程圖

有的商品都陳列在相對狹小的空間中，簡單的商品關聯分析可能對其價值不大。但如果能夠通過購物車發現氣溫對碳酸飲料、涼麵等的銷量影響，或便當購買客戶群的特點、購買時間分佈等資訊，無疑會更有價值。從這個角度，也說明了商業理解在資料探勘流程中的重要作用。

### 計算廣告系統──永不停息的印鈔機

　　儘管服務種類五花八門、涵蓋了生活娛樂商業等各個層面，網路的盈利模式總結起來就是廣告、銷售、管道三種。其中銷售主要指的是電子商務，通過開展 B2B 或 B2C 甚至 C2C 業務幫助滿足終端用戶的消費需求；管道主要通過向終端用戶提供遊戲、會員服務、資訊增長服務等向目標用戶收取相應的服務費。而應用最為廣泛、最為直接的當屬廣告模式。包括 Google、Facebook 等在內的主要網路公司均依靠廣告服務作為其主要收

入來源。

　　網路廣告業務經過十多年的發展，在計費模式、廣告形式、投放技術等方面都取得了巨大發展。當前廣告投放主要包括以 Google 搜尋爲代表的搜尋廣告和以 Yahoo 爲代表的展示廣告兩類。由於用戶的搜尋詞表達了當前強烈的查詢意圖，能夠比較準確的把握用戶興趣點，因此搜尋廣告在過去取得了更快發展。但隨著精準定向技術的進步，展示廣告也取得了長足發展。根據用戶訪問頁面的內容及用戶的興趣特點進行廣告定向投放，可以使投放的廣告更加契合用戶的關注點，從而有助於提高廣告點擊率，增加廣告投放效果，有助於整個廣告產業鏈的良性發展。而實現廣告精準定向投放的技術稱爲計算廣告學 (Computational Advertisement)，其核心內容在於對頁面內容的分析，用戶的興趣、性別、年齡等屬性資訊的挖掘，廣告檢索以及廣告點擊率、轉換率的預測等，所使用的技術則涵蓋了資料探勘領域的絕大部分研究內容。

　　正是依賴於計算廣告技術，網路廣告可以根據用戶特點進行個性化廣告展示，真正實現「千人千面」的營銷目的，從而顯著提高企業營銷的針對性，使其成爲區別於傳統廣告行業的新興市場。同時，隨著相關技術的日益成熟，根據網路流量的質量及其與廣告主的相關度進行即時流量買賣成爲可能，網路廣告也先後出現了網路聯盟、廣告交易平台、需求方平台、銷售方平台及資料管理平台等角色，廣告投放效果不斷優化，形成了一個深度細分的產業鏈。

　　圖 10-6 所示爲計算廣告相關的研究內容，涵蓋了用戶行爲分析、廣告檢索、廣告點擊率預測、拍賣理論、廣告計費及詐欺檢測等多個方面，且研究內容仍在不斷豐富和深入，形成一個龐大的技術體系。

　　以用戶行爲分析爲例。通過分析用戶瀏覽過的頁面、所使用過的搜尋詞及其他的社交、分享、收藏、購買等行爲，對用戶進行分類和建模，把握用戶的特點、興趣及訪問意圖等，然後有針對性地投放廣告。如果系統能夠準確瞭解到用戶是一個年輕媽媽，則向其投放嬰兒用品或育兒教育相關的廣告顯然更能符合用戶身份和廣告主的營銷目的。相反，向一個未婚男青年投放女性時裝廣告則不會取得好的效果。

　　在計算廣告相關的最新進展中，最爲引人注目的當屬行動廣告和廣告交易平台兩種。隨著行動智慧型裝置的迅速普及， 2012 年行動廣告的市場規模已迅速擴大至 50 億美元。Google、Facebook、蘋果等均積極部署

圖 10-6　計算廣告學的技術體系

其行動廣告策略。而隨著即時競價技術的發展,廣告交易平台逐漸成為新興的廣告投放管道,其將每次廣告投放機會都拿到一個公開交易市場進行拍賣,幫助廣告主選擇合適的投放機會。完整的廣告交易鏈涉及需求方平台、銷售方平台、交易平台、資料管理平台等,其中需求方平台代表廣告主利益,幫助廣告主購買合適的投放機會,代表公司為 MediaMath、InviteMedia 等;銷售方平台代表廣大媒體的利益,幫助媒體實現每次投放機會的公開售賣,代表公司為 Admeld、Right Media 等;交易平台幫助需求方平台和銷售方平台實現買賣交易,類似今天的股票交易所,代表為 Google 的 DoubleClick、淘寶的 Tanx 等;而資料管理平台則是幫助交易各方管理資料,通過強大的資料分析挖掘技術從而提高對這些資料的理解,代表為 BlueKai、eXelate 等。

在大數據時代,借助以 Hadoop 為基礎的資料管理工具及相關的資料探勘技術,計算廣告系統已取得了很大成功,也面臨著巨大的技術挑戰。首先是所處理資料規模急劇擴大,如 Google 的廣告平台每天需要處理上百億的廣告請求,幫助成千上萬個廣告主實現廣告投遞,對系統的即時性和準確性都提出了越來越高的挑戰。這也是大數據時代資料探勘相關計算所面臨的普遍問題。另一方面,計算廣告也為網路行業創造了巨大的市場

價值，諸如需求方平台、資料管理平台等新的角色不斷出現，市場分工越來越精細，所涉及領域逐漸向行動裝置滲透，基於位置的廣告、社交網路廣告等新的技術層出不窮，向市場不斷釋放著新的投資和創業機會。

## 常用資料探勘工具

　　到目前為止，資料探勘技術已經取得了長足發展，許多資料探勘商業或開放原始碼軟體工具也逐漸問世，大大降低了資料探勘的技術門檻。熟悉和掌握一些常用工具對日常的探勘工作無疑能起到事半功倍的作用。此處簡單介紹幾種常見的探勘工具，供讀者選擇使用。由於只是簡單介紹，具體軟體的使用，讀者可以查閱具體的操作手冊。

　　1. Excel：嚴格來說，Excel 並不是一款資料探勘軟體，但也集成了豐富的資料分析、資料探勘、預測分析等方面的功能。同時，由於其廣泛的應用範圍、便捷的操作性和強大的資料處理能力，使其成為首選的資料探勘工具。當資料規模不是很大時，可以使用 Excel 完成一些基本的關聯分析、迴歸預測等任務。其缺點是能夠處理的資料規模相對較小，且靈活性不足。

　　2. SPSS：最早的統計分析軟體之一，提供了資料管理、統計分析、預測分析和決策支援等功能，其統計建模功能集成了方差分析模型、Logistic 迴歸模型等相對複雜的資料模型。其突出特點是操作介面友好，輸出結果美觀，能夠以 Windows 視窗方式展示各種管理和分析資料，比較適合非專業人士使用。

　　3. Weka：一款新西蘭懷卡托大學研發的開放原始碼機器學習和資料探勘軟體，在學術界得到廣泛應用。幾乎支援 Linux、Windows、Macintosh 等所有的作業系統，為普通用戶提供了圖形化操作介面，高級用戶還可以直接通過 Java 編程對其進行擴展。Weka 中集成了非常全面的資料探勘演算法，涵蓋了資料預處理、分類、迴歸、群集、關聯分析等多種模型。其缺點是對統計分析的支援相對較弱。

　　4. R：用於統計分析和圖形化演算法的編程語言和分析工具。與 Weka 類似，其源代碼也開放自由下載使用，並支援多種作業系統。R 支援包括統計檢驗、預測建模及資料視覺化等一系列分析技術。

　　5. Mahout：Apache 軟體基金會開發的開放原始碼專案，是目前少數

能夠運行在 Hadoop 平台上的資料探勘工具。已經實現了包括協同過濾、關聯分析、分類、主題模型等在內的多種技術，但由於開發時間相對較短，目前每個領域所實現的演算法相對較少。由於基於 Hadoop 平台實現，能夠支援較大規模的資料處理能力。

其他常見的資料探勘工具還包括 RepidMiner、Orange、LibSVM 等。

## 第三節　如何成為資料專家

Hadoop 技術的廣泛應用及資料探勘、資料分析技術的發展為企業低成本處理大數據提供了可能。但大數據技術的戰略意義不在於掌握或擁有龐大的資料資訊，而在於對這些資料的深度分析探勘和專業處理能力，而這種能力的育成離不開資料人才的培養。市場環境越來越複雜，直覺式的市場決策已不能適應企業競爭的需求，越來越多的業務依賴於對內外部資料的深度解讀。資料專家在未來企業競爭和戰略發展中將發揮越來越大的作用。因此，企業對資料專家的需求缺口越來越大。如圖 10-7 所示為 LinkedIn 網站上對資料分析人才的需求趨勢圖。從圖中可以發現，2000 年之後企業對資料分析人才的需求量呈指數增長。

那麼大數據時代，企業需要具備什麼樣的資料分析和探勘能力？總的來說，企業對資料人才的需求涵蓋了產品和市場分析、安全和風險分析及商業智慧三個領域[6]。其中產品和市場分析主要用於瞭解行業發展狀況、目標人群特點及新產品的市場接受程度等；安全和風險分析主要通過蒐集特定資料並進行分析，以發現並遏制網路入侵；商業智慧主要對企業所擁有的雜亂無章的資料進行分析整理，從中探勘有效知識，幫助企業進行業務經營決策。

從上述企業需求來看，大數據時代的資料專家與傳統意義的分析師相比並無特殊之處。只是由於對資料的解讀和把握能力與企業的業務聯繫更加緊密，對資料分析的及時性、準確性和深度等提出了越來越高的要求。同時，由於資料規模龐大和價值密度低等特點，對資料專家的個人素質和

---

[6] Cashcow. 企業需要什麼樣的資料科學家。http://www.ctocio.com/management/career/5394.html。

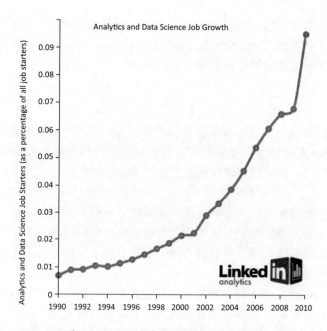

圖 10-7　LinkedIn 資料分析人才崗位的增長趨勢

能力也提出了更多挑戰。好的資料專家能夠熟練使用複雜有效的統計技術和友好的工具軟體對海量資料進行深度處理。而爲了具備這種技能，企業和資料專家本身都需要持續的培訓和學習。

　　可以從技術技能和個人素養兩個角度來定義一個優秀的資料專家需要具備的能力。

## 技術技能

　　1. 扎實的統計學基礎：統計學是當前很多資料分析和資料探勘演算法的理論基礎。對統計理論，如機率分佈、假設檢定、貝葉斯理論等的理解有助於對資料進行更好的解讀。

　　2. 深刻理解預測模型：能夠使用常見的預測模型，如迴歸、群集、決策樹等在歷史資料基礎上對未來進行預測。對這些預測模型使用方法、應用場景的理解是資料專家的必備技能。

　　3. 熟練使用統計工具：爲提高工作效率，資料專家需要熟練使用一種

或多種分析工具。Excel 是當前最為流行的小規模資料處理工具，SAS 等工具也獲得了廣泛應用。而前面所介紹的以 Hadoop 為代表的資料管理工具將越來越廣泛地應用於資料業務中。

## 內在素養

1. 資料敏感性：資料專家需要有很強的資料敏感性，能夠處理大量的數位、Excel 表格甚至大型資料庫。資料敏感性往往來源於類似問題的解決方法和經驗，並以這些經驗為基礎做出適當的調整。

2. 創造力：資料專家所面對的絕非一成不變的統計公式。每個業務所遇到的問題都是不同的，而解決這些問題的資料往往複雜多樣，經常會遇到一些不可預見的問題。優秀的資料專家需要能夠獨立思考、富有創造力，能夠根據具體業務需求尋找合適的解決方法。有創造力的人往往能夠以很動聽的故事描述其問題。

3. 強烈的求知欲：資料專家需要有從大批資料中挖掘有用資訊的強烈的求知欲和好奇心，需要瞭解從何處入手，探勘何種資訊，提出正確的問題並堅持不懈查找答案。有時還需要對結果的深層原因進行窮追到底的深度挖掘。

4. 良好的溝通能力：資料專家經常會捲入各種商業行為中，需要與多個相關方共同工作。優秀的資料專家能夠使用平白的語言對結果進行解釋，並與相關人員打成一致。

一個初級的資料分析師可能只需要掌握基本的分析技巧便可勝任；成熟的資料分析師需要對資料分析方法有比較深入的理解；而資深的資料專家則應該具備豐富的經驗和寬廣的知識面，能夠獨立設計和完成相關解決方案。總之，隨著企業對資料的重視程度越來越高，資料專家在企業經營和決策中所起的作用也越來越大，對資料專家的能力和個人素質均提出了更多要求。那麼如何才能成長為合格的資料專家？根據上述對資料專家的能力要求模型，下面給出資料專家的成長路線圖。

1. 端正價值觀和職業操守：資料專家的職業特性使其有可能接觸到企業的核心資料，有些甚至是只有企業少數高層才能看到。從企業資訊安全和策略安全等角度均對資料專家特別是資深資料專家的職業操守提出了更高的要求。謙虛謹慎、務實自信的資料專家是企業不可多得的財富。

2. 瞭解生活常識，增廣見聞：由於經常要面對海量的資料，並從中挖掘有價值的資訊並排除異常資料，對資料專家的資料敏感性提出了很大挑戰。所謂資料敏感性，通常是當看到資料後所能產生的直覺判斷。而直覺的培養需要從積累大量的常識資料開始。

3. 建立合理的知識結構和深厚的知識底蘊：如前所述，資料的分析和挖掘工作是一門科學工作，需要具備深厚的統計學基礎，並熟悉常用的統計模型。同時需要注意行業知識的積累。只有積累了足夠多的知識底蘊，才能培養獨到見解，爲企業決策提供有價值的參考依據。

4. 經歷大量實際資料專案的歷練：實踐出眞知，任何理論的知識都要經過大量的實踐才能轉化爲個人技能。資深的資料專家通常要經手多個資料項目，洞察各種資料內在的邏輯關聯，具備綱舉目張、一葉知秋的判斷能力。

5. 熟練使用相關工具：資料分析和探勘工作離不開相關工具的使用。資深資料專家需要對常用的資料工具熟練操作，從而從各個維度挖掘資料價值。

6. 重視團隊價值：現代企業早已不是單打獨鬥的英雄主義時代，絕大部分業務的進展都滲透著團隊合作的精神。身處資料業務核心的資料專家尤其要注重團隊合作意識的培養，充分調動團隊成員的資源和才智，重視對業務合作夥伴的支援。

# 全景掃描

　　美國、歐盟、日本紛紛推出自己的大數據發展計劃，並建立了 Data.gov 類的網站，促進資料的公開、分享。太平洋兩岸活躍的新興公司，則成為資本市場追捧的物件。政府、學術界、資本市場、產業界合力展開一幅萬馬奔騰、逐鹿中原的巨幕。他們正在重新定義世界！

# 第11章

# 國家選擇

大數據既能開放透明，又可加強集中控管。

自 1993 年高爾副總統提出「資訊高速公路」計劃以來，美國利用網際網路技術，推動政府自身透明性方面的努力一直沒有停息。2009 年 1 月 21 日，歐巴馬就職後立即向聯邦政府行政機構以及國家機構各部長發表《透明和開放的政府》備忘錄。歐巴馬總統的這個舉動意義深遠，2012 年發佈的《大數據研究與發展計劃》與其一脈相承。作為開放政府計劃的一部分和具體執行單位，www.Data.gov 是全球第一個政府資料開放平台。美國政府利用該網路平台，公開政府的資訊，鼓勵政府和公眾交流，以提高政府的效率；推動企業與政府合作，促進政府管理向開放、協同、合作邁進。只要不涉及個人隱私和國家安全的政府資料，均需由 Data.gov 全部公開發表。

Data.gov 把美國政府推向了一個前所未有的開放高度，提高了政府的效率，並聚集全社會的能量共同解決面臨的複雜問題。創立之初，Data.gov 只有 47 組資料，截至 2012 年 12 月，已經有 37.9 萬組包括地理資料在內的原始資料，橫跨 180 個政府部門或下屬機構。基於這些公開資料，政府已開發了 1,264 個應用程式。其中，有關於健康生活的、有關於高效使用能源的、有關於教育的 …… 在智慧型手機或電腦上，人們都可以隨意地使用。

Data.gov 引導了全球政府開放資料的潮流。目前，已有 30 多個國家建立了政府資料開放平台，英國、日本、澳大利亞、印度等國都已經加入這一潮流，並享受它的好處。值得注意的是，在 Data.gov 眾多海外訪問者中，數量最多的來自中國。

## 第一節　Data.gov **的誕生**

從古至今，行政文化都有保密、封閉的基因。無論是在東方還是在西方，無論是歷史上還是現在，政府首腦的第一反應往往都是安全爲上，資訊公開不如資訊保密。現在，透明和開放已經逐漸成爲社會認可的價值觀，但是具體到自己的領地，透明和開放就有可能變成一種威脅：以前的資訊特權沒有了，受到的監督和制約多了。因此要開放一個資料，就會有層層的審批和反覆協商，甚至故意的阻擾。這種文化幾乎無處不在。

美國也面臨同樣的問題，但在一系列法案的推動下，政府艱難但堅定地走上了透明和開放之路。

### Data.gov **的法律和社會背景**

《資訊自由法》是規定美國聯邦政府機構公開政府資訊的法律，於 1966 年 7 月 4 日由美國總統林登・詹森簽署，是美國當代行政法中有關公民瞭解權的一項重要法律制度。林登・詹森在簽署時表示，這一法律保障人民在國家安全許可的範圍內，能夠獲得一切 ( 公務 ) 資訊，只能以國家的利益而不是官員個人的願望判定何時需要限制情報公開。

1966 年以前，美國公民要想查閱政府部門的公務資料，經常被以「公眾利益的需要」爲由拒絕。當時人們可以依據美國 1789 年制定的《家政法》和 1946 年制定的《行政程序法》的規定，向文獻、檔案的保存單位提出查詢申請，但是在許多情況下，「公眾利益」並沒有具體的界定，政府官員經常濫用行政職權，動輒以「國家安全」、「政務機密」等理由，扣壓本應公之於眾或向申請人開放的資料和記錄，任意擴大保密許可權，官僚主義傾向迅速蔓延。

與此同時，美國的現代化進程在加快，經濟、科技事務日益複雜，美國公眾、民間社團以及經濟界要求資訊共用的呼聲日漸高漲。聯邦政府擁有豐富的資訊資源，人們希望政府能夠向公眾提供更多、更好的資訊服務。這種保密與公開的社會矛盾和反差，在 20 世紀 50 年代初期引發了關於「知情權」的調查、報道和宣傳活動，這些活動爲國會兩院通過《資訊自由法》奠定了堅實的輿論基礎。

《資訊自由法》規定了民眾獲得行政情報的權利和行政機關向民眾提

供行政情報的義務：聯邦政府的記錄和檔案原則上向所有的人開放，但是有九類政府情報可免於公開；公民可向任何一級政府機構提出查閱、索取複印件的申請；政府機構則必須公佈本部門的建制，本部門各級組織受理情報諮詢、查找的程序、方法和專案，並提供資訊分類索引；公民在查詢情報的要求被拒絕後，可以向司法部門提起訴訟，並應得到法院的優先處理。這項法律還規定了行政、司法部門處理有關申請和訴訟的時效。

《資訊自由法》是美國人民爭取政府資訊公開的重要成果之一。在此之後，一系列政府資訊公開及獲取的法律 ( 見表 11-1) 得以頒佈，形成了關於政府資訊透明和公開的法律體系。

表 11-1　美國聯邦政府頒佈的資訊公開及獲取的相關法律

| 名稱 | 頒佈時間 | 主要內容 |
|------|---------|---------|
| 資訊自由法 | 1966 | 行政資訊公開為原則，不公開為例外；一切人都享有獲得行政資訊的權利 |
| 諮詢委員會法 | 1972 | 公眾有權查閱會議的記錄、報告、草案研究或其他文件，在繳納一定費用後，可以複製文件 |
| 隱私法 | 1974 | 解決政府資訊公開與保護私人秘密兩種制度的矛盾問題 |
| 陽光法案 | 1976 | 規定合議制機關的會議必須公開，民眾可以旁聽會議，獲得會議的資訊 |
| 美國聯邦資訊資源管理政策 | 1985 | 明確規定了聯邦機構蒐集、處理和傳播資訊，以及管理聯邦資訊系統與技術的總體政策指導方針 |
| 電子資訊自由法 | 1996 | 作為資訊公開的物件包括電子記錄，規定了有效的公開措施等 |

正是在這套體系的保障下，美國公眾才可以相對自由地獲取政府資訊。美國多年的經驗也表明，美國政府資訊公開、共用與開發，已經產生了很多社會和經濟效益，促進了社會和私人領域創新，提升了社會福利。

### 歐巴馬的開放政府計劃

歐巴馬上台時，提出將致力於創建一個前所未有的開放政府，推動政府成為公眾能夠信任的政府，並且是能夠積極參與、與之協作的開放系統。Data.gov 就是在歐巴馬開放政府計劃的背景下誕生的。

開放政府是歐巴馬提高政府運作效率的一種手段，是構建高效、廉

潔、務實政府的基礎，這至少具有以下三個方面的含義：

1. 構建透明的政府：即公眾對政府事務有知情權，政府要及時告知公眾政府在做什麼。

2. 構建公眾參與的政府：鼓勵公眾參與政府決策，監督或者協助政府提高決策和辦事效率。

3. 構建協作的政府：創造各級政府、各部門、非盈利性組織、企業以及私人之間的互動條件，強調相互之間的合作。

開放政府是歐巴馬利用網路力量推動政府形態轉變的重要措舉，是以服務公眾為導向，以網路技術為手段，轉變過去條塊分割、封閉的政府形象，塑造整體的、服務型的政府，致力於打造透明開放、高效參與、合作共贏的政府平台。

Data.gov 是美國開放政府計劃的旗艦級專案之一，其目的就是方便公眾尋找、下載和使用政府部門高價值的數據。它不僅向公眾提供了便利的資訊獲取途徑，更重要的是提供了一個公眾能夠分享資訊的框架。

## Data.gov 誕生並獲得廣泛的注意

儘管歐巴馬已經表態要開放聯邦政府的資料，讓資料走出政府，得到更多的創新運用，但是聯邦政府的各個部門還是非常憂慮，他們表達了各式各樣的反對意見，害怕公眾誤讀、威脅國家安全、衝突資料導致不信任……這些爭論一時甚囂塵上。

對一件複雜的事情，既然已經認定正確的方向，沒有付諸行動而在一些問題上爭論不清是毫無意義的。Data.gov 專案負責人昆德拉的心裡很清楚，如果任由討論繼續下去，想要達成共識，獲得實質性的結果根本無望，將導致專案流產。他相信只要堅持高價值的資料標準，從一些沒有爭議的資料開始，儘快推出一個分享平台，Data.gov 的成功就指日可待了。

提供高質量的資料是 Data.gov 成功的基礎。衡量高價值的標準包括以下任意一條：

1. 能夠用於增強政府機構問責和反應的資訊。

2. 能夠提高公眾關於政府機構及其運作的知識。

3. 該政府機構的核心長遠任務。

4. 能夠創造經濟機會的資訊。

2009 年 5 月 21 日，距離歐巴馬簽署《透明和開放的政府》整整 120 天，Data. gov 上線發佈了。Data.gov 初次上線只開放了 47 組資料，8 月 26 日，一次性新增了 178 項原始資料。

昆德拉不斷完善 Data.gov 平台的功能，先後加入了資料的分級評定、進階搜尋、用戶交流以及社交網站互動等新的功能。例如，用戶可以在網站上直接向聯邦政府建議開放新的資料，而相關部門必須給出回應，若不同意開放，也要列出理由。

三年來，Data.gov 已獲得廣泛的社會關注，這些關注者來自世界各地。他們安裝應用程式，瀏覽、下載和分析各類資料。Data.gov 正在幫助美國政府走在透明、開放和協作的路上。

如今，Data.gov 網站每月的訪問客戶數已經達到 15 萬左右，並且在持續上升，如圖 11-1 所示。

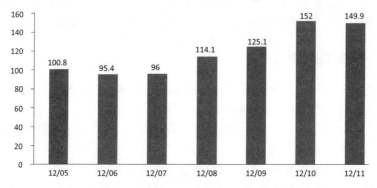

圖 11-1　2012 年 5 月至 2012 年 11 月 Data.gov 訪問客戶數（萬）[1]

每月的資料下載量已經超過了 5 萬次，且在不斷上升中，如圖 11- 2 所示。

公眾下載的資料分類反映了當前社會關注的熱點，見表 11-2。

在 Data.gov 眾多海外關注者（見圖 11-3) 中，最多的來自中國，反映了中國人民對資訊的需求。

---

[1]　資料在 2012 年 5 月突然下降是因爲統計方法改變了。本章引用的資料、表格如無特別說明，均來自 www.data.gov 網站。

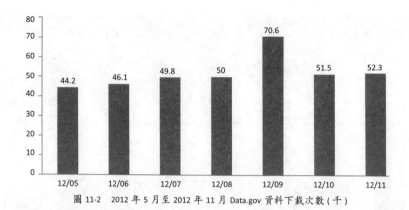

圖 11-2　2012 年 5 月至 2012 年 11 月 Data.gov 資料下載次數 ( 千 )

表 11-2　2012 年 11 月份資料下載分類排序

| 資料類別 | 排序 |
|---|---|
| 地理環境 | 1 |
| 資訊和通信 | 2 |
| 勞動力、就業和工資 | 3 |
| 能源和公用事業 | 4 |
| 農業 | 5 |
| 國防和退伍軍人事務 | 6 |
| 健康和營養 | 7 |
| 教育 | 8 |
| 執法、法院和監獄 | 9 |
| 金融和保險 | 10 |
| 聯邦政府財政 | 11 |
| 出生、死亡、婚姻、離婚 | 12 |
| 商業企業 | 13 |
| 對外貿易和援助 | 14 |
| 國民收入、支出、貧困和財富 | 15 |
| 建設與住房 | 16 |
| 選舉 | 17 |
| 自然資源 | 18 |

| 資料類別 | 排序 |
|---|---|
| 藝術、娛樂和旅遊 | 19 |
| 國際統計資料 | 20 |
| 製造 | 21 |
| 經濟 | 22 |

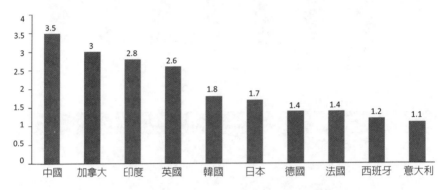

圖 11-3　2012 年 11 月 Data.gov 前 10 訪問客戶來源國家 ( 千 )

## 第二節　Data.gov 的資料及應用

　　Data.gov 網站發佈了三類資料：「原始」資料庫，用於快速查看、下載與作業系統無關的各種格式的數據；聯邦資料庫管理工具，提供各種資料摘錄、抽取、分析工具，提供常用電子資料檔案格式轉換工具，以及標準的應用程式介面 (API)；地理資料，美國政府資訊中 80% 的內容與地點有關，因而 Data.gov 提供綜合地理資料，用戶可以將這些資料疊加到地理基礎資訊上，生成地理空間資訊服務。

### 「原始」資料庫：不只是公開，還要讓公眾使用

　　是開放最原始的資料，還是經過加工和解釋的資料？是粗線條的，還是粒度最小、最細的資料格式？

　　如果只是要求公開，政府就可以加工和解釋資料，說明和解釋的程度也在於政府部門自己拿捏。但是這樣資料的可用性就會大打折扣，往往被

刻意地描述，只提供有利於政府部門的資訊，甚至歪曲隱瞞某些關鍵的資訊。在資訊爆炸、資料泛濫的年代，美國人對於各種經過官方處理之後的統計資料都持有一定的懷疑態度。

　　因此，公開原始資料是政府資料公開的關鍵，是公眾能夠再利用的基礎。開放原始的資料集，社會公眾就可以根據自己的需求去抽取、聚合、分析資料，挖掘有利的價值，使資料價值能夠得到最大程度的發揮。

　　同樣，用最小的粒度把資料呈現給公眾，讓不同的用戶各取所需。無論是警察還是居民，無論是企業還是慈善機構，都可以自己去決定怎樣組合它們。可能的組合是無窮無盡的，這樣資料才能發揮全部的潛在價值。

　　公眾對政府資料的再處理，也是政府統計創造社會福利的過程。政府採集資料，如果只是經過加工後發佈幾個指數就束之高閣，完全是浪費資料價值。要想真正利用這一資源來實現對政府的責任監督，鼓勵發明創新，那麼從政府到企業到個人都必須有所作為。政府應該把資料公開變成一種常態，企業和個人也應該去推動政府公開原始和最小粒度的資料，並應用這些資料去創造價值。

　　Data.gov 盡可能以原始資料的形式向公眾免費開放，將分散的政府資料整合起來，減少了管理成本，有效地防範了詐欺與濫用，還創造了新的商機和就業機會。

　　公眾可以按照政府機構查找原始資料，其範圍涵蓋了廣播理事會(Broadcasting Board of Governors)、商務部 (Department of Commerce)、農業部 (Department of Agriculture)、國防部 (Department of Defense) 等 180 個政府部門或下屬機構的資訊。

　　公眾也可以按照資料分類查找原始資料，其範圍涵蓋了美國的人口、環保、教育、能源、地域、健康、法令等近 50 個種類的政府資訊。

　　每一類資料都提供了詳細的原始資訊。比如失業統計資料，可以統計到國家、州、郡，可以選擇具體的都市區、居住區、人口 25,000 以上的城鎮等，資料內容包括勞動力、在職人數、失業人數、失業率等 ( 見表 11-3)。

　　在資料格式方面，Data.gov 提供了多種資料檔案下載格式，包括 XML、RSS、CSV/Text、KML/KMZ( 地理空間資料格式 )、ESRIShapefile( 地理空間資料格式 ) 等，保證了資料可用性。

表 11-3　佛羅里達州 2011 年 11 月至 2012 年 10 月的失業資料

| 年份 | 月份 | 勞動力 | 在職人數 | 失業人數 | 失業率 |
|------|------|--------|----------|----------|--------|
| 2011 | 11月 | 9270820 | 8357474 | 913346 | 9.9 |
| 2011 | 12月 | 9278251 | 8377933 | 900318 | 9.7 |
| 2012 | 1月 | 9202927 | 8325213 | 877714 | 9.5 |
| 2012 | 2月 | 9228929 | 8386739 | 842190 | 9.1 |
| 2012 | 3月 | 9236237 | 8441031 | 795206 | 8.6 |
| 2012 | 4月 | 9174350 | 8414434 | 759916 | 8.3 |
| 2012 | 5月 | 9296361 | 8505322 | 791039 | 8.5 |
| 2012 | 6月 | 9341306 | 8498250 | 843056 | 9 |
| 2012 | 7月 | 9357791 | 8481237 | 876554 | 9.4 |
| 2012 | 8月 | 9314152 | 8476972 | 837180 | 9 |
| 2012 | 9月 | 9387109 | 8577256 | 809853 | 8.6 |
| 2012 | 10月 | 9392740 | 8624024 | 768716 | 8.2 |

　　當然即使政府有決心，也不能保證即時完整地公開資料。用戶可以在網站上直接向聯邦政府建議開放新的資料，2009 年 5 月至 12 月，Data.gov 共收到社會各界約 900 項開放資料的申請，其中 16% 的資料立即開放，26% 將在短期內開放，36% 納入開放計劃，還有 22% 因爲國家安全、個人隱私以及技術方面的原因無法開放。

## 資料管理工具：讓資料整合產生「1+1>2」的效果

　　Data.gov 提供各種資料摘錄、抽取、分析的工具，提供常用電子資料檔案格式轉換工具。用戶使用瀏覽器就可以快速地搜尋、篩選各種資料，創建各種圖表，並自動轉換成常用的電子資料檔案格式，也可以通過 Widgets、Gadgets、RSS feeds 等工具進一步自動獲取資料。

　　Data.gov 還提供標準的應用程式介面 (API)，供開發者創建特色的應用。開放 API 是 Data.gov 戰略最重要的部分，每個互動式資料都有一個公開的介面，這些介面通過 http://explore.data.gov/catalog/next-gen 都可以查找到。Data.gov 同時還爲開發者提供了教程和影片錄影作爲參考。

　　Data.gov 是一個政府資料的集散地，個人或企業可以通過互動式資料的 API 直接調用該網站的資料庫，將不同類別的資料整合起來，創建新的應用，使「1+1>2」。

　　暴雨、風雪和其他天氣相關資料，能夠幫助商品零售企業預測需求，從而調整商品的儲備；FDA( 美國食品和藥物管理局 ) 的召回通知、相關藥品的銷售資料，也爲訴訟律師、替代藥品的供應商提供了潛在的機會。這些僅僅是把不同的資料放到一起，還沒有做更多深度的整合工作，就能建立新的見解，幫助公眾創造效益。

　　美國歷年的大豆生產面積、產量、價格、出口量、加工，以及豆產品銷量、大豆作業機械銷量、大豆主產區的天氣、運輸價格等資料來自不同的部門，將這些資料揉合起來，以行業分析框架爲基礎，就能建立起可靠的大豆行業分析模型，爲豆農、豆油生產商、農產品期貨等個人或企業創造可觀的經濟價值。

　　Data.gov 上有超過 30 萬種可用的不同資料集，跨越了 50 多個種類，只要你能在它們之間建立聯繫，或者把它們與你的工作建立聯繫，就可以把它們聚合在一起爲你工作。

　　仔細分析你的目標市場和客戶，梳理出他們的特徵，以及各種外部影響因素，積極的或者消極的，如氣候條件、人口出生率、人口密度、老齡化情況、不同層次的零售商分佈等，再搜尋 Data.gov，找到相關的可用內容，你會發現網站提供了絕大多數的資料，即使沒有的，也能找到可以替代的近似資料，這些就是你整合的原材料，創建應用直接調用它們的 API，如果你能準確地推斷出相關的趨勢或者行爲，將會幫助你制定合理的商業策略。

　　對這些企業和個人來說，開放 API 簡化了使用政府資料的環節，免去了維護資料的成本，同時也降低了基於 Data.gov 的資料進行創新的門檻。

　　在商業領域，Facebook 等商業企業利用開放 API 完善了自身平台的功能，通過第三方的力量建立了自我完善的平台生態體系。同這些商業企業一樣，Data.gov 將政府資料作爲一種資源，開放 API 使整個社會都可隨時調用、創新應用，發掘政府資料的潛在價值，讓 Data.gov 的平台價值自發壯大。

　　實施開放 API 戰略後，Data.gov 發展思路也更加清晰了，只要做好關鍵的兩項工作：保證原始資料的質量和數量及提供標準的 API。其他能讓

社會公眾做的事情儘量讓社會公眾來做。

隨著智慧型手機的普及，行動網路的時代已經來臨。Data.gov 也在推動開發相關的手機應用程式，把政府的公共服務搬到手機上。新策略頒佈之後，歐巴馬立即下令，每個聯邦政府部門都必須在一年內推出至少兩款利用手機提供公共服務的應用程式。

### 地理資料：提供直觀的資訊載體

以地圖作為表達政府資訊的載體，是當前國際社會普遍採用的方式。這是因為地圖的表現更加直觀，一張地圖可蘊含上百萬字的信息量。對於政府部門發佈的資訊，公眾可能很難直接理解資料本身的含義，但通過具象化的地圖，則能立即將資料與地理空間方面的經驗結合起來，從而形成新的認知。

2012 年 12 月 14 日，美國康乃狄克小學校園槍擊慘案震驚世界，許多美國人也希望美國政府加強槍支管制。美國紐約州《新聞報》在網路版上，發佈了名為《隔壁的持槍者：你所不知道的街區武器》的文章，公開了韋斯特切斯特和羅克蘭的「槍支許可地圖」，讀者點擊後可獲知每一名持有槍支許可居民的姓名和地址。這涉及到泄露私人資訊的問題，但利用這個地圖，也可以很直觀地瞭解這些街區的槍支分佈情況，幫助公眾評估潛在的危險。

Data.gov 網站也已經以原始資料集為基礎提供地圖資訊服務了。如果只提供資料，不免有被修改利用的可能，而如果提供的是基於資料生成的地圖服務和有選擇性下載的資料，公眾獲取的就是真實有效的資訊。Data.gov 一直在持續改進地理資料的體驗，不斷優化交互介面和底層結構。

點擊「添加到地圖 (Add To Map)」，就可以通過地圖，一目了然查看到關注的某方面資訊。圖 11-4 所示為美國活躍的颶風和熱帶風暴分佈圖，非常直觀，利用這個資訊，遊客就可以很方便地規劃行程，運輸公司也可以規劃線路避免不必要的損失。

地理資料也被來創建各種有趣的應用。福布斯雜誌網站利用 Data.gov 中人口流動資料 ( 主要是納稅資訊 )，開發了美國人口遷移的視覺化工具。在該應用中，點擊地圖任意兩個地點即可查看到這兩個地點人口遷出

圖 11-4　活躍颶風和熱帶風暴分佈圖

和遷入的情況，企業利用這個資訊作爲決策參考，就可以做出準確地建立
分支機構、營銷資源投向等決定。

## 社群：創造分享資訊和交流的機會

　　歐巴馬的透明和開放政府計劃，將 Data.gov 作爲一個重要的激發創
新的工具，因此提供了完善的互動功能，以創造分享資訊、共同探討問題
的機會。

　　Data.gov 已經創建了商業、能源、教育、海洋、安全、供應鏈等 14
個專題社群。那些對這些專題感興趣的人，已經將 Data.gov 的社區作爲重
要的交流園地。來自學術界、產業界以及公衆中的專家在這裡討論、探索
問題，發佈新的創意應用程式；政府也在這裡公佈需要解決的問題，利用
Data.gov 的資料，聚集社會力量共同創新，提供解決方案。Data.gov 的社
群已在爲美國社會創造各式各樣的福利：激發社會創新、節約社會成本、
提供企業家發現和利用新技術的平台、支援開發者馬拉松 (code-a-thon)
比賽……

　　教育社群是教師、學生以及關心教育的應用開發者共同的家園。這裡
是各種教育資源聚集的中心，不僅有原始資料、視覺化的工具，還有各種
教學資料和應用，從搖籃時期的教育到職業教育都有豐富的材料。教師在
這裡可以找到課程素材、教學方案，還可以探討激勵學生的方法；學生在
這裡可以交流科學實驗、課程論文，讓自己的課程作業更酷；應用程式開

發者在這裡可以挑戰各類問題，開發教育類應用程式，提高教學或者學習的效率。

美國國家科學教師協會和美國能源部在教育社群邀請開發者開發「美國家庭能源教育」應用程式，並提供獎金支援。這個應用程式主要有三個目標：幫助美國 3～8 年級學生學習能源知識以及如何提高能源的利用率；幫助學生瞭解降低他們家庭能源消費的途徑；激勵學生和他們的家庭改變生活方式，減少能源浪費。

### 開放原始碼政府平台：帶動全球政府開放資料

Data.gov 的「開放原始碼政府平台 (Open Government Platform, OGPL)」由美國和印度政府合作開發。他們把代碼託管到 GitHub[2] 上，其他國家以及開發者可以直接使用代碼，或者對代碼進行修改以符合使用要求。

OGPL 主要包括以下四個核心模組：

1. OGPL 網站：政府機構用於發佈資料、文件、服務、工具以及應用的模組。

2. 資料管理系統：用於向 OGPL 網站上載資料的模組。

3. 內容管理系統：用於管理和更新 OGPL 網站不同功能的模組。

4. 訪客管理系統：用於與客戶交互、反饋客戶建議的模組。

Data.gov 引導了全球政府開放資料潮流。目前已有近 40 個國家、地區或者國際組織建立了開放資料平台，如圖 11-5 所示。

## 第三節　開放資料是政府「數位文明」的起點

Data.gov 帶來政府資料資源共建共用的新理念，實現了政府資訊由封閉和各自為政走向開放和整合的轉變，同時也帶來了政府資訊公開由靜態服務向動態服務轉變，由單向服務向雙向互動交流服務轉變。

Data.gov 的透明、開放和協作機制，是高效、廉潔、創新政府的重要推動力，也是政府在日新月異、日益複雜的社會發展趨勢中更有作為的前提。

---

2　網址：https://github.com/opengovplatform/opengovplatform。

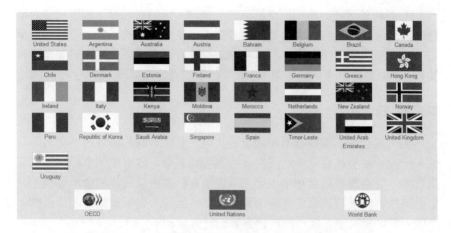

圖 11-5　建立了開放資料平台的國家、地區或者國際組織

## 高效的政府

創建高效的政府是歐巴馬「開放政府計劃」的一個目標，Data.gov 在其中起到以下重要的作用：

1. 減少了大量政府資訊系統重複建設。美國總務管理局 (General Service Administration, GSA) 負責審批政府部門的軟體開發項目，對那些有特殊需求的業務，如果開放政府平台的現有產品無法滿足，GSA 才允許進行訂製開發。這樣確保了一次開發，多次受用，一家開放，多家受益，減少了不同政府部門的重複投資。開放政府平台作為「一站式政府雲端運算服務」，節約了大量 IT 預算。

2. 降低了公眾獲取政府資訊的成本。企業和個人有獲取「一站式」的政府資訊服務的需求，原有的按職能劃分的「多站式」服務讓公眾付出高昂的成本，非常不經濟，也會導致政府和公眾之間互相不理解。把各個政府職能部門的資訊整合到一起，形成完整的政府資訊服務產品，將有助於形成政府資訊透明的氛圍。Data.gov 提供 50 多類資料，以及處理這些資料所需的軟體工具，所有人都可以自由下載使用，網站的數據資料不僅有利於公眾瞭解政府政策，也對居民的日常生活起到實在的幫助。一份由 16 萬份行政區地圖組成的精確到道路、建築物、水系、行政區界線等詳細資料的龐大美國地圖，是網站上被下載最多的資料之一。

3. 有利於提高政府部門之間協作的效率。無論在哪裡，政府只要有不同的部門，就會存在機構重疊、職責交叉、多頭馬車的矛盾以及許可權衝突。政府部門間資訊聚合、共用將有助於政府領導者或公眾及時發現協作問題，幫助簡化公務手續和環節，減少頻繁的溝通和協同，提高行政效率。

## 廉潔的政府

與金錢有關的腐敗容易引起重視，但與資訊有關的腐敗因為更具隱蔽性，一般不容易被發覺，造成的危害也可能更大。政府部門掌握大量的資訊資源，很容易被刻意利用，哪怕單獨透露給需求該資訊的企業或個人，也很難找到直接證據確定其違法違紀行為。但是，如果做到透明或公開，不僅可以抑制腐敗，還可以創造更多的社會福利。

比如，城市規劃資訊中就有巨大的利益。如果政府沒有及時公佈新的區域或主幹道路規劃方案，被某個人員事先透露給有關聯利益的房地產商，即使不投資，搶先買來地囤著，也能賺個盆豐缽滿，受到損害的是政府和民眾的利益。政府的財政預算、行業規劃、政府採購、國資拍賣等資訊，如果沒有透明、公開的管道，都有可能導致腐敗。

當今世界正在向資訊社會過渡，在資訊社會中，資訊成為比物質和能源更為重要的資源。政府掌握著大量的資訊，一些特殊部門或居於特殊職位的官員，掌握了國家的各種重要資訊，具有資訊特權，如果透明、公開，絕大多數的資訊腐敗就沒有存在的可能，反而可以激發公眾開發和利用資訊資源創造價值。

## 創新的政府

大數據給個人生活和企業環境帶來翻天覆地的變化，大數據也將顯著改變政府的作用和工作方式。

Data.gov 的包容性打開了政府內各部門、政府與民眾之間的邊界，資訊孤島現象不再存在，資料共用成為現實。政府各機構開放創新：提供資料，提供問題和激勵，邀請社會公眾共同解決問題，通過眾包的形式激發了大眾的智慧，推動了社會創新。

政府各部門也成為創新的主體。開展業務資料分析，發現資料背後隱藏的模式和微妙關係，揭示過去的規律，預測未來的趨勢，創新工作方式，

以制定更好的公共決策，用新思路、新方法、新措舉破解經濟社會發展過程中遇到的各種問題。

## 第四節　歐盟開放資料平台——Open Data Portal

歐盟委員會全新的開放資料平台(以下簡稱 ODP)Beta 版已經向公眾開放 (http://open- data.europa.eu/open-data)，和美國政府的資料開放平台類似，致力於推動開放、透明的政府，促進創新。

2010 年 4 月，歐盟委員會發起歐洲數位化議程，致力於利用數位技術刺激歐洲經濟增長，幫助公眾和企業最大化利用數位技術。ODP 是歐洲數位化議程的一部分，歐盟委員會副主席 Neelie Kroes 說：「這將打開一個金礦，通過這個系統，公眾獲得這些資料會更便捷，成本更低，獲得的資料內容更廣泛」。

截至 2013 年 1 月 12 日，ODP 已經開放了 5,815 個資料集，其中的 5,638 個資料集來自歐盟統計局 Eurostat，包括地理、大氣、國際貿易、農業等各類資訊。

ODP 提供的不僅是資料，還建立了資料的統一語法規則，保證資料發佈機構、公眾、應用程式開發者都能夠利用這些資料，任何人都可以在這裡下載資料，利用這些資料開發新的應用程式。

### 「原始」資料集

和美國政府的資料開放平台一樣，ODP 開放最原始的、粒度最小的、未經過加工的資料，保證資料的真實性，讓公眾各取所需，各盡其用。

目前，ODP 資料提供 dft、sdmx 和 tsv 三種標準格式供下載使用。

表 11-4 是 2003 年至 2011 年關於歐盟成員國內陸貨運水路的資料，其根據 2006 年 9 月 6 日歐洲議會通過的 1365/2006 號歐盟共同體條例蒐集。這些資料是瞭解歐盟成員國貨運情況的基礎。

表 11-4　歐盟國家內陸貨運水路 ( 單位：km)

| 國家 | 2003年 | 2004年 | 2005年 | 2006年 | 2007年 | 2008年 | 2009年 | 2010年 | 2011年 |
|------|--------|--------|--------|--------|--------|--------|--------|--------|--------|
| 保加利亞 | 4316 | 4259 | 4154 | 4146 | 4143 | 4144 | 4150 | 4098 | 4072 |
| 芬蘭 | 5851 | 5741 | 5732 | 5905 | 5899 | 5919 | 5919 | 5919 | 5944 |
| 意大利 | 15965 | 15916 | 16225 | 16295 | 16335 | 16529 | 16686 | 16704 | 16726 |
| 立陶宛 | 1774 | 1782 | 1771 | 1771 | 1766 | 1765 | 1767.6 | 1768 | 1768 |
| 拉脫維亞 | 2270 | 2270 | 2270 | 2269 | 2265 | 2263 | 1884 | 1897 | 1865 |
| 荷蘭 | 看作1 | 2811 | 2810 | 2797 | 2801 | 2888 | 2896 | 3013 | 3013 |
| 波蘭 | 19900 | 20250 | 20253 | 20176 | 20107 | 20196 | 20360 | 20228 | 20228 |
| 羅馬尼亞 | 11077 | 11053 | 10948 | 10789 | 10777 | 10785 | 10784 | 10785 | 10777 |
| 斯洛伐克 | 3657 | 3660 | 3658 | 3658 | 3629 | 3623 | 3623 | 3622 | 3624 |
| ...... | ...... | ...... | ...... | ...... | ...... | ...... | ...... | ...... | ...... |

( 資料來源：http://open-data.europa.eu/open-data)

## 應用

對普通公眾來說，原始資料集是難以閱讀的。ODP 為幫助對資料感興趣的公眾瀏覽、理解和運用資料，提供了兩個資料視覺化應用軟體，CubeViz 和 SemMap。

CubeViz 提供用戶友好的介面。用戶可以訂製資料，選擇不同的圖表去展現資料，如圓形圖、直方圖、曲線圖、面積圖、散點圖 …… 通過這些圖表，更直觀地去理解資料。

SemMap 是一款地圖類應用軟體。用戶可以篩選感興趣的與地理相關的資料，在地圖上展示，將資料與對地理空間的理解結合，獲得新的知識。這與美國政府的資料開放平台的地理資料類似。

任何人都可以基於 ODP 的資料和介面開發新的應用軟體，也可以申請在 ODP 上發佈自己的應用軟體。

## 連結資料

ODP 的連結資料使用了標準的語義網路技術，在這裡可以查詢「原

始」資料庫的中介資料。

SparQL 就是 ODP 提供的查詢終端，它基於 ODP 中資料組的中介資料匯總表去查詢。中介資料匯總表採用高級資料管理系統的普遍規則，以保證可用性。

ODP 目前還是 Beta 版，相比於美國政府的資料開放平台，其提供的資訊有限，功能也不夠完善，但是從歐盟委員會的長遠規劃、對此寄予的厚望看，ODP 任重道遠，它將是歐洲開放、透明、創新的重要催化劑。

# 第12章

# 巨頭碰撞

　　新興巨頭，正在重新定義產業生態和競爭格局，老牌公司淪為看客。

　　在圖 12-1 所示的大數據產業全景圖中，老牌巨頭無一缺席。微軟、IBM、甲骨文、英特爾、思科、SAP、EMC 等公司，雖然它們的技術實力依然雄厚，但是業界的目光還是聚焦在幾個新興的巨頭身上，它們是蘋果、Google、Amazon、Facebook。Google 的前任 CEO 埃里克‧施密特甚至為這四家公司提出「四大科技平台」的概念。毫無疑問，微軟、IBM 等傳統巨擘都被排除在外。為了行文方便，取這四家公司 ( 蘋果 (Apple)、Google、Amazon、Facebook) 第一個英文字母組成縮寫「FAGA」，選擇倒序能讓「FAGA」看起來更像一個單字。

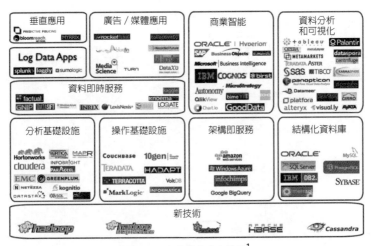

圖 12-1　大數據產業全景圖[1]

---

1　根據 Dave Feinleib 的原圖翻譯。圖片出處：blogs.forbes.com/davefeinleib。

　　「FAGA」組合具備一個共同的特徵，就是都有自己獨一無二的「資料資產」，傳統的巨頭缺乏行之有效地蒐集資料資產的途徑，而且資料營運似乎也不是它們的強項。另外，近十年引領資訊產業發展的重要思想和技術創新，相當一部分來自「FAGA」組合。譬如，雲端運算是 Google 和 Amazon 在 2006 年提出並付諸實踐的，為公眾所熟知卻是蘋果公司「iCloud」的功勞。更令傳統巨頭尷尬的是，「FAGA」組合都秉承「自己動手，自給自足」的理念，從底層晶片、伺服器、作業系統到資料庫都是自己開發，能不用就不用 IBM、甲骨文、微軟等公司的商業化產品。

　　英特爾首席資訊長 (CIO) 黛安・布賴恩特 (Diane Bryant) 兩年前[2]公佈了一組有趣的數據。2008 年，75% 的英特爾伺服器晶片收入來自於三大伺服器製造商，即 IBM、戴爾和惠普，然而到 2012 年，同樣是 75% 的收入，卻來自八家公司，不再是上述三家巨頭。設想，如果戴爾一年賣出 200 萬台伺服器，而某公司需求量為 100 萬台，相當於戴爾一半的業務量，這時，這家公司便會意識到自己生產伺服器的重要性。以 Google 為例，業內人士根據其龐大的資料中心耗電量來推測，Google 大約擁有 100 萬[3]台伺服器。Google 在英特爾列出的八大伺服器製造商中，排名第五，但是這家搜尋引擎巨頭生產的伺服器僅供自身業務需求使用，未對外出售。

　　新興巨頭「FAGA」與傳統巨擘之間的比拼，天平朝「FAGA」傾斜。因為它們既有龐大的資料資產，又具備處理技術，而傳統巨擘空有一身本領，卻缺少施展的舞臺，如圖 12-2 所示。再者，一些大型的商業用戶喊出「去 OIE[4]」的口號，不願意把自己珍貴的資料資產託付給昂貴的商業軟體，以免出現被 IT 供應商「綁架」的局面。這個現象是「軟體已死，資料永生」的內涵。

---

2　指 2012 年。

3　據 Google 綠色能源團隊專案經理大衛・雅各波維茨 (David Jacobowitz) 近日向美國斯坦福大學教授喬納森・庫米 (Jonathan Koomey) 提供的數據顯示，Google 資料中心所使用的電量不到 2010 年全球資料中心所使用的 1,988 億度的 1%，這意味著截至 2011 年年底 Google 擁有約 90 萬台伺服器。

4　OIE 是 Oracle( 甲骨文 )、IBM、EMC 三家公司名稱的首字母。去 OIE，指一些大型機構開始自建 IT 基礎設施，更多利用開放原始碼軟體，逐步擺脫對商業軟體、硬體的依賴。

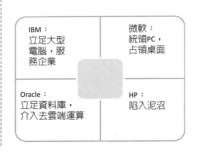

新興科技巨頭　　　　　　　　　　　傳統科技巨頭

| Google：<br>網頁資料和<br>用戶搜尋數<br>據 | 蘋果：<br>通信和行動<br>生活資料 |
|---|---|
| **數據**<br>**資產** | |
| Amazon：<br>龐大的商品<br>資料和用戶<br>購買資料 | Facebook：<br>10億人口的<br>關係資料 |

| IBM：<br>立足大型<br>電腦，服<br>務企業 | 微軟：<br>統領PC，<br>占領桌面 |
|---|---|
| Oracle：<br>立足資料庫，<br>介入去雲端運算 | HP：<br>陷入泥沼 |

圖 12-2　新興科技巨頭同時掌握資料資產和技術處理能力

## 第一節　傳統巨擘

本書第四章介紹行業變遷時，也談到 IBM、甲骨文等公司的新產品和戰略動向。本節只是概要說明這些公司過去賴以成名的獨門絕技和未來發力的方向。它們依然實力強大，發展後勁十足，只是在大數據時代，不再奪人心魄而已。

### 藍色巨人 IBM

IBM 公司的歷史就是一部電腦發展史，單憑這一點，足見這家公司的傳承和實力。因其藍色的公司標識，人們常把這數位電腦界的領導者稱為「藍色巨人」。IBM 公司成立於 1911 年，迄今已走過了 101 年的風風雨雨。根據 2012 年第三季度的資料，IBM 市值為 2,300 億美元。吳軍博士在《浪潮之巔》一書中指出 IBM 成為科技界常青樹的秘訣是「保守」。毫無疑問，保守使得 IBM 失去了無數發展機會，但也讓它能專注於最重要的事，並因此立於不敗之地。

IBM 一直致力於企業資訊化市場，從不涉足個人消費業務。它的客戶都是銀行、電信、政府等大型行業或部門的龍頭老大們。企業市場追求的首先是穩定可靠，從而使得 IBM 形成了保守之風。雖然遠離個人消費市場，但是有兩件事情令其聲名遠播，足以反映出 IBM 在資料處理和應用方

面的深厚功力。

1996 年 2 月 10 日，IBM 公司的「深藍」電腦首次挑戰國際象棋世界冠軍卡斯帕羅夫，以 2 比 4 落敗。比賽在 2 月 17 日結束，其後研究小組把「深藍」加以改良。1997 年 5 月 11 日，「深藍」再度挑戰卡斯帕羅夫，在前五局以 2.5 對 2.5 打平的情況下，卡斯帕羅夫在第六盤決勝局中僅走了 19 步就向「深藍」拱手稱臣。整場比賽進行了不到 1 小時，「深藍」最終以 3.5 比 2.5 贏得了這場具有特殊意義的對抗，成為首個在標準比賽時限內擊敗國際象棋世界冠軍的電腦系統。縱觀「深藍」的發展歷程，IBM 研發小組向「深藍」輸入了 100 年來所有國際特級大師開局和殘局的下法，並由美國特級大師班傑明將其對象棋的理解編成規則，進而由研發人員編寫程式教給「深藍」。在和卡斯帕羅夫對弈時，每場對局結束後，工作人員都會根據卡斯帕羅夫的情況相應地修改特定的參數，「深藍」雖不會思考，但這些工作實際上起到了強迫它學習的「作用」，這也是卡斯帕羅夫始終無法找到一個對付「深藍」的有效辦法的主要原因。「深藍」的此次勝利，標誌著人工智慧技術又上了一個新里程碑，人們從此將不得不認真地思考人與電腦的關係。從此，電腦在某些方面已足以與人腦較量。

在「深藍」戰勝卡斯帕羅夫之後 9 年，IBM 開始研製一款新型的超級電腦，這是一台以 IBM 創始人湯馬斯・沃森 (Thomas Watson) 命名的電腦——「沃森」，設計它的目的在於用純自然語言來解答各種問題。在硬體方面，IBM Power 7 系列處理器是當時 RISC 架構中最強的處理器——採用 45nm 工藝打造的 Power 7 處理器擁有 8 個核心 32 個線程，主頻最高可達 4.1GHz，二級緩存更是達到了 32MB。而在軟體方面，IBM 研發團隊為「沃森」開發的 100 多套演算法可以在 3 秒內解析問題，檢索數百萬條資訊然後再篩選還原成「答案」並輸出成人類語言。

相比「深藍」，「沃森」可以說在人工智慧上前進了一大步。首先，它的計算能力大約是「深藍」的 1,000 倍；其次，國際象棋的規則定義非常明確，而人的自然語言完全是開放式的，往往很模糊，需要上下文才能理解意思；最後，在進行實際應用時，無需工作人員對各種參數進行調整，也無需連接網際網路，因為它採用了大量的自然數據，而不是工程師輸入的已知數據，完全依靠其 4TB 磁片上的 2 億頁結構化和非結構化的資訊進行判斷，其領域知識庫包括百科全書、字典、地理類和娛樂類的專題資料庫、新聞報導、經典著作等。

2011 年 2 月，「沃森」參加美國最受歡迎的益智猜謎電視節目《危險邊緣》，並擊敗該節目歷史上最成功的兩位選手肯‧詹寧斯 (Ken Jennings) 和布拉德‧魯特 (Brad Rutter)，成為《危險邊緣》節目新的王者。在比賽過程中，「沃森」在得到問題後，會進行一系列的計算，包括語法語義分析、對各個知識庫進行搜尋、提取備選答案、對備選答案證據的搜尋、對證據強度的計算和綜合等等。它綜合運用了自然語言處理、知識表示與推理、機器學習等技術。它的主要技術原理是通過搜尋很多知識源，從多角度運用非常多的小演算法，並對各種可能的答案進行綜合判斷和學習。這就使得系統依賴少數知識源或少數演算法的脆弱性得到了極大地降低，從而大大提高了其性能。

在「沃森」參賽之前，它會從歷史資料中進行學習。比如，如果它回答錯了一個往期節目上的問題，它會從中學習到一些資訊。在參賽之時，它主要依賴以前學習的結果，但也進行一些簡單的線上學習。例如，它可以從已經被其他選手回答的同一類型問題中歸納出一些特點，指導自己回答這類問題。另外，答錯題目也會導致「沃森」調整其遊戲策略。因此可以說，「沃森」具備了初步自我學習和完善的能力。

據國外媒體報導，在「沃森」成功參加電視節目之後，IBM 日前已與美國俄亥俄州克利夫蘭的一家醫院簽署了一份協定，計劃將這台超級電腦投入於醫生的培訓工作當中，進一步為人類社會服務。

「人工智慧」是大數據應用的高級階段。總結人工智慧從「深藍」到「沃森」的發展歷程，「通過機器的學習、大規模資料庫、複雜的感測器和巧妙的演算法，來完成分散的任務」是人工智慧的最新定義。尤其是涉及機器學習、大規模平行計算、語義處理等領域，人工智慧需要將這些技術整合在一個體系架構下以理解人類的智慧和行為。藍色巨人不經意間又走在了大數據的前沿。

## 微軟的愁緒

PC 時代，微軟是當仁不讓的霸主。每當 PC 銷量不振，一干廠商就把目光投向微軟，期待它新一代的作業系統撬開消費者的荷包。比爾‧蓋茲也是最早提出平板電腦概念的人，早在 2002 年，微軟就推出了一款「Tablet PC」的概念產品。儘管如此，行動時代的到來，還是讓微軟措手不及，成

為起個大早趕個晚集的典型代表。微軟眼睜睜地看著蘋果和 Google 為了定義智慧型行動設備的產業生態和競爭格局打得不亦樂乎，自己居然淪落為「打醬油」的角色。

Win8 鋪天蓋地的宣傳之前，筆者就曾經寫過一篇部落格文章，看淡微軟的前景，標題是「Win8，PC 時代的背影」，分析思路就是微軟缺乏資料資產和營運能力。

不看好微軟平板 surface，也不看好諾基亞的 Win8 手機，並不是這些產品不好用，也不是缺少應用程式，而是在大數據時代，微軟沒有累積足夠的競爭優勢。微軟依然生活在 PC 時代。看到比爾‧蓋茲介紹平板電腦的照片，兩鬢斑白，不禁感歎，他已經老了。

曾幾何時，蓋茲每年的思考週被認為是保障微軟核心能力的最佳實踐；蓋茲投資蘋果 1 億美元，估計再沒有人想起。屬於微軟的時代已經遠去，Win8 可能是留給 PC 時代的一個背影而已。

大數據時代，作業系統不再是產業鏈的中心，而被邊緣化成管道——吸引用戶使用，成為探集用戶行為資料的管道。當資料變成了核心資產，微軟構建的龐大軟體帝國只能眼睜睜地成為旁觀者，看著使用自家軟體的用戶資料源源不斷地流到競爭對手的資料中心而無能為力。想一想 Google、蘋果、Facebook、Amazon 它們龐大的資料中心吧！這才是網路企業的競爭壁壘。什麼作業系統、平板、手機、閱讀器等等都是浮雲，表面上大家拼體驗、拼配置，實際拼的是用戶量和流量。

在大數據報告中，筆者指出衡量軟體價值的標準：軟體的價值和它帶來的資料流程量和活性成正比。如果分析微軟的話，就把這個公式擴張一下，平板電腦的價值和它帶來的資料流程量和活性成正比。

回顧和微軟競爭的一些重量級選手，凡是非網路企業，都被微軟霸權壓迫的苟延殘喘甚至消亡，直到 Google 異軍突起，微軟方亂了陣腳。

IBM 對微軟是亦師亦友。蓋茲敏銳地抓住為 IBM PC 開發作業系統的訂單，開始了霸業之路。微軟利用作業系統近乎壟斷的優勢，打壓、收購各類應用軟體公司。在 PC 時代，微軟開創了售賣軟體拷貝的商業模式，通過持續、不斷地升級作業系統，帶動整個 PC 產業鏈的升級換代。只要 Intel 硬體計算能力提升，微軟就發佈龐大臃腫的軟體，吸引、逼迫用戶升級。當 PC 銷售低迷的時候，各大 PC 製造商如惠普、聯想、戴爾，就眼巴巴地盼著微軟作業系統趕緊升級，帶來新一輪用戶換機高峰。

這個時代，微軟是整個 PC 產業的核心，它的一舉一動，無不牽動業界和用戶的目光。大家一方面反對微軟的霸權，一方面又不得不用它的軟體，使用微軟的軟體，反過來又加強其霸權地位。在這種產業形態中，想要撼動微軟幾乎是不可能的事情。

IBM 看到養虎為患，最早出來打壓微軟。針對微軟的 Windows 作業系統，IBM 開發了 OS2，寓意新一代的作業系統。估計現在好多人都沒有聽說過 OS2 的大名。這個系統具備現在蘋果系統的某些特點，啟動快、安全、不死機等等。單單考慮技術特性，這款系統無疑是強大的，但有它一個致命的缺陷，無法相容 Windows 平台上海量的應用程式，如微軟的辦公軟體。用戶為了使用熟悉的應用軟體，不得不選擇忍受安全性差的 Windows。OS2 儘管有 IBM 這樣的行業巨擘撐腰，也不得不很快敗下陣來。

微軟和 IBM 之爭，可以得出的結論是：沒有大量應用軟體支援的作業系統，是沒有前途的。

另一場驚心動魄的較量，在網景 (Netscape) 公司和微軟之間展開。在網際網路發展初期，網景開發出了首款易用的瀏覽器軟體，風靡世界。微軟奮起直追，利用壟斷的作業系統，免費贈送 IE 瀏覽器。兩家公司隨即展開大戰，網景有先發優勢，微軟有作業系統優勢。曾經有笑話說，微軟新版作業系統暫緩發佈的原因為網景的瀏覽器運行得太順暢了。還有一幅漫畫調侃兩家激烈的收購大戰，畫中一名大腹便便的人說：「第一步是開發產品，第二步是被微軟或者網景收購。現在的問題是怎麼繞過第一步。」在財大氣粗的微軟面前，網景公司逐漸感到力不從心，開始起訴微軟不正當競爭。微軟最終輸掉了曠日持久的官司，但網景已經奄奄一息，最終被其他公司收購了。

Google 創始人在回顧這段歷史時說，網景沒有利用瀏覽器優勢轉型成一家網路公司，其經營模式依然是傳統的賣軟體拷貝的商業模式。這段案例得出的結論是：沒有作業系統的優勢，在工具軟體領域挑戰微軟，是注定滅亡的。微軟的一大競爭法寶就是和作業系統捆綁的策略。一旦微軟祭出這件法寶，大多數公司都會俯首稱臣，因為用戶不會為了某一款應用軟體而放棄作業系統。

當網際網路時代來臨，微軟措手不及。

PC 時代，微軟的商業模式是開發軟體，用戶付費購買軟體拷貝的使用權。而在網路時代，Yahoo 開創了對用戶免費的網路經濟，Google 更

是把此模式發揚光大，開發了一系列軟體供用戶免費使用，卻向廣告主收費。Google 的用戶越多，它的搜尋引擎就越精準，廣告收入就越多。所以，Google 的產品全部是免費的、線上的。這種徹底的網路企業，真是要了微軟的老命。微軟的主要產品線，Google 都有對應的免費產品。作業系統領域，微軟賣 Windows，Google 送 Android；辦公軟體領域，微軟賣 Office，Google 送 Docs。微軟以前對付 IBM、網景等競爭對手的法寶，對 Google 完全失靈。微軟的捆綁策略畢竟還是收費的，無非是用作業系統補貼應用軟體，但 Google 是對用戶徹頭徹尾的免費。

當微軟疲於應付 Google 時，蘋果又異軍突起，融合科技和人文特質的 iPod、iPhone、iPad，讓微軟相形見絀。通過這些卓越用戶體驗的終端產品，蘋果累積了大量的註冊用戶，蒐集用戶的喜好，如音樂、圖書、遊戲等等，擁有完備的支付通道—— iTunes。蘋果事實上是一家擁有網路DNA 的公司。蘋果的護城河並不僅僅在於卓越的設計能力，其龐大的用戶行為資料更是其所向披靡的法寶。用戶可能會因為三星手機更炫而換掉手中的蘋果，但不會丟掉 iCloud 中保存的照片和音樂。這些資料積累的越多，用戶對蘋果的依賴就越強。蘋果所做的一切，都是為了吸引用戶生成更多的內容，並提供更好的用戶訪問內容的體驗。微軟顯然不具備這個能力，看看 MSN、Windows live 等線上應用的表現，就知道微軟只能是 PC時代的霸主了。

Win8 注定是 PC 時代的一個背影。

筆者相信 Win8 會很出色，擁有很好的觸控體驗，就像多年前 IBM的 OS2，但是缺少應用而注定消亡。Win8 缺少用戶內容，累積不了像Google、蘋果一樣的大數據，所以它注定是一個打醬油的角色。微軟的財力可以保證持續地投入和研發，但這一切也只能保證 Win8 的存在感。Win8 的夢想很大，但其設想部分由蘋果的 iOS 實現，部分會被 Android 瓜分。它不過是 PC 時代的一個背影。

## 甲骨文的雄心

公司如人，甲骨文的創始人——拉里·埃里森是矽谷傳奇中另外一位特立獨行的人物，他熱衷於滑翔飛機、帆船比賽等一些高風險的運動。有一則軼事可以反映埃里森的風格，當他聽說競爭對手發明了一種新技術

——分散式查詢，十天後甲骨文就刊登廣告宣佈了 SQL 之星——第一個分散式查詢資料庫，而事實上當時沒有任何這樣的產品。埃里森就是這樣，想像產品應該怎樣，然後才去實現，如果成功了，他是成功的預言家，失敗了，他就是騙子。但正是在拉里・埃里森的帶領下，甲骨文公司的市值達到了 1,500 億美元，成為世界上僅次於微軟的第二大軟體公司。很難想象沒有拉里・埃里森，甲骨文會怎麼樣。他在一次回答記者提問時說：「人生就是一場旅途。我們對他人和自己都非常好奇。這就是個探索極限的過程。我對科技相關的事物異常著迷。持續不斷地探尋極限，學習用與他人競爭的方式來解決顧客問題。整個事情是如此的令人沈醉。我甚至不知道退休後還能做什麼。當我揚帆遠航時，我會環顧四周看看有沒有人願意比賽。我真的非常喜歡競爭。」

　　說到資料庫，順便談談甲骨文賴以成名的 Oracle 資料產品。

　　1970 年 6 月，IBM 公司的研究員埃德加・考特 (Edgar Frank Codd) 在 Communications of ACM 上發表了那篇著名的《大型共用資料庫數據的關係模型》(《A Relational Model of Data for Large Shared Data Banks》) 論文。這是資料庫發展史上的一個轉捩點，從這篇論文開始，關係型數據庫軟體革命的序幕被拉開了。

　　拉里・埃里森決定緊緊跟隨 IBM 的步伐，開發通用的關係型數據庫軟體。甲骨文早期的資料庫非常糟糕，但是它的銷售力量強大，埃里森就是公司第一號的推銷員。美國政府在關係型數據庫推廣過程中扮演了重要的角色，因為無論這些公司的軟體有多差，政府總是會買單。很快甲骨文脫穎而出，成為資料庫的領導廠商。IT 從業人員如果有甲骨文公司的認證，身價就會立即上升，甚至投標時，都要把有多少甲骨文認證的工程師作為得標的條件之一。

　　甲骨文是「大數據」的早期佈道者之一，「大數據」是其未來的重點發展方向。關於甲骨文公司大數據產品方面的介紹以及產業垂直整合的介紹參見第六章，這裡不再贅述。如果要在甲骨文、IBM、微軟三者之間做選擇的話，筆者更看好甲骨文。無他，只是因為拉里・埃里森——甲骨文的「永動機」。

## 第二節　新興巨頭

「FAGA」組合最近幾年吸引了絕大多數人的目光，描寫它們的書籍不勝枚舉。本不需要筆者來畫蛇添足，但是分析師的職業要求，必須對產業的發展做出預測，並且蘋果、Google、Amazon、Facebook 這四家公司之間的合縱連橫，亦是非常精彩。所以，這裡從資料資產角度來談談它們的發展方向：解釋一下蘋果為什麼在自家地圖應用程式尚未成熟的情況下，就悍然驅除 Google 的地圖？為什麼 Amazon 一定要推 Kindle 閱讀器？預測一下 Facebook 是否會選擇做手機？為什麼 Google 會拒絕為 Win8 開發應用程式？

在分析這些新興巨頭的遊戲之前，來回顧第三章提到的「資料資產評估模型」，它們所做的一切都是圍繞如何提升資料資產的規模、維度和活性開展的，繼而在資料裡面淘金。Google 和 Amazon 已經建立了資料淘金的完美商業模式，Facebook 面臨的挑戰是如何更好地變現 10 億用戶的「關係資料」，蘋果主要收入來自行動終端的銷售，靠封閉的產業鏈打造了專屬的後花園。這些新興巨頭最近推出的一系列軟體服務，都是在利用資料淘金，意在成為凌駕於電信業者之上的虛擬行動電信業者。電信業者則處在相對尷尬的角色，巨頭都在向資料營運方向滲透，而它們卻處於無險可守的窘境。

蘋果市值一度超越了 6,000 億美元，是世界上最值錢的公司，但是未來 Google 和 Amazon 都有問鼎全球「市值王」的潛力。不同的是 Amazon 靠銷售商品賺錢，而 Google 通過廣告賺錢。它們兩個的命脈都是通向它們網站的「流量」。越多的人訪問 Google，它的廣告越值錢；越多的人訪問 Amazon，它就會增加銷售商品的機會。

### Google 終將超越蘋果

蘋果和 Google 的競爭是在定義未來的智慧型終端的產業生態。它們之間的競爭不僅僅是在智慧手機上你的出貨量大，我的出貨量小這麼簡單。首先看看 Google、蘋果商業模式的差異。如圖 12-3 所示，Google 早早地建立了「大數據淘金術」，日進斗金，每天入帳 1 億美元。在第六章中已經詳細介紹了 Google 搜尋廣告和內容廣告的技術。

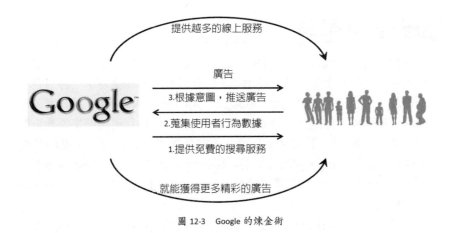

圖 12-3　Google 的煉金術

　　蘋果公司的核心商業模式是銷售各種智慧型終端，如以 iPhone 為代表的智慧型手機、以 iPad 為代表的平板電腦。蘋果同樣會提供各種各樣的服務，但是蘋果提供服務的目的和 Google 略有差異，現階段蘋果提供的服務是為了讓用戶能在各個場合使用智慧型設備。譬如提供影片應用程式，可以讓大家隨時隨地看電影，而不必端坐在電腦旁。蘋果提供的各種應用越多，人們就會越喜歡越經常使用行動設備，從而促進蘋果的銷售。蘋果公司的核心商業模式如圖 12-4 所示。

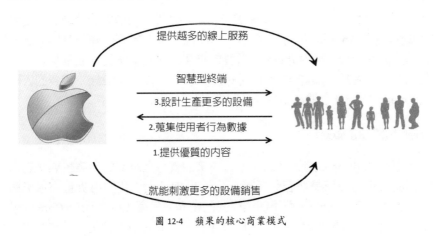

圖 12-4　蘋果的核心商業模式

所以，iPhone 問世之初，Google 和蘋果是相互合作、相互促進的。蘋果設備上缺少吸引用戶使用的應用，Google 恰好可以彌補蘋果的缺憾。於是兩家開始了蜜月般的合作，甚至一度探討公司合併的事宜。蘋果設備賣得越多，Google 產品的訪問量就越大，Google 就會獲得更多的廣告收入；同樣，用戶越是喜歡 Google 的應用程式，反過來也會帶動蘋果設備的銷售。兩家強弱互補，各取所需。

但是未來呢？未來屬於誰？如果用戶是因為喜歡 Google 的服務而購買設備的話，蘋果設備的獨特性就會喪失。更關鍵的是，Google 和蘋果的商業模式存在先天的深層次衝突。在 Google 的商業模式中，設備不過是蒐集用戶行為資料的工具而已。對 Google 而言，什麼樣的設備不重要，重要的是使用這類設備的人群要足夠廣闊。只有更加廣闊的人群，才會帶來更多的資料、更多的流量、更多的廣告客戶。從 Google 的商業模式出發，Google 的服務要佔據各種各樣的設備，從桌上型電腦到手機、平板電腦，甚至是智慧電視、智慧眼鏡、智慧汽車等等，而且這些設備要盡量廉價。

對蘋果而言，恰恰相反。如果按照 Google 的思路，蘋果的設備勢必越賣越便宜，而且賣這些便宜的設備都是為 Google 做了嫁衣：辛辛苦苦招來的用戶，最後都變成 Google 的資料資產，勢必被 Google 所掌控，這是蘋果堅決不能允許的。而 Google 面臨的困境是，蘋果掌控著終端，隨時可以驅逐 Google 的應用程式。是委曲求全，還是另覓出路，這是 Google 不得不考慮的問題。

最終世界都看到了 Google 的選擇，推出開放原始碼、免費的 Android 作業系統，授權智慧型終端製造商生產 Google 可以掌控的設備。所謂 Google 掌控，是指那些使用 Android 系統的智慧型終端，都必須搭載 Google 的服務，如郵件、地圖、音樂、搜尋、股票、旅遊等。2012 年鬧得沸沸揚揚的「阿里雲端」手機事件，就是阿里試圖推出去除 Google 服務的 Android 系統，被 Google 果斷打壓。

從此在智慧設備領域形成兩大陣營，Google 對決蘋果。這兩大巨人有一個目標是相同的，就是促使銷售更多的智慧設備，而非僅僅是智慧型手機。因此戰火蔓延到整個智慧型終端市場，順便擠佔了另外一個巨頭的生存空間，那就是微軟——昔日 PC 的霸主。

微軟的創始人比爾·蓋茲早早預測到了智慧型終端的影響，甚至十年

前就開始研發樣機，可惜的是，並沒有在這場決定產業格局的戰役中獲得先發優勢。他過度地依賴 PC，試圖以個人電腦為中心擴展微軟帝國，但不料想被蘋果的平板電腦打了一個措手不及。當微軟試圖重振雄風時，產業格局的競爭已經超越智慧手機層面，變成完整的智慧設備生態環境的競爭，如圖 12-5 所示。

　　未來的大趨勢是多屏融合，決勝點是不同螢幕上一致的體驗，如圖 12-6 所示。舉例而言，當筆者開車去一個陌生的體育館看比賽時，首先可能會在智慧型手機上搜尋到體育館的位置，發動汽車的同時，車用電腦就會獲取到智慧手機上的導航資訊，開始自動導航。如果看了一半回家，打開電視，就能在筆者離開的時間點繼續觀看轉播的比賽。這就是 Google、蘋果現在競爭的重點。

　　微軟在智慧型手機競爭時代已經落後了，在多屏融合的時代正急起直追。Win8 就是承載了微軟夢想的產品，但是因為 Win8 沒有經過智慧手機競爭的洗禮，沒有累積足夠的用戶資料，缺少數量眾多的應用程式，所以在多屏融合的競爭中也處在不利的位置。

圖 12-5　智慧型終端的產業生態，競爭要素再次發生了變化[5]

---

5　資料出處：VisionMobile。

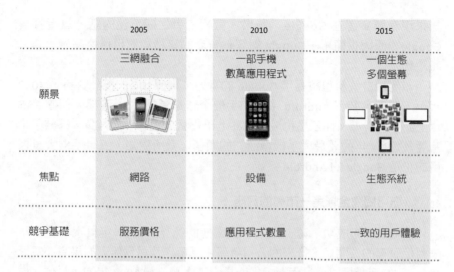

| | 2005 | 2010 | 2015 |
|---|---|---|---|
| 願景 | 三網融合 | 一部手機<br>數萬應用程式 | 一個生態<br>多個螢幕 |
| 焦點 | 網路 | 設備 | 生態系統 |
| 競爭基礎 | 服務價格 | 應用程式數量 | 一致的用戶體驗 |

圖 12-6　多種設備之間，一致的用戶體驗成為競爭的重點[6]

　　Google 顯然不願意把自己的服務載入到 Win8 上。Win8 為 Google 帶來的流量微乎其微，但是 Google 應用程式卻可以幫助 Win8 的銷售。如果 Google 沒有自己的 Android 系統，為了制衡蘋果，一定會幫助 Win8 的成長。但是現今而言，Google 為 Win8 開發應用程式，顯然不利於自己 Android 系統的銷售。因此，可憐的 Win8 只好靠微軟的財力苦苦支撐。好在微軟這個大財主有錢，所以一定可以維持 Win8 的發展，但是短期內不要指望有任何起色。

　　從商業模式來看，Google 依賴廣告的模式更加健康，因為無論是用戶還是廣告客戶都會在 Google 的商業模式中持續受益。Google 將不遺餘力地推進智慧型終端的普及，並且是在盡可能低的價格上提供盡可能好的服務。歷史上，凡是提供質優價廉服務的公司，幾乎沒有失敗的先例。Google 通過累積資料資產，挖掘資料價值，幾乎完美地實行了這條商業定律，因此必將得到用戶的支援。

　　儘管筆者非常喜歡蘋果的產品，但是像「重新發明手機」這樣的創新，不是年年都能發生的故事。筆者期盼蘋果持續創新，引領潮流。但

---

6　資料出處：VisionMobile。

如果現在讓筆者在 Google、蘋果、微軟三者之間下注的話，筆者押寶 Google。原因很簡單，Google 對資料資產的累積和運用遠遠超過了蘋果和微軟。

市場統計資料也證實了 Google 的實力，根據 IDC 的統計資料，2012 年第三季度，裝有 Android 系統的手機全球銷量是 1.36 億部，佔據 75% 以上的市場份額。而三星也成為世界上出貨量最大的手機廠商，終結了諾基亞長達 14 年的「最大手機廠商」的頭銜。眾所周知，三星手機大量採用的正是 Google 的 Android 系統。

### Amazon 亦可問鼎全球第一市值的寶座

Amazon 的成功，源自傑夫‧貝索斯的遠見。1997 年貝索斯發表了一封給股東的公開信，後來的公司年報中反覆提及這封信，如果有人質疑 Amazon 的商業模式，貝索斯就提醒投資人去讀一讀 1997 年的這封信。信中重點強調「It's all about a long term」，反覆提醒投資者，這是長期的生意。這封信的發表已經距今 15 年了，15 年間，Amazon 已經從 1997 年 1.5 億美元的銷售額，暴漲到 2011 年的 480 億美元，躋身千億美元市值俱樂部。

IT 業界提到 Amazon，大多談它的 AWS[7]，即 Amazon 網路服務，為中小企業提供雲端運算的基礎服務。據美國調查公司 451Group 的報告，AWS 已經佔據了美國 59% 的雲端運算基礎設施及服務 (IaaS) 市場份額，領先優勢相當明顯。儘管如此，Amazon 依然是一家不折不扣的線上零售商，如圖 12-7 所示。

---

[7] Amazon 網路服務 (Amazon Web Services) 為 Amazon 的開發客户提供基於其自有後端技術平台，通過網際網路提供的基礎架構服務。利用該技術平台，開發人員可以實現幾乎所有類型的業務。Amazon 網路服務所提供服務的案例包括 Amazon 彈性雲端運算 (Amazon EC2)、Amazon 簡單存儲服務 (Amazon S3)、Amazon 簡單資料庫 (Amazon SimpleDB)、Amazon 簡單佇列服務 (Amazon Simple Queue Service)、Amazon 靈活支付服務 (Amazon FPS)、Amazon 土耳其機器人 (Amazon Mechanical Turk) 以及 Amazon Cloud-Front。

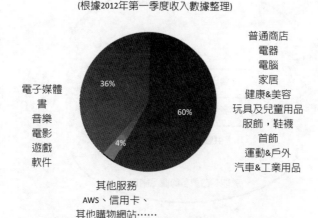

圖 12-7　Amazon 的主要收入依然來自於銷售普通商品

　　如圖 12-8 所示，Amazon 作為世界上最大的線上商店，它的商業模式簡潔明瞭，就是吸引更多的流量[8]，賣出更多的商品。所以哪裡能帶來流量，Amazon 的廣告或者服務就會出現在哪裡。

　　Amazon 也是一家不折不扣的大數據公司，其對資料資產的運用能力甚至與 Google 也不遑多讓。Amazon 的 S3 雲端儲存平台能夠為地球上的每個人存 82 本書。和 Google 不同的是，Amazon 有龐大的「非數據資產」——商品庫房，2011 年其擁有 50 個 2,500 萬平方米的庫房，相當於 700 個麥迪遜廣場。

　　根據 Amazon 的統計，訪問 Amazon 網站的用戶中只有 16% 的人有明確的購買意圖。也就是說，「逛街」的居多。如何讓「逛」Amazon「街」的用戶「下單」是其核心的競爭力。Amazon 的大數據資產和大數據挖掘技術就是在這個環節派上用場的。它的「推薦系統」非常出色，大約有 20%～30% 的訂單都是推薦系統促成的。在本書第六章中把 Amazon 的推薦系統歸類為「行為廣告」的典型代表。

---

8　流量類似商店的客流，人流越多的地方，商機越旺。在網際網路上，流量常常反映為網頁的點擊量、停留時間等指標。

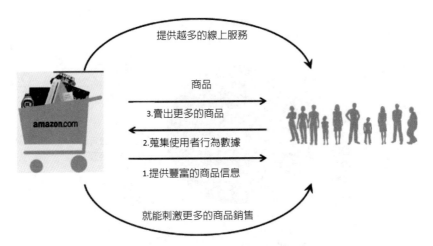

圖 12-8　Amazon 的所作所為都是為了賣更多的商品

　　蘋果 iPad 問世後鮮有敵手，只有 Amazon 的 Kindle 系列平板電腦獨樹一幟和 iPad 抗衡。其中緣由正是 Amazon 龐大的資料資產在發揮作用。根據 IDC 的統計，2011 年第三季度 iPad 佔據平板電腦將近 62% 的市場份額，其他雜七雜八加起來大約不到 39%。但是 Amazon 發佈 Kindle Fire 之後，短短的一個季度就佔領了 17% 的市場份額，成為和 iPad 分庭抗禮的潛在對手，如圖 12-9 所示。

　　iPad 和 Kindle Fire 總共佔據了近 72% 的市場空間，進一步擠壓了其他平板電腦的生存空間。事實上，Amazon2011 年以 79 美元，大約每台虧損 5 美元的價格銷售 Kindle，一方面 Amazon 有此雄厚的財力，另一方面 Kindle 成為人們訪問 Amazon 網站，進一步購買書籍、電影、音樂等電子內容的有效載體。Amazon 銷售 Kindle，醉翁之意不在酒，更多的是要給自己的網站帶來更多的流量，刺激用戶購買相關的內容產品。如圖 12-10 所示，其他 iPad 的跟風者，既沒有 Amazon 海量的內容資料庫，又缺少 iPad 流暢的操作體驗，只好淪落到低價競爭的境地。

圖 12-9　Amazon 的 Kindle 是目前唯一可以抗衡蘋果 iPad 的平板電腦[9]

| | 核心業務 | 附加業務 | 用戶主要使用原因 |
|---|---|---|---|
| iPad | 設備 | 零售 | 數位生活設備 |
| Kindle Fire | 零售 | 設備 | 消費數位化內容 |
| 其　他 | 設備 | — | 模仿iPad |

圖 12-10　Kindle Fire 與 iPad 定位不同

　　根據大數據時代三大發展趨勢來判斷，Amazon 未來很可能會作以下三件事情，每件事情都可以引起產業的震動。

　　第一，為了進一步把控「流量」，Amazon 很可能推出自有品牌的智慧型手機。媒體上關於這件事情炒作得沸沸揚揚、真真假假。但是仔細推敲「行業垂直整合」的趨勢，Amazon 智慧手機是不得不為的事情。否則，很可能會被 Google 在上游「劫持」流量。

　　第二，購買 Amazon 商品，可能會贈送上網的流量費用。現在如果買 Kindle，是贈送包月流量的。未來這個模式有可能擴展到其他服務，如買到多少商品，就免全月的上網費等。也就是說，Amazon 有可能介入基礎電信營運領域，就像 Google 正在做的事情一樣。

9　　資料來源：IDC。

　　第三，擴展旗下的小額貸款業務，就像中國的阿里巴巴正在做的事情一樣，創新的金融服務將是 Amazon 大力拓展的業務。

　　綜上所述，Amazon 是一家極具張力的公司，它的業務疆域遠遠沒有終結，憑藉其獨一無二的龐大數據資源和研發實力，Amazon 將是蘋果和 Google 的強勁對手，這三家公司之間的爭奪，不僅僅會影響資訊產業的走勢，勢必波及電信營運、金融、零售、出版、教育、製造等各行各業。

## Facebook 要走 Google 的後路

　　Facebook 在 2012 年上市之初締造了又一個資本神話，一度超越千億美元市值大關，隨後大幅跌落，現在反彈穩定在 700 億美元左右。這家公司的月度活躍用戶已經突破 10 億大關，幾乎接近整個中國的人口，這是其龐大的獨一無二的資料資產，如圖 12-11 所示。

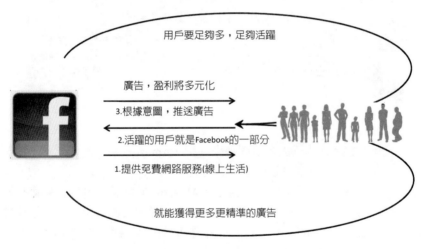

圖 12-11　Facebook 的用戶就是 Facebook 的一部分

　　當 Google 一騎絕塵領先搜尋廣告市場之際，許多公司都在奮起直追。Yahoo 中斷了與 Google 的合作，推出自己的搜尋引擎。微軟推出「Bing」搜尋引擎，中文名稱譯為「必應」，有點有求必應的意思。從多年的市場表現來看，儘管 Google 的直接競爭對手們財大勢雄，但卻沒有一家具備撼動 Google 根基的能力。

　　當大家的資本、技術、管理水平相差無幾的時候，Google 憑藉先發優勢積累的資料資產，成為後來者難以逾越的門檻。Google 無時無刻不在編製網際網路的索引。有資料顯示，Google 發現一個新建立的網頁，只需要 4 小時。換句話說，利用 Google 的搜尋引擎，世界離我們指尖只有 4 小時的「距離」。而且這個龐大的網際網路索引，根據每個人的搜尋請求還在不斷的優化。越多的人使用 Google，Google 的技術就會越趨近完美。它建立起來一個完美的「飛輪」，眾多的搜尋用戶在推動這個飛輪不斷地加速運轉，後來者只能望其項背。這也是微軟雖有龐大的研發隊伍，富可敵國的資金也奈何不了 Google 的本質原因。

　　但是 Facebook 橫空出世，攪亂了 Google 的步伐。Facebook 自身擁有 10 億用戶，幾乎每天都在更新自己的所見所聞，喜怒哀樂。Facebook 可以說是這 10 億用戶自己一點一滴、每分每秒，聚沙成塔、集腋成裘建立起來的獨立王國。這個「王國」的資料，Google 沒有辦法得到。無論 Google 的搜尋引擎演算法多麼高明，Facebook 之於 Google 就像「黑洞」般的存在。人們如果查詢「好朋友們都喜歡去哪些餐館？」諸如此類的問題，Google 是無能為力的，而 Facebook 卻易如反掌。

　　Facebook 在 2013 年 1 月 16 日，隆重地發佈了「Graph Search」服務。Facebook 官方解釋發佈這個搜尋引擎的初衷：「人們用搜尋引擎去尋找答案。但是我們可以回答一系列沒有人能夠回答的問題，所有的這些都來源於 Facebook 本身的社交資料，而除了 Facebook 這些資料是無從得知的。因為這是人們分享和關心的資料。除了將人們聯繫起來，沒有別的方法可以瞭解到人們所關心和分享的事物，滿足人類對於發現的需求。所以，我們決定做搜尋，因為只有我們可以這樣做搜尋。」

　　IT 業的魅力正源於此。回顧歷史，我們發現每當一個重大的技術革新，就會誕生新的巨人。大型電腦時代，IBM 號稱藍色巨人，後期 100% 壟斷大型電腦的生產和服務。個人電腦時代，微軟橫空出世，左手作業系統，右手辦公軟體，雙劍合璧，天下無敵，不知多少公司在微軟的凌厲攻擊下，灰飛煙滅。網際網路時代，微軟眼睜睜看著 Google 迅速成長，雖然極盡扼殺之能事，卻苦於無法匹敵 Google 的資料資產和商業模式，終於接受了 Google 坐大的現實。同樣，Google 應對 Facebook 的挑戰，亦無良策。Facebook 上用戶自身即構成了 Facebook 龐大數據資產的一部分，Google 只能望洋興歎，退而求其次，自己退出「Google+」社交網路服務。

但在用戶的規模和活躍度上，Google 與 Facebook 存在數量級的差距。資料資產不同，注定 Google 與 Facebook 擁有不一樣的未來。

# 第13章

# 創新兇猛

他們正在重新定義未來！

「近一百多年來，總有一些公司很幸運地、有意識或無意識地站在技術革命的浪尖之上。AT&T、IBM、Apple、Intel、Microsoft、Cisio、Yahoo、Google、Facebook 都先後被幸運地推到了浪尖 …… 在這十幾年到幾十年間，它們代表著科技的浪潮，直到下一波浪潮的來臨。…… 對於一個人來講，一生趕上這樣一次浪潮就足夠了。對於一個弄潮的年輕人來講，最幸運的莫過於趕上一波大潮 …… 」[1]

現有新興已融資的資料服務類公司，服務的覆蓋領域已非常廣泛，從 NoSQL 資料庫、操作基礎設施、資料分析、商業智慧、廣告／媒體應用到各個細分垂直領域的應用等等，筆者梳理出了以下典型的資料服務領域的創業企業，它們正在以大數據驅動傳統產業，讓傳統產業變得更有智慧、更有洞見。

表 13-1　大數據主要新興公司一覽表

| 大數據新興公司 | 服務領域 |
| --- | --- |
| 社交數據平台DataSift | 數據即服務 |
| 開放平台數據提供商Junar | 數據即服務 |
| 數據分析平台Precog | 數據分析 |
| 大數據新興公司 | 服務領域 |
| 分布式文檔存儲數據庫提供商10gen | 操作基礎設施 |
| 企業雲端存儲服務Nirvanix | 操作基礎設施 |
| 非結構化資料庫解決方案Clustrix | 操作基礎設施 |

---

1　摘自《浪潮之巔》的前言。

| 大數據新興公司 | 服務領域 |
|---|---|
| 大數據高效管理RainStor | 操作基礎設施 |
| 用戶行為監測分析Mixpanel | 廣告／媒體應用 |
| 商務數據分析決策SumAll | 商業智能 |
| 敏捷數據管理Delphix | 商業智能 |
| 數據分析決策集成服務GoodData | 商業智能 |
| 數據智能解決方案Ngdata | 商業智能 |
| 智能搜尋引擎Attivio | 商業智能 |
| 即時大數據分析ParStream | 分析基礎設施 |
| 雲端筆記存儲服務Evernote | 垂直應用 |
| 內部銷售和線索反饋管理InsideSales | 垂直應用 |
| 職業搜尋引擎TalentBin | 垂直應用 |
| 醫療保健行業大數據解決方案Predilytics | 垂直應用 |
| 大數據分析應用Datameer | 數據分析和可視化 |
| 跨平台大數據處理Trifacta | 數據分析和可視化 |
| 資料庫服務商DataStax | 數據庫 |

## 第一節　資料即時服務

### 社交資料平台 DataSift

　　社交資料平台 DataSift 幫助「開發商以及第三方」訪問 Twitter，Facebook 及其他社交資料資源，DataSift 能夠對海量社交資料進行分析，向品牌公司、傳統企業、金融市場、新聞機構等提供即時的或者歷史的社交資料。

　　DataSift 創建於英國，但之後很快就搬到了舊金山。DataSift 於 2010 年 1 月獲得 150 萬美元種子基金；2011 年 7 月收到 A 輪融資 600 萬美元，GRP Partners 以及 IA Ventures 投資；2012 年 5 月獲得後續 A 輪融資 720 萬美元，由之前的 GRP Partners 以及 IA Ventures 投資；2012 年 11 月，

獲得 B 輪融資 1,500 萬美元，B 輪融資由 Scale Venture Partners 領投，Northgate Capital 和 Daher Capital 跟投。

DataSift 網站：http://datasift.com。

### 開放平台資料提供商 Junar

Junar 致力於成為開放資料後的專業處理引擎，從而為世界頂級公司和上百萬的資料用戶提供技術支援。如今我們正在快速邁入一個以資訊和服務為主導的轉型社會中，Junar 致力於推進這種轉型並且推進資料經濟的發展。

Junar 通過發佈領先的基於雲端的開放資料平台加強了新興資料經濟。平台使得商業、政府和其他機構釋放他們的資料以驅動新的機會、合作和透明性。通過 Junar，用戶能輕鬆地選擇蒐集什麼資料、決定如何呈現資料，以及什麼時候應該發佈資料。客戶能決定哪些資料集對公眾可用以及哪些資料集只能內部使用。它被視為分享資訊的下一代資料管理平台。

2012 年 9 月，Junar 獲種子 A 輪融資 120 萬美元，投資方包括 Aurus、Austral Capital，以及一群來自美國和拉丁美洲的天使投資。

## 第二節　操作基礎設施

### 分散式文檔存儲資料庫提供商 10gen

10gen 是 MongoDB( 分散式文檔儲存資料庫 ) 技術的開放原始碼開發商，主要通過為客戶提供支援、培訓以及相關諮詢服務獲得收益。

10gen 成立於 2007 年，由線上廣告公司 DoubleClick 前創始人兼首席技術長德懷特梅裡曼 (Dwight Merriman) 和 ShopWiki 創始人兼首席技術官艾略特‧霍洛維茲 (Eliot Horowitz) 共同創辦。因此可以說 10gen 是一家由兩位 CTO 工程師創辦的企業。2011 年 9 月 10gen 獲得由紅杉資本 (Sequoia Capital) 牽頭，Flybridge Capital 及 Union Square Ventures 兩家風投共同完成的新一輪融資，融資額度高達 2,000 萬美元，融資總額達到 3,100 萬美元。2012 年 5 月 10gen 獲得由 New Enterprise Associates 領投的新一輪

4,200 萬美元投資，其他投資方還包括 Sequoia Capital，Flybridge Capital Partners 以及 Union Square Ventures。截止這輪投資，10gen 已經獲得總計 7,300 萬美元的投資，其估值達到了 5～5.5 億美元。

10gen 網站：http://www.10gen.com/。

## 企業雲端存儲服務 Nirvanix

Nirvanix 是一家企業級雲端儲存服務商，公司發展速度很快，2012 年第一季度的營收幾乎相當於 2011 年全年的收入。CEO 斯科特·傑納洛克斯指出 Nirvanix2011 年管理的資料流程量相當於前三年資料流程量的總和，現在公司完成了世界上最大的私有雲端架構。

Nirvanix 公司於 2007 年 9 月份創建，公司從幾個技術投資商那裡總共獲得了 1,800 萬美元的投資，投資商名單中包括了大名鼎鼎的 Intel Capital。Nirvanix 儲存網路已經出現在遍佈全球的很多資料中心之中。2007 年 9 月底，Nirvanix 又獲得了 1,200 萬美元的融資，據悉這筆資金將用於 Storage Delivery Service(SDS) 業務的開展，此輪融資是由風險投資機構 Mission Ventures 和 Valhalla Partners 主投，Windward Ventures 等跟投。2009 年 B 輪融資 2,800 萬美元，公司全力進軍企業雲端儲存。2012 年 5 月，公司第三輪融資 2,500 萬美元，資本總額增至 7,000 萬美元。此輪融資由風投公司 Khosla Ventures 牽頭，Valhalla Partners、Intel Capital、Mission Ventures 以及 Windward Ventures 等投資公司共同參與。

Nirvanix 網站：www.nirvanix.com。

## 非結構化資料庫解決方案 Clustrix

把海量的、無意義的「非結構化資料」進行探勘提取，整合成結構化資料，並使之有意義或創造價值，這是很多大數據公司的根本願望。而完成這些任務有一個前提：你必須能從海量資料中找到你需要的那部分，這就是創業公司 Clustrix 正在做的。

Clustrix 在 2010 年曾推出了一個可高度擴充容量的伸縮式資料庫解決方案 Sierra，提供了和 SQL 資料庫相似的功能，同時還能對資料儲存進行無限制擴展。Clustrix Sierra 被業內稱為雲端運算時代的 MySQL，它可以幫助現在要處理海量資料的公司更快地找到資料並解決日益增長的資料擴

充容量等問題。

Clustrix 創建於 2005 年，在 2006 年曾是 Y Combinator 資助的一個創業專案。2010 年 12 月獲紅杉資本、USVP、ATA 的 B 輪融資 1,200 萬美元，2012 年 7 月初又獲紅杉資本、USVP、ATA 的融資 675 萬美元，為接下來的 C 輪融資做準備。Clustrix 公司總部在舊金山，共有 60 人，在西雅圖還有研發部門。

Clustrix 網站：http://www.clustrix.com/default.aspx。

## 大數據高效管理 RainStor

RainStor 由英國國防部的研發小組成立。RainStor 的全球研發中心在美國舊金山，但是核心工程團隊仍然在英國，商務開發、市場及直銷服務團隊在歐洲和美國都有分佈，以支援合作夥伴和終端用戶的客戶。

RainStor 是為了大企業以最低總成本來管理大數據而設計的資料庫。RainStor 有兩種版本的資料庫產品「大數據維護」(Big Data Retention) 和「基於 Hadoop 的大數據分析」(Big Data Analytics on Hadoop) 來有效管理多個結構化資料集，全面地訪問、持續查詢和分析，以幫助遵循標準以及最快速地在 Hadoop 上查詢和分析。RainStor 創新的資料庫相比於傳統的關聯式資料庫方式，是以最有效、性價比最高的方式來儲存和管理多個結構化大數據。RainStor 的專利技術使用複雜資料壓縮和重覆資料刪除技術來減少存儲量超過 95%。在 RainStor 上保留的資料能直接用 SQL 進行查詢和分析，基於 Hadoop 的 BI 工具或 Map Reduce 不需要再儲存或再膨脹的資料。RainStor 以稱為區的大塊空間儲存資料，能使用標準文件系統進行更為方便的管理。HDFS 和低成本儲存平台只需很少的資源來新建和保持，可長期減少總成本。RainStor 支援靈活的配置模型，包括雲端，能在包括 NAS、CAS 的廣泛的商品硬碟選項中進行配置，也可以使用開放原始碼的 Apache Hadoop 分散式文件系統。RainStor 不要求設計、新建索引、調校和持續的維護。

綜述，RainStor 能使得組織能以最小的精力、設計儲存、硬體和營運費來存儲和分析大規模、虛擬的、沒有限制規模的多結構化資料。商業用戶能訪問這些資料能獲得更好的商業洞見。

RainStor 成立於 2004 年，在 2009 年從 Doughty Hanson 和陶氏公司

籌集了 400 萬美元。那年底公司更名爲 RainStor，並在第二輪融資中從 Storm Ventures 和資料集成公司 Informatica 籌集了 750 萬美元。2012 年 10 月籌集了 1,200 萬美元，瑞士信貸和 Rogers Venture Partners 領投。參與融資的還有現有投資者 Doughty Hanson Technology Ventures，Storm Ventures 和陶氏化學公司，截至目前該公司已籌集至少 2,350 萬美元。

## 第三節　商業智能

### 商務資料分析決策 SumAll

很多企業都希望能夠借助這樣一個日益壯大的平台實現品牌推廣，但考慮到社交網站的資料仍無法找出可行的商業模式，因此這種預期難以全部實現。然而，隨著社交資料分析公司的創立和發展，利用社交網站的影響力不再是一個遙不可及的夢想。

紐約的 SumAll 公司，就想要把「小而美」的資料帶給每一個人。SumAll 的平台主要是爲線上的中小企業提供即時資料服務，可以通過桌面、iPhone 及 Android 訪問，它把大量的資料通過視覺化形式展現，使得它們直觀、易於閱讀。同時，在與 Shopify、PayPal 和 Magento ( 易趣和 Amazon 正在使用 ) 電子商務合作夥伴和支付系統合作的 SumAll，用戶只需要點擊幾下即可完成帳戶集成工作。SumAll 能夠快速分析即時資料，然後用一個社交媒體式的「新聞訂閱」給用戶提供簡潔分析和見解。此外，通過 SumAll，客戶還能夠深入挖掘稅收、發貨和出售量等資料，甚至是根據不同標準對客戶進行排序分析。

SumAll 在 2011 年 11 月成立，2012 年 6 月，由著名風險投資公司 Battery Ventures 牽頭，Wellington Partners、Matrix Partners 和 General Catalyst Partners 等跟投爲 SumAll 注入 150 萬元種子期融資。2012 年 12 月 SumAll 宣佈獲得 600 萬美元的 A 輪融資，此輪投資由 Battery Ventures 領投，Wellington Patners 參與投資。公司目前擁有 25 名員工，全部在紐約總部。

SumAll 網站：https://sumall.com/。

## 敏捷資料管理 Delphix

大數據和雲端運算，對於消費者來說是個無聊的東西，但是對於利用這兩種熱門的後端技術進行敏捷資料管理的 Delphix 來說卻是一座大金礦。

Delphix 的敏捷資料管理解決方案不需要部署冗餘的基礎設施，同時可以加快相關流程。這樣客戶就可以更快更省錢地交付應用軟體。所謂敏捷資料管理就是指在企業資料庫內對資料進行虛擬化，從而提高資料庫驅動型應用軟體的開發的敏捷性，這會令資料庫及應用管理的面目煥然一新。Delphix 會把企業的資料庫放到雲端上面，利用資料同步和虛擬化技術將合適的資料交到恰當的人手裡。Delphix 聲稱採用其應用軟體交付解決方案的應用軟體專案進度可提高 5 倍，成本可節約 90%，這家公司自 2010 年面世以來的銷售年增長率為 300%。

Delphix 成立於 2010 年，在 2012 年 6 月完成了其 C 輪融資 2,500 萬美元。此輪融資由 Jafco Ventures 領投，Greylock Partners 等亦有參與。目前 Delphix 的總融資額已達 4,550 萬美元。該公司主要依靠其「敏捷資料」獲得了超額認購。「敏捷資料」通過虛擬化企業資料庫的資料，其增加了資料驅動應用的敏捷性；提高了經濟資料庫和應用管理速度。

Delphix 網站：http://www.delphix.com/。

## 資料智慧解決方案 Ngdata

Ngdata 能讓企業用戶和他們的消費者通過先進的一對一營銷方式，作出更好的建議和產品。Ngdata 的產品 Lily 將把企業的內外部結構化／非結構化資料集成在一個平台上。Lily 使用人工智慧拍照工具記錄消費者們的習慣和喜好。大數據市場正在快速增長，它對企業的意義越來越重要，企業可以通過它提供的分析資料快速評估市場和採取行動。ING 投資總監 Tom Bousmans 稱，消費者每秒產生上億資料，這些資料能讓企業有機會更好地瞭解用戶需求，與用戶開展客製化的、動態的互動。

Ngdata 成立於 2009 年，目前有 20 名員工。競爭對手包括 Wibidata 和 Spire。不過與競爭對手不同的是，Ngdata 稱其提供的資料解決方案使得企業可以與消費者實現互動，而非單純專注於大批量的資料分析。NGDATA 於 2012 年 10 月融資 250 萬美元。Lily 本次融資資金來自於 ING、

SniperInvestment、Plug and Play Ventures 等投資機構和一些天使投資人，資金將有助於 Ngdata 拓展個性化產品線和為美國客戶設立紐約及舊金山服務辦公室。

Ngdata 網站：http://www.lilyproject.org/lily/index.html。

## 智慧搜尋引擎 Attivio

Attivio 創始人 Ali Riaz 認為當企業用戶發送一條查詢請求時，得到的應是有洞察性的資訊，而不是羅列連結或是僅給出一張圖表。要解答出「為什麼」而不僅是「是什麼」，比如要能分析出銷售下降是因為市場需求下降還是因為銷售人員表現不夠突出等。

Attivio 的核心產品是 AIE(Active Intelligence Engine)，一個智慧引擎。這個 AIE 將企業的結構化和非結構化的各類資料整合起來，形成統一的資訊接入平台，讓企業人員可以方便地檢索和分析資訊。這就彌補了原先企業商業智慧只分析結構化資料而忽略非結構化資料(如郵件及各類商業文檔)中大量有價值資訊的缺憾。

Attivio 成立于 2007 年，創始人及 CEO 為 Riaz，他曾是 FAST Search & Transfer 的總裁。FAST 這家公司 2008 年被微軟以 12 億美元的價格收購。Attivio 在 2012 年 10 月獲 A 輪融資 3,400 萬美元，這輪融資由 Oak Investment Partners 領投。

Attivio 網站：http://www.attivio.com。

## 資料分析決策集成服務 GoodData

GoodData 提供的是基於雲端的資料分析服務，但其競爭對手都是一些業界巨頭，包括 IBM、SAP 和 Oracle 等。不過，GoodData 的優勢是商業模式。跟那些巨頭提供的套件式解決方案不同的是，GoodData 向廣大的 SaaS 提供商提供技術集成服務，讓他們在自己的平台中集成其資料分析技術，從而使得這些 SaaS 提供商可以向最終客戶提供諸如儀表盤、報表等功能。

市場營銷是任何企業都需要做的工作。最近幾年，由於社會化媒體的興起，數位營銷逐步成為營銷業者關注的焦點，但是營銷人員對這個領域仍缺乏有效的分析。因此 GoodData 瞄準了這一點，利用集成服務為營銷

人員提供對部落格、社交網路及線上營銷活動的深度分析功能。

GoodData 公司創立於 2009 年，2011 年 8 月 B 輪融資 1,500 萬美元，Andreessen Horowitz 領投。2012 年 7 月 GoodData 又融資 2,500 萬美元，投資者包括 Andreessen Horowitz、General Catalyst Partners 及 Fidelity Growth Partners，總融資達 5,500 萬美元。

GoodData 網站：http://www.gooddata.com/。

## 第四節　垂直應用

### 雲端筆記儲存服務 Evernote

Evernote 是一款非常便捷的應用，以文字、圖片、語音、網頁文本截取等多種格式幫用戶記錄身邊的一切，並可將多種格式轉換為文字，進而可在不同的記錄格式中快速搜尋。所有的資訊都會同步到 Evernote 雲端伺服器，可在 Windows、Web、iPhone、iPad、Android、黑莓、Windows Mobile 等多個平台上跨平台使用。簡單來說，Evernote 就像一個功能強大的魔法筆記本，用它可以做日程便籤、筆記摘要、資料採集器，甚至可以收藏和製作多媒體文件。用 Evernote 公司自己的話說就是："Remember Everything-Capture anything，Access anything，Find things fast"（記住一切、捕捉一切、便捷接入、快速查找）。

Evernote 於 2008 年成立，發展的註冊用戶數隨時間變化見表 13-2。

表 13-2　Evernote 發展的註冊用戶數隨時間的變化情況

| 時間 | 註冊用戶數 |
|---|---|
| 2009年5月 | 100萬 |
| 2009年12月 | 200萬 |
| 2010年5月 | 300萬 |
| 2010年8月 | 400萬 |
| 2010年11月 | 500萬 |
| 2011年6月 | 1,000萬 |
| 2011年年底 | 2,000萬 |

2012 年 5 月，雲端筆記儲存服務 Evernote 完成了 D 輪融資，此次融資金額爲 7,000 萬美元，此輪融資由 Meritech Capital 和 CBC Capital 牽頭，對 Evernote 的估值也達到了 10 億美元。2012 年 12 月，Evernote 完成新一輪 8,500 萬美元的融資。其中 75% 爲現有投資者二次注資，25% 爲新投資者。AGC Equity Partners/m8 Capital 主投，T. Rowe Price 跟投。

Evernote 網站：http://evernote.com/intl/zh-cn/。

## 內部銷售和線索回饋管理 InsideSales

作爲內部銷售和線索回饋管理行業的領導者，InsideSales 爲想要轉換生產及銷售團隊職業性的機構提供了軟體、培訓及諮詢解決方案。Inside-Sales 研究報告被發表在哈佛商業評論上。

InsideSales 成立於 2005 年，現在美國猶他州的普羅沃。InsideSales.com 在 2012 年 8 月完成了 A 輪融資，從 Hummer Winblad 等公司籌集了 400 萬美元。據悉此次 InsideSales.com 獲得的融資主要用來拓展資料解析及銷售自動化技術。參與這輪融資的還有 Omniture 聯合創始人和前首席執行官約什·詹姆斯 (Josh James)。在這次融資之前，該公司是盈利的，並沒有獲得任何投資。InsideSales 的競爭對手包括了 Leads360 和 Five9。

InsideSales 網站：http://www.insidesales.com/。

## 醫療保健行業大數據解決方案 Predilytics

Predilytics 是一家提供醫療行業解決方案的資訊技術公司。公司的產品聚焦於協助健康計劃，健康提供及風險規避的識別及優化機會，優化疾病負擔的合適的文件，吸引和保留計劃，提高關懷管理的有效性，減少高昂貴的成本設施。

Predilytics 公司的產品協助用戶進行健康計劃，讓醫療保健行業的供應商和承擔風險的團隊，得以識別和優化核心商業機會，吸引和保留疾病患者存檔，同時提高醫療保健管理的效率，降低高額設備的授權和重新授權費用。Predilytics 利用了廣受金融和廣告行業認可的最新的自動化學習技術，而這些技術至今還沒有在醫療保健市場大規模使用。Predilytics 讓包括醫院和保險商在內的從業者能提高營運效率、提高收入，從而爲行業的發展打下基礎。

Predilytics 在 2012 年 8 月已進行 A 輪融資共 600 萬美元，投資方為 Flybridge Capital，Highland Capital 和 Google Ventures。所籌資金將會被用於未來產品擴張和營運發展。

Predilytics 網站：http://www.predilytics.com/。

## 職業搜尋引擎 TalentBin

TalentBin 是一個資訊綜合分析網站，通過蒐集人們日常在社交網路上的資訊，建立一個以人為中心的資料庫。日前，它在 iPhone 平台上發佈了一款新的以人為中心的搜尋引擎，主要的搜尋內容和網站的基本類似。TalentBin 的人才搜尋伺服器，通過利用人們瀏覽網路所留下的資訊，創造「隱形的簡歷」(implicit resumes)。將其整合，放入一個一站式的搜尋平台，使得人力資源公司可以找到並發掘這些申請人。

TalentBin 成立於 2011 年 5 月，總部設在美國舊金山，擁有員工 15 名。2012 年 5 月，TalentBin( 其前身為 Honestly.com) 就為企業招聘人員推出了一款人才搜尋引擎。2012 年 9 月，TalentBin 推出了該搜尋引擎的 iPhone 版本，但它的用戶並非僅僅針對招聘人才的企業，也包含那些想要尋找他人的用戶。2012 年 9 月 TalentBin 獲融資 1,000 萬美元，利用新融資，TalentBin 已開始探索社交網路活動以外的其他領域。

TalentBin 網站：http://www.talentbin.com/。

## 第五節　其他

### 大數據分析應用 Datameer

Datameer 由一些 Apache Hadoop 的原始創立者創建。Hadoop 是由 Apache 基金會開發一個分散式系統基礎架構。用戶可以在不瞭解分散式底層細節的情況下，開發分散式程式，充分利用電腦機群的高速運算和存儲。Hadoop 分散式文件系統 (Hadoop Distributed File System，簡稱 HDFS) 有著高容錯性的特點，並且設計用來部署在低廉的硬體上。HDFS 放寬了可移植作業系統介面 (POSIX) 的要求，能以串流的形式訪問文件系統中的資料。它提供高傳輸率 (high throughput) 來訪問應用程式的資料，適合那

些有著超大數據集的應用程式。

　　現在 Datameer 已經成長為一個全球團隊，專注於高級的大數據分析。在幾次「世界前 500 強公司的 Hadoop 分析解決方案」完成後，創始人決定打造下一代分析應用程式，來解決在結構化和非結構化開發過程中所創造的新用戶案例。Datameer 是通過聯合資料集成、資料轉換、資料視覺化進行大數據分析的單一應用。傳統的商業智慧系統要求一個複雜的、多步驟的、多管道的過程並且受限於特定用戶的反覆訓練集。Datameer 提供了一個簡單的大數據分析應用，不要求 ETL( 資料提取、轉換和載入 )，無靜態模式，並能將有用的分析結果和資料加以視覺化，展示給任何用戶手中。以前客戶需要 ETL( 資料提取、轉換和載入 )、靜態資料倉庫和 IT 驅動的商業智慧三個步驟過程的資料分析，分析過程包括三個不同管道三組專家團隊和三種不同的技術。Datameer 將這一複雜的環境簡化到強大的 Hadoop 平台上的簡單應用，可輕鬆實現資料集成、分析和視覺化。

　　Datameer 成立於 2009 年，在 2011 年 5 月融資 925 萬美元，由 KPCB 領投，Redpoint Ventures 跟投。總投資已達 1,200 萬美元。

　　Datameer 網站：http://www.datameer.com/company/index.html。

## 跨平台大數據處理 Trifacta

　　Trifacta 認為挖掘資料的價值並不是從資料或電腦獲取的，而是來源於人——分析師或決策者能抽取出洞見和優化過程。「價值來源於人」是簡單的經濟學。隨著儲存和計算成本的下降，分析技巧的成本上升，以及資料的多樣性和規模的增加，人才的專業性需求在急速增長。今天經濟學稀缺的資源很明顯：能掌握資料和計算的人。這些經濟事實定義了巨大的挑戰：迅速掌握資料分析的生產力。需要通過跨人機交互介面、規模化資料管理和機器學習等跨領域的洞見，要求人才、資料和演算法在內的新解決問題技術來滿足這一挑戰。

　　Trifacta 成立是為了解決面臨的分析資料能力的挑戰。基於柏克萊和史丹佛多年的合作研究，Trifacta 在關鍵領域聯合了技術領先者。Trifacta 團隊在重新思考幫助用戶控制資料的用戶介面、系統和演算法。這是一個令人興奮的組合，也是一個簡單的目標：在資料分析領域建立直觀、強大和有用的解決方案。

　　Trifacta 跟其他一些致力於簡化大數據使用的公司不同，其關注點是創建可供多個不同平台 ( 傳統的關係式資料庫、Hadoop 集群 ) 使用的介面。Trifacta 的作用是創建可在多個實體資料存儲及處理系統上運行的 SQL 查詢或 map reduce 代碼。

　　Trifacta 的目標客戶不僅包括普通的商業用戶，資料科學家也是其爭取的物件。用戶可取出資料集或其樣本到記憶體中，然後用 Trifacta 通過介面利用多種視覺化資料方式來瀏覽這些資料。應用軟體還可以對客戶下一步的操作提出若干建議，操作執行的效果還可以預覽。一旦決定了希望執行的操作，相應的代碼或查詢就可以生成。視覺化可以幫助突破大數據技術中人遇到的瓶頸，軟硬體再加上人的力量，大數據效益爆發指日可待。

　　Trifacta 在 2012 年 10 月獲得 Accel Partners Big Data Fund 的 430 萬美元投資。

　　Trifacta 網站：http://trifacta.com/。

## 資料分析平台 Precog

　　Precog 是一個幫助開發者和資料科學家抓取、擴增和深入分析大量多種結構資料的平台，能在他們的應用軟體中獲取強大的洞見和智慧。Precog 更快和更方便地將資料資產植入資料產品中。Precog 是一個雲端平台，不需要客戶安裝或維護，無論資料或查詢的多少，伺服器都可擴大規模以滿足客戶需求。

　　Precog 提供了一個資料刪除、增加和處理的集成市場。在控制面板中少量點擊，客戶即可使用任何儲存在 Precog 上的資料，以及使用情緒分析、人口統計學分析等功能來刪除、增加和處理資料。Precog 提供了固定模式的分析和統計，當客戶僅僅基於如 Hadoop 或 MongoDB 的資料存儲創建功能時，它會花費很多的時間和很大的精力，Precog 使得客戶可以不需要太多精力而創建大量的功能，從而使客戶更容易聚焦於問題，而不是技術上。

　　Precog 的成立於 2010 年，於 2012 年 2 月由 CEO John A De Goes 宣佈正式成立，註冊資本 277 萬美金。2012 年 5 月獲得 RTP 風險投資的 200 萬美元，同時 RTP 高級經理 Kirill Sheynkman 進入 Precog 公司董事會。

Precog 網站：http://www.precog.com/。

## 即時大數據分析 ParStream

在 ParStream 創始人發現客戶在即時大數據應用時缺乏資料庫技術，他們將超過 15 年的 IT 行業職業經歷與埃森哲的職業經驗相結合，從現有服務業務 empulse 出發，啟動了 ParStream 的開發，一個值得信賴的公司由此誕生。

ParStream 的目標是要在資料庫市場實現即時大數據分析應用，ParStream 為資料庫資料技術進行了基礎研究和驅動創新，允許用戶以明顯的低成本進行大數據的即時資料分析。ParStream 壓縮了資料，從而轉化為對小規模資料進行即時分析。由於該公司與惠普的 Vertica 和 EMC 的 Greenplum 競爭，可能成為收購目標，Vertica 和 Greenplum 都曾是獨立的公司。

ParStream 成立於 2008 年，原先位於德國，現在在科隆和帕羅奧爾托都設立了分支機構。2012 年 8 月，ParStream 在首輪融資中籌集了 560 萬美元，以進一步開發其使用記憶體和大型平行處理進行即時分析的大數據分析技術。這次融資由 Khosla Ventures 領頭，參與融資的還有 Baker Capital、Crunch Fund、Data Collective、Tola Capital 和一些個人投資者。

ParStream 網站：http://www.parstream.com/en/home/index.html。

## 用戶行為監測分析 Mixpanel

Mixpanel 建設有 Web 和行動分析平台，其提供的服務可以分析監測用戶活動。從 2009 年 7 月拿到種子資金至今，他們一直保持著高速的發展：2010 年 10 月 Mixpanel 發佈郵件分析工具，2010 年 11 月允許開發者向用戶提供即時分析資料，2011 年 1 月 Mixpanel UI 大轉變，月資料量增長 40%。2011 年 6 月，新產品 Mixpanel Streams 實現了即時監測用戶在客戶網站上的活動。

Mixpanel 成立於 2009 年，投資者清單令人炫目。此前已從紅杉資本、Square COO Keith Rabois、PayPal 聯合創始人 Max Levchin 等處獲得 175 萬美元的融資。2012 年 5 月，Mixpanel 獲 Andreessen Horowitz 領投的 1025 萬美元 A 輪融資。這次跟 Andreessen Horowitz 一起參與 A 輪融資的

還包括了 Salesforce.com CEOMarc Benioff 以及 Yammer CEO David Sacks。

Mixpanel 網站：https://mixpanel.com/。

### 資料庫服務商 DataStax

DataStax 支援大數據 apps，大數據 apps 已爲超過 200 家客戶轉換業務，包括初創公司及財富 100 強中的 20 家公司。DataStax 在 Apache Cassandra 上建立了大規模、富有彈性和可持續使用的大數據平台。DataStax 在雲端跨多資料中心爲分析集成了企業級 Cassandra、Apache Hadoop，爲研究集成了 Apache Solr。

DataStax 的產品聚焦於使客戶輕鬆地創建和營運由 Apache Cassandra 支援的大數據設備，幫助客戶在複雜的大數據世界裡可以更迅速行動。通過 DataStax，客戶可以集中於大數據應用，而不用考慮基礎架構的複雜性或不足。Apache Cassandra 是大規模開放原始碼的 NoSQL 資料庫，是設計用於通過跨多個資料中心和雲端來持續提供的掌握大規模資料的 Apache 軟體基礎水平的專案。Cassandra 從 Google、Amazon 和 Facebook 的工作進化而來，並被領先的公司如 Netflix、Rackspace 和 eBay 使用。

DataStax 創立於 2010 年，是大數據時代下誕生的創業公司，2011 年完成 1,100 萬美元 B 輪融資，本次融資由 Crosslink Capital 和 Lightspeed Venture Partners 領投；2012 年，Data Stax 完成了 C 輪 2,500 萬美元的融資。

DataStax 網站：www.datastax.com。

# 附錄 大數據發展大事記

| 時間 | 大數據事件 | 里程碑 |
|------|-----------|--------|
| 2011年5月 | 麥肯錫全球研究報告《Big data: The next frontier for innovation, competition,and productivity》 | 首開先河 |
| 2011年5月 | EMC World 2011在拉斯維加斯開幕,會議主題為「雲端運算適逢大數據」,參會者超過10,000人,現場有超過500場講座,以及來自上百家領先IT廠商的上百個動手實驗室和展示。EMC公司董事長兼首席執行官喬圖斯先生發表主題演講為四天的大會開幕,他著重介紹了雲端運算和大數據給IT帶來的變革。同期舉辦Momentum大會(企業內容管理大會)、資料科學家高峰會(Data Scientist Summit)、大數據儲存高峰會和CIO高峰會 | |
| 2011年5月 | IBM推出大數據分析軟體平台InfoSphere BigInsights和Streams,這是目前業內最先推出的針對大數據分析的產品。兩款產品將包括Hadoop MapReduce在內的開放原始碼技術緊密地與IBM系統集成起來。研究Hadoop這樣開放原始碼技術的人很多,但是IBM這次是真正將其變成了企業級的應用 | |
| 2011年7月 | Yahoo宣佈成立新公司Hortonworks接手Hadoop服務,Hadoop也迎來了新的發展機會。針對大數據領域,其實有很多技術提供商都參與了Yahoo的專案。Apache Hadoop是一個開放原始碼專案,Yahoo就是其中最大的貢獻者;Google MapReduce是Hadoop架構的一個主要元件,開發出的軟體可以用來分析大數據集,它在目前的火熱程度已經無需贅言;Cloudera是Hadoop最早的技術支援、服務和軟體提供商,它今後將直接與Yahoo的Hortonworks展開競爭。此外,EMC還推出了付費的Hadoop產品並基於MapR Technologies公司的技術 | |
| 2011年8月 | 微軟宣佈推出了兩個基於Hadoop的大數據處理的社區技術預覽版連接器元件,一個用於SQL Server,另一個用於SQL Server並行資料倉庫(PDW)。該連接器是一個部署在Linux環境中的命令行工具。SQL Server Hadoop連接器在微軟大數據之路上最重要的一步。另外,微軟還宣佈將推出LINQ Pack、LINQ to HPC、Project「Daytona」以及Excel DataScope,這些產品都將專為研究人員和業務分析師打造,用以在Windows Azure上做大數據分析 | |
| 2011年10月 | 甲骨文宣佈收購為企業用戶提供非結構化資料管理、網路商務和商務智慧技術的企業搜尋和資料管理公司Endeca Technologies | |
| 2012年3月 | IDC發佈大數據(Big Data)市場預測報告,預估該領域的市場規模將從2010年的32億美元成長到2015年的169億美元,每年的平均成長率接近40% | |
| 2012年3月 | AmazonCTO Werner Vogels在Cebit上發表的主題演講「無限的資料」時稱,企業在思考大數據的時候,需要注意的不僅是需要分析大量的資料,還包括資訊的儲存方式。此外,還鼓勵企業思考大容量圖片的問題,他還介紹了用於實施大數據系統的Amazon雲端藍圖 | |

| 時間 | 大數據事件 | 里程碑 |
|---|---|---|
| 2012年3月 | 美國歐巴馬政府宣佈推出「大數據的研究和發展計劃」。該計劃涉及美國國家科學基金、美國國家衛生研究院、美國能源部、美國國防部、美國國防部高級研究計劃局、美國地質勘探局等6個聯邦政府部門，承諾將投資兩億多美元，大力推動和改善與大數據相關的蒐集、組織和分析工具及技術，以推進從大量、複雜的資料集合中獲取知識和洞見的能力。美國歐巴馬政府宣佈投資大數據領域，是大數據從商業行為上升到國家戰略的分水嶺，表明大數據被正式提升到戰略層面，大數據在經濟社會各個層面、各個領域都開始受到重視 | 標誌大數據上升為國家戰略，體現國家意志 |
| 2012年4月 | SAP 計劃斥資近5億美元來吸引用戶使用其Hana資料處理產品，從而加大與甲骨文之間的競爭。Hana平台的設計目的是迅速分析海量的銷售和營運資訊，以及對電子郵件和社交媒體等非結構化資料進行分析，依靠電腦記憶體而非磁碟機來加速這一程式。 | |
| 2012年4月 | 企業資料軟體公司Splunk以每股17美元的價格在納斯達克進行IPO，融資2.3億美元，首個交易日市值突破驚人的30億美元 | 首家上市的大數據公司 |
| 2012年4月 | Google正式推出線上儲存服務Google Drive | |
| 2012年5月 | Google推出的一項企業級大數據分析的雲端服務BigQuery，用來在雲端處理大數據。BigQuery將有助於企業在沒有硬體基礎設施的情況下分析他們的資料。同時可以建立應用程式和資料共用的所有服務 | |
| 2012年5月 | IDC發佈研究報告指出，「大數據」概念正在引領中國網路行業新一輪的技術浪潮，截至2011年底，中國網路行業持有的資料總量已達到1.9EB(1EB艾位元組相當於10億GB)。IDC預計，這一規模到2015年將增長到8.2EB以上 | |
| 2012年7月 | 聯合國在紐約發佈了一份關於大數據政務的白皮書《大數據促發展：挑戰與機遇》，總結了各國政府如何利用大數據更好地服務和保護人民 | |
| 2012年10月 | 市場研究公司Gartner發佈研究報告稱，大數據產業今年將在全球範圍內帶來近千億美元的IT開支。Gartner在報告中預測，今年，大數據對全球IT開支的直接或間接推動將達960億美元；到2016年，這一數位預計將達到2,320億美元 | |
| 2012年10月 | IBM和牛津大學聯合發佈了一份大數據研究報告。研究包括：大數據的實際使用情況；創新型企業如何從不確定資料中提取有價值資料 | |
| 2012年11月 | 淘寶和天貓本年的交易總額在11月30日突破1萬億元人民幣，為支撐這巨大規模業務量的直接間接就業人員，已經超過1,000萬 | |

# 參考文獻

[1] 《大數據研究和發展計劃》，http://www.whitehouse.gov/blog/2012/03/29/big- data- big-deal。

[2] 國金證券大數據系列研究報告第一篇《大數據時代即將到來》。

[3] 國金證券大數據系列研究報告第二篇《大數據時代的三大發展趨勢和投資方向》。

[4] 國金證券大數據系列研究報告第三篇《以資料資產為核心的商業模式》。

[5] 美國國防部立項的幾個大數據項目目(原文參見：http://www.white- house. gov/sites/de-fault/files/microsites/ostp/big_data_fact_sheet_final_1.pdf)。

[6] Plattner, Zeier. In-Memory Data Management, 2011.

[7] Driscoll.Big Data Now.

[8] 謝耘·轉折——IT產業透視。

[9] Katy Huberty, Ehud Gelblum. Morgan Stanley Research.Data and Estimates as of 9/12.

[10] 麥肯錫 · Big data: The next frontier for innovation, competition, and productivity, 2011.

[11] www.chrisabraham.com.

[12] 網路資料中心，《中國網路市場洞見：網路大數據技術創新研究2012》。

[13] 陸迪的博客，http://blog.sina.com.cn/s/blog_53f9871e0101 ewbh.html。

[14] THE STATE OF THE INTERNET，http://www.busine ssinsider.com/state- of- internet- slides- 2012-10?op=1。

[15] MAPPING THE DISPLAY LANDSCAPE，www.netmining.com/ displayguide.

[16] 吳軍·浪潮之巔。北京：電子工業出版社，2011。

[17] 美國廣告產業鏈，http://news.iresearch.cn/Zt/153133.shtml#a2.

[18] 解析DSP(需求方平台)的意義，http://ljq19841984.blog.163.com/blog/ stat-ic/133020519201211095826629.

[19] Google Remarketing再營銷詳解，百度文庫。

[20] 中國網際網路廣告領域2012變化總結，http://a.iresearch.cn/ bm/20121205/188375.shtml。

[21] 用戶定向資料的現況和未來，引自BCG諮詢公司(| The Evolution of Online- User Data)，http://www.rtbchina.com/the- evolution- of-online- user- data.html。

[22] 網際網路精準廣告定向技術，http://www.iamniu.com/2012/05/ 26/summary- internet- pre-cise- ad- targeting- technology。

[23] Pixazza把每張圖片自動變成廣告賺錢，http://www.alibuybuy. com/posts/4351.html。

[24] 影片廣告新思路，http://www.alibuybuy.com/ posts/27355.html。

[25] Enprecis解決方案。

[26] Google公司的收購史，維基百科。

[27] eMarketer digital Intelligence, Digital Ad Trends, 2012.

[28] IAB, U.S. Census Bureau, Stategy Analytics.

[29] Google公司2012年第三季度資料整理資料，http://www.wordstream.com/blog/ws/2012/10/25/google-faces。

[30] eMarketer digital intelligence 2012 "digital ad trends".

[31] 推薦引擎初探，https://www.ibm.com/developerworks/cn /web/1103_zhaoct_recommstudy1/。

[32] 布勞爾・約翰・F・甘乃迪。

[33] 杜拉克・管理的實踐。北京：機械工業出版社，2009。

[34] 亞德里安・斯萊沃斯基等。發現利潤區。北京：中信出版社，2010。

[35] 亞歷山大・奧斯特瓦德等。商業模式新生代。北京：機械工業出版社，2012。

[36] 《麥肯錫季刊》中文版，china.mckinseyquarterly.com。

[37] 黃家明，方衛東・交易費用理論：從科斯到威廉姆森。合肥工業大學學報(社會科學版)，2000。

[38] http://www.data.gov.

[39] https://github.com/opengovplatform/opengovplatform.

[40] 丁健・淺析大數據對政府2.0的推進作用。中國資訊界，2012。

[41] http://open-data.europa.eu/open-data.

[42] 大數據產業全景圖，http://blogs.forbes.com/davefeinleib.

[43] DataSift網站，http://datasift.com/.

[44] Evernote網站，http://evernote.com/intl/zh-cn/.

[45] Junar網站，http://www.junar.com/.

[46] Precog網站，http://www.precog.com/.

[47] 10gen網站，http://www.10gen.com/.

[48] Nirvanix網站，www.nirvanix.com.

[49] Mixpanel網站，https://mixpanel.com/.

[50] Sumall網站，https://sumall.com/.

[51] Delphix網站，http://www.delphix.com/.

[52] Clustrix網站，http://www.clustrix.com/default.aspx.

[53] GoodData網站，http://www.gooddata.com/.

[54] ParStream網站，http://www.parstream.com/en/home/index.html.

[55] InsideSales網站，http://www.insidesales.com/.

[56] TalentBin網站，http://www.talentbin.com/.

[57] Predilytics網站，http://www.predilytics.com/.

[58] Datameer網站，http://www.datameer.com/company/index.html.

[59] Trifacta網站，http://trifacta.com/.

[60] Ngdata網站，http://www.lilyproject.org/lily/index.html.

[61] RainStor官方網站，http://rainstor.com/.

[62] DataStax網站，www.datastax.com/.

[63] Attivio網站，http://www.attivio.com/.

[64] 2011年資料庫市場盤點之大數據，http://www.searchdatabase.com.cn/showcontent_56803. htm.

[65] 國金證券電腦行業日報。

[66] 國金證券電腦軟體行業研究月報。

[67] Jun Z. Li, et al. Worldwide Human Relationships Inferred from Genome- Wide Patterns of Variation. Science, 22, Feburary, 2008.

[68] Julie Bort. Facebook Stores 240 Billion Photos And Adds 350 million More A Day. Jan. 2013. http:// www.businessinsider.com/facebook-stores-240- billion-photos- 2013- 1.

[69] 陳嘉恒，Hadoop實戰。北京：機械工業出版社，2011。

[70] 董思穎，Facebook開發的HDFS和HBase新特性。Hadoop與大數據技術大會，2012，11。

[71] 大數據案例分析：電信業Hadoop應用分析，http://datacenter.watchstor.com/news138619. htm。

[72] Cashcow.企業需要什麼樣的資料科學家，http://www.ctocio.com/ management/career/5394. html。

[73] Tom White著。曾大聃，周傲英譯.Hadoop權威指南。北京：清華大學出版社，2010。

[74] C. Fay, D. Jeffrey, G. Sanjay, H. Wilson C, W. Deborah A, B. Michael, C. Tushar, F. Andrew. "Bigtable: A Distributed Storage System for Structured Data". Research Google, 2006.

[75] 基於HDFS的雲端存儲在高校資訊資源整合中的應用，http://www. dzsc.com/data/ html/2012- 2- 23/99979.html。

[76] http://www.cnad.com/html/Article/2013/0106/20130106175119592.shtml.

[77] Mary Meeker, 2012 Internet Trends.

**博 雅 文 庫** 076

# 大 數 據 時 代

---

| | |
|---|---|
| 作　　者 | 趙國棟　易歡歡　糜萬軍　鄂維南 |
| 發 行 人 | 楊榮川 |
| 總 編 輯 | 王翠華 |
| 編　　輯 | 王者香 |
| 封面設計 | 郭佳慈 |
| 出 版 者 | 五南圖書出版股份有限公司 |
| 地　　址 | 106 台北市大安區和平東路二段 339 號 4 樓 |
| 電　　話 | (02)2705-5066 |
| 傳　　真 | (02)2706-6100 |
| 劃撥帳號 | 01068953 |
| 戶　　名 | 五南圖書出版股份有限公司 |
| 網　　址 | http://www.wunan.com.tw |
| 電子郵件 | wunan@wunan.com.tw |
| 法律顧問 | 林勝安律師事務所 林勝安律師 |
| 出版日期 | 2014 年 6 月初版一刷 |
| 定　　價 | 新臺幣 350 元 |

**國家圖書館出版品預行編目資料**

大數據時代 / 趙國棟等著 -- 初版 .-- 臺北市：
五南 , 2014.06
　面； 公分

ISBN 978-957-11-7590- 4（平裝）

1. 資料探勘 2. 商業資料處理

312.74　　　　　　　　　103005712